机械设计与材料应用研究

许　川　司俊岭　白林霞　著

吉林科学技术出版社

图书在版编目（CIP）数据

机械设计与材料应用研究 / 许川，司俊岭，白林霞著. -- 长春：吉林科学技术出版社，2023.10
ISBN 978-7-5744-0889-0

Ⅰ.①机… Ⅱ.①许… ②司… ③白… Ⅲ.①机械设计–研究②工程材料–研究 Ⅳ.① TH122 ② TB3

中国国家版本馆 CIP 数据核字 (2023) 第 185073 号

机械设计与材料应用研究

著　许　川　司俊岭　白林霞
出版人　宛　霞
责任编辑　郝沛龙
封面设计　刘梦杳
制　版　刘梦杳
幅面尺寸　185mm × 260mm
开　本　16
字　数　330 千字
印　张　17.5
印　数　1–1500 册
版　次　2023年10月第1版
印　次　2024年2月第1次印刷

出　版　吉林科学技术出版社
发　行　吉林科学技术出版社
地　址　长春市福祉大路5788号
邮　编　130118
发行部电话/传真　0431-81629529 81629530 81629531
81629532 81629533 81629534
储运部电话　0431-86059116
编辑部电话　0431-81629518
印　刷　三河市嵩川印刷有限公司

书　号　ISBN 978-7-5744-0889-0
定　价　75.00元

前言

随着科学技术的发展，机械制造业已经成为我国的支柱产业，“中国制造”已享誉全世界，中国的制造产业发展对世界经济贡献越来越大，世界离不开机械制造技术，世界离不开中国。机械设计是机械制造的重要组成部分，是机械生产的第一步，是决定机械性能最主要的因素。现代化的机械产品、技术装备、交通工具等越来越复杂，机械系统越复杂，对设计的要求就越高。若系统设计达不到指标要求，则系统出故障的可能性就很大，不仅可能带来经济上的巨大损失，而且可能造成灾难性的严重后果。因此，在现代化的产品设计中，必须从各方面提高机械设计的可靠性。

材料是现代化建设的重要物质基础，材料、信息与能源被誉为现代文明的三大支柱。在各类材料当中，尽管这些年来高分子材料、陶瓷材料及复合材料在高速发展，但金属材料，特别是钢铁材料仍有着强大的生命力，在21世纪它仍将占有重要地位。其主要原因如下：

(1) 金属材料资源丰富，在相当长时间内不会枯竭。根据目前的地质调查资料，多数金属矿物可以开采一百年到几百年，如铁矿估计仍能满足300年的需求。而且，在海洋中和地壳深处都还蕴藏着大量的金属矿物有待开发。

(2) 金属材料有非常成熟的生产工艺、相当大的生产规模、相当多的生产加工设施和长期的使用经验。

(3) 金属材料具有优越的综合性能，其弹性模量比高分子材料高得多，其韧性比陶瓷材料高得多。许多金属材料特别是钢铁，在性能价格比方面具有优势。

(4) 金属材料仍具有很大的改进和发展空间，金属材料的新技术和新产品在不断增加，材料质量在不断提高。

本书主要介绍了机械设计与材料焊接方面的基本知识，包括机械设计概论、机械零件的强度、样机的设计流程、飞行器零件的制造、机械运动、AutoCAD绘图、铝及铝合金的焊接、镁及镁合金的焊接、金属间化合物的焊接等内容。本书突出了基本概念与基本原理，在写作时尝试多方面知识的融会贯通，注重知识层次递进，同时注重理论与实践的结合。希望可以为广大读者提供借鉴或帮助。

由于作者水平有限，书中难免存在不足和疏漏，真诚希望广大读者批评指正。

目录

第一章　机械设计概论 …… 1
第一节　机器的主要要求 …… 1
第二节　设计机器的一般程序 …… 4
第三节　设计机械零件时应满足的基本要求 …… 7
第四节　机械零件的主要失效形式 …… 10
第五节　机械零件的设计准则 …… 12
第六节　机械零件的设计方法 …… 13
第七节　机械零件设计的一般步骤 …… 14
第八节　机械零件的材料及其选用 …… 15
第九节　机械现代设计方法 …… 18
第二章　机械零件的强度 …… 23
第一节　机械零件的接触强度 …… 23
第二节　变应力的类型和特性 …… 24
第三节　材料的疲劳极限和极限应力线图 …… 25
第四节　影响机械零件疲劳强度的因素及机械零件的极限应力线图 …… 25
第五节　稳定循环变应力时的疲劳强度计算 …… 34
第六节　单向不稳定循环变应力时的疲劳强度计算 …… 35
第三章　样机的设计流程 …… 37
第一节　飞行原理 …… 37
第二节　设计要求和形式选择 …… 46
第三节　设计流程 …… 58

第四章　飞行器零件的制造 ………………………………………………… 64
第一节　钣金零件的成形原理 ………………………………………… 64
第二节　钣金零件的成形方法 ………………………………………… 67
第三节　整体零件的成形 ……………………………………………… 81
第四节　先进加工成形技术 …………………………………………… 86
第五章　机械运动 ……………………………………………………………… 93
第一节　质点运动学 ……………………………………………………… 93
第二节　质点动力学 ……………………………………………………… 96
第三节　刚体力学 ………………………………………………………… 104
第四节　相对论基础 ……………………………………………………… 110
第五节　机械振动 ………………………………………………………… 112
第六节　机械波 …………………………………………………………… 116
第六章　AutoCAD 绘图 ……………………………………………………… 124
第一节　AutoCAD 的入门知识 ………………………………………… 124
第二节　基本绘图命令的使用 ………………………………………… 141
第三节　AutoCAD 的常用修改命令 …………………………………… 147
第四节　AutoCAD 常用注释 …………………………………………… 156
第五节　AutoCAD 平面绘图应用 ……………………………………… 160
第七章　机械传动装置设计 ………………………………………………… 162
第一节　传动方案的拟定 ……………………………………………… 162
第二节　电动机的选择 ………………………………………………… 165
第三节　传动比的分配 ………………………………………………… 167
第四节　设计实例分析 ………………………………………………… 167
第八章　常用电弧焊方法 …………………………………………………… 169
第一节　焊条电弧焊 ……………………………………………………… 169
第二节　埋弧自动焊 ……………………………………………………… 182
第三节　钨极氩弧焊 ……………………………………………………… 188

第四节　熔化极气体保护焊 ………………………………………………………… 196
第九章　铝及铝合金的焊接 …………………………………………………………… 201
第一节　铝及铝合金的特性和焊接特点 …………………………………………… 201
第二节　铝及铝合金的焊接性分析 ………………………………………………… 204
第三节　铝及铝合金焊接工艺 ……………………………………………………… 211
第十章　镁及镁合金的焊接 …………………………………………………………… 225
第一节　镁及镁合金的分类、性能及焊接性特点 ………………………………… 225
第二节　镁及镁合金焊接工艺 ……………………………………………………… 230
第三节　镁及镁合金焊接实例 ……………………………………………………… 242
第十一章　金属间化合物的焊接 ……………………………………………………… 246
第一节　金属间化合物的发展及特性 ……………………………………………… 246
第二节　Ti–Al 金属间化合物的焊接 ……………………………………………… 248
第三节　Ni–Al 金属间化合物的焊接 ……………………………………………… 256
第四节　Fe–Al 金属间化合物的焊接 ……………………………………………… 264
参考文献 ………………………………………………………………………………… 269

第一章　机械设计概论

第一节　机器的主要要求

一、机器的组成

（一）原动部分

原动部分是一台机器的心脏，它给机器提供传动动力，并驱动整台机器完成预定的功能。通常一台机器只有一个动力源，复杂的机器可能有多个动力源。一般俩说，它们都是把其他形式的能量转化为可利用的机械能。动力源从最早的人力、畜力，发展到风力、水力、内燃机、蒸汽机，直到今天的电动机、液压马达、步进电动机等。现代机器中使用的原动机大多数是各式各样的电动机和热力机。绝大多数原动机是以旋转运动的形式输出一定的转矩，在少数情况下也有用直线运动电动机或液压缸以直线运动的形式输出一定的推力或拉力。

（二）执行部分

执行部分是用来完成机器的预定功能的组成部分。一台机器可以只有一个执行部分，如常见的冲床、压床等；也可以有多个执行部分，如车床、铣床、刨床等。

（三）传动系统

传动系统是用来完成从原动机到执行部分的运动形式、运动以及动力参数转变的组成部分。例如，它可以把旋转运动转变为直线运动、高转速转变为低转速、小扭矩转变为大扭矩等。机器的传动系统大多数都使用机械系统，有时也可使用气、液压或电力传动系统。机械传动是绝大多数机器不可缺少的重要组成部分。

（四）控制系统

随着机器的功能越来越复杂，人们对机器的精度、自动化程度的要求越来越高，为保证上述 3 个组成部分能协调有序地动作，以实现自动化操作，还需设置必要的控制系统。控制系统的种类繁多，常用的有机械式控制器（离合器）、液压式控制器（各种液压控制阀）和电子式控制器等。

（五）辅助系统

辅助系统是为了改善机器的运行环境，方便使用，延长机器的使用寿命而设置的，如冷却装置、润滑装置、照明装置和显示系统等。

二、使用功能要求

人们为了生产和生活需要才设计和制造出各式各样的机器，因此，人们设计和制造的机器应具有预期的使用功能，并能满足人们某方面的需要。这主要靠正确选择机器的工作原理、正确的设计或选用原动机、传动机构和执行机构以及合理地配置辅助系统和控制系统来保证。

三、经济性要求

机器的经济性是一个综合指标，它体现在机器的设计、制造和使用的全过程中，包括设计制造经济性和使用经济性两个方面。设计制造的经济性表现为机器的成本低；使用经济性表现为高生产率、高效率、较少的能源、原材料和辅助材料消耗，以及较低的管理和维护费用等方面。设计机器应把设计、制造、使用以及市场作为一个整体进行全面考虑。只有设计与市场信息相互吻合，并在市场、设计、生产中寻求最佳关系，才能获得满意的经济效益。提高设计与制造经济性的主要途径有以下5个方面：

（1）尽量采用现代的设计方法，力求设计参数合理，并尽量缩短设计周期，降低设计成本；

（2）最大限度地采用标准化、系列化以及通用化的零部件；

（3）合理选用材料，改善零件的结构工艺性，并尽量采用新材料、新机构、新工艺和新技术，使机器的用料少、质量小、加工费用低且易于装配；

（4）合理地组织设计和制造过程；

（5）注重机器的造型设计，最大限度地让消费者满意，以便增加销售量。

提高机器使用经济性能的主要途径有提高机器的机械化、自动化水平，以提高机器的生产率和产品的质量；选用高效率的传动系统和支撑装置，从而降低能源消耗和生产成本；注意采用适当的防护、润滑和密封装置，以延长机器的使用寿命，并避免环境污染。

四、可靠性要求

机器在预定的工作期限内必须具有一定的可靠性。机器可靠性的高低可用可靠度来表示。机器的可靠度是指机器在规定的工作期限和工作条件下，无故障地完成预定功能的概率。机器在规定的工作期限和条件下丧失预定功能的概率称为不可靠度，或称破坏概率。

提高机器可靠度的关键是提高其组成零件的可靠度。此外，从机器设计的角度考虑，确定适当的可靠性水平、力求结构简单、减少零件数目，并尽可能选用标准件及可靠零件、合理地设计机器的组件和部件以及必要时选用较大的安全系数等方法，对提高机器的可靠度是十分有效的。

五、劳动保护和环境保护要求

在设计机器时，我们应对劳动保护要求和环境保护要求给予高度重视，即应使所设计的机器符合国家的劳动保护法规和环境保护要求。一般应从以下两个方面考虑:

(1) 保证操作者的安全、方便并减轻操作时的劳动强度。这方面的具体措施包括以下 4 点:

①对外露的运动件加设防护罩;

②减少操作动作单元，缩短动作距离;

③设置完善的保险、报警装置，以消除和避免由错误操作引起的危害;

④机器设计应符合人机工程学原理，使操纵简便省力，简单而重复的劳动应利用机械本身的机构来完成。

(2) 改善操作者及机器的工作环境。这方面的具体措施包括以下 4 点:

①降低机器工作时的振动与噪声;

②防止有毒、有害介质渗漏;

③进行废水、废气和废液的治理;

④美化机器的外形及外部色彩。

六、其他特殊要求

对于不同的机器，还有一些为该机器所独有的要求。例如，对食品机械有保持清洁、不能污染产品的要求；对机床有长期保持精度的要求；对飞行器有质量小、飞行阻力小的要求；对流动使用的机械有便于安装和拆卸的要求。总之，在设计机器时，除满足前述的共同基本要求外，还应满足其特殊的要求。此外还要指出，随着社会的不断进步和经济的高速增长，在许多国家和地区，机器的广泛使用使自然资源被大量地消耗和浪费，因而环境质量也受到严重破坏。这一切使人类自身的生存受到了严重威胁，人们对此已有了较为深刻的认识，并提出了可持续发展战略，即人类的进步必须建立在经济增长与环境保护相协调的基础上。因此，设计机器时还应考虑满足可持续发展的战略要求，并采取必要措施，减少机器对环境和资源的不良影响。在这方面的具体措施包括：

(1) 广泛使用清洁能源和新能源，如太阳能、水力和风力等；

(2) 采用清洁材料，即采用低污染、无毒、易分解和可回收的材料；

(3) 采用绿色制造技术，无“废气、废水、废物”排放；

(4) 使用清洁的产品，即在使用机器的过程中不污染环境，机器报废后易回收。

对机械各项要求的满足，是以组成机器机构的合理选型和综合以及组成机械的所有零件的正确设计和制造为前提的，即机构选型及设计的合理性以及零件设计的好坏，将对机器的使用性能起决定性作用。

第二节　设计机器的一般程序

明确机器的用途和功能后，在调查研究国内外有关情况并搜集资料的基础上，就可以着手进行设计工作。设计工作的主要内容包括确定机器的工作原理；进行运动和动力计算；进行零部件的工作能力计算；绘制总装配图及零部件图。机器的质量基本上是由设计质量决定的，而制造过程主要是实现设计时所规定的质量。机器设计是一项复杂的工作，必须按照科学的程序进行。

一、产品规划阶段

在明确任务的基础上，应开展广泛的市场调查。市场调查的内容主要包括用户对产品的功能、技术性能、价位、可维修性及外观等的具体要求，以及国内外同类产品的技术经济情报，现有产品的销售情况及对该产品的预测，原材料及配件的供应情况，有关产品可持续发展的有关政策、法规等。然后，针对上述技术、经济、社会等各方面的情报进行详细分析并对开发的可行性进行综合研究，提出产品开发的可行性报告。该报告一般包括以下 6 点内容：

(1) 产品开发的必要性，市场需求预测；

(2) 有关产品的国内外发展水平和发展趋势；

(3) 预期达到的最低目标和最高目标，包括设计技术水平及经济、社会效益等；

(4) 在现有条件下开发的可行性论述及准备采取的措施；
(5) 提出设计、工艺等方面需要解决的关键问题；
(6) 投资费用预算及项目的进度、期限等。

在此基础上，需明确地写出设计任务的全面要求及细节，最后形成设计任务书。设计任务书的具体内容主要包括产品功能、技术性能、规格以及外形要求，主要参数、可靠性、寿命要求，制造技术关键、特殊材料、必要的试验项目、经济性和环保性方面的估计，基本使用要求以及完成设计任务的预期期限等。

二、方案设计阶段

方案设计的优劣直接关系到整台机器设计的成败。这个阶段充分体现出设计工作多解的特点，其工作主要包括以下3个部分:

(一) 方案设计

机器的工作原理是实现其预期功能的依据，寻求方案时，可按原动部分、传动部分和执行部分分别讨论。较为常见的办法是先从执行部分开始讨论。

(1) 拟定执行部分方案。首先要确定执行机构构件的数目和运动。根据预期的机器功能，选择机器的工作原理，再进行工艺动作分析，确定出其运动形式，从而拟定所需执行构件的数目和运动。其次，选择执行机构的类型。最后，正确设计执行机构间运动的协调、配合关系。根据不同的工作原理，可以拟定出多种不同的执行机构方案，设其有 N_1 种可能。

(2) 拟定传动部分方案。传动部分的方案复杂、多样，完成同一传动任务可以用多种机构及不同机构的组合来完成，设其有 N_2 种可能。

(3) 拟定原动部分方案。原动部分的方案也可以有多种选择。常用的动力源有电动机 (交流、直流)、热力原动机、液压马达、步进电动机等，设其有 N_3 种可能。通过各部分的方案分析，得到机器总体可能的方案数应为 $N=N_1\times N_2\times N_3$。

(二) 方案评价

依据不同的工作原理，所设计出的机器也会不同。同一种工作原理也可能存在多种不同的结构方案。在多方案的情况下，应对其中可行的不同方案从技术、经济以及环境保护等方面进行综合评价，并从中确定一个综合性能最佳的方案。在如此众多的方案中，应先从技术方面仔细分析，在技术可行的前提下，再力求机构简单、传动机构顺序合理、传动比分配合理、系统效率高，并能实现要求精确等。对技术可行的方案，再从经济和环境保护等方面进行综合评价。从经济方面考虑，既要考虑设计、制造时的经济性，又要考虑使用时的经济性。如果机器的结构方案比较复杂，则其设计制造的成本也就会相应增大，同时其功能也会更为齐全，生产率也更高，使用经济性就会更好。相反，结构较为简单、功能不够齐全的机器，其设计制造费用虽低，但使用费用会增加。因此设计时应该进行综合考虑，使机器的总费用趋于合理。

环境保护是设计中必须认真考虑的一个重要方面。对环境造成不良影响的技术方案，必须仔细分析，并提出在技术上成熟的解决办法。在进行机器评价时，还要对机器进行可靠性分析。从可靠性的角度来看，盲目追求复杂的结构往往是不明智的。一般说来，系统越复杂，则其可靠性越低。为了提高复杂系统的可靠性，就必须增加并联备用系统，这就不可避免地会增加机器的成本。

（三）完善机构运动简图

通过方案评价，最后进行决策，并确定一个在技术上可行且综合性能良好的方案。按已确定的工作原理图，确定执行所需的运动和动力条件，结合预选的原动机类型和性能参数，妥善选择机构的组合参数，最后据此形成一个进行下一步设计的原理图和机构运动简图。

三、技术设计阶段

技术设计阶段的目标是产生机器的总装配图、部件装配图和零件工作图。其主要工作有以下 7 个方面：

（1）机器运动学设计：首先，根据机器的运转性能要求，执行部分的工作阻力、工作速度和传动部分的总效率，确定原动机的参数（功率、转速等）；其次，根据已经确定的原动机的运动规律，确定各运动构件的运动参数（位移、速度、加速度等）。

（2）机器动力学设计：结合各部分的结构及运动参数，计算各主要零件上所受载荷的大小及性质。此时，因零件的质量未知，故求出的载荷只是作用在零件上的名义载荷。

（3）零件工作能力设计：首先，根据零部件的工作特性、环境条件、失效形式，拟定设计准则；其次，从整体出发，考虑零件的体积、质量以及技术经济性等，从而确定零部件的基本尺寸。

（4）设计部件装配草图及总装配草图：根据已确定出的主要零部件的基本尺寸来设计草图。设计草图时，需对所有零部件的外形尺寸进行结构优化，并协调各零件的结构和尺寸，全面考虑零部件的结构工艺性。

（5）主要零件的校核：草图完成后，各零件的外形尺寸、相互关系均已确定，此

时可较为精确地计算出作用于零件上的载荷及影响工作能力的因素。因此，就需要对重要零件和受力较复杂的零件进行精确地校核计算，并反复修改零件的结构尺寸，直至满意为止。

(6) 确定零件的基本尺寸，设计零件工作图，充分考虑零件的加工、装配工艺性，反复推敲结构细节，完成零件的工作图。

(7) 绘制部件装配图及机器总装配图，按最后定型的零件工作图上的结构尺寸绘制部件装配图及机器总装配图。通过这一过程，可以检查出零件工作图中可能隐藏的尺寸和结构上的错误。

四、编制技术文件阶段

要编制的技术文件有：机器设计说明书、使用说明书、标准件明细表、易损件(或备用件) 清单及其他相关文件等。编写设计说明书时，应包括方案选择及技术设计的全部结论性内容。编写使用说明书时，应向用户介绍机器的性能参数范围、使用操作方法、日常保养以及简单的维修方法。在实际设计工作中，上述设计步骤往往是交叉或相互平行的，并不是一成不变的。例如，计算和绘图过程就常常相互交叉、互为补充。一些机器的继承性设计或改型设计常常从技术设计开始，从而使整个设计步骤大为简化。在机器的设计过程中也少不了各种审核环节，如方案设计与技术设计的审核、工艺审核及标准化审核等。

此外，从产品开发的全过程来看，完成上述设计工作后，接着是样机试制阶段，在这一阶段随时都会因工艺原因而修改原设计，甚至在产品推向市场一段时间后，还会根据用户的反馈意见修改设计或进行改型设计。作为一名合格的设计工作者，应该将自己的设计视野延伸到制造和使用乃至报废利用的全过程，这样才能不断地改进设计，提高机器的质量，更好地满足生产及生活的需要。

第三节　设计机械零件时应满足的基本要求

机器是由机械零件组成的。因此，设计的机器能否满足前述的基本要求，零件设计的好坏起着决定性的作用。为此应对机械零件提出以下 5 个方面的基本要求。

一、强度、刚度以及寿命要求

强度是指零件抵抗破坏的能力。零件的强度不足将导致过大的塑性变形甚至断裂破坏，使机器停止工作，甚至发生严重的事故。采用高强度材料、增大零件截面尺寸及合理设计截面形状、采用热处理或化学处理方法、提高运动零件的制造精度以及合理配置机器中各零件的相互位置等措施均有利于提高零件的强度。

刚度是指零件抵抗弹性变形的能力。零件的刚度不足将导致过大的弹性变形，引起载荷集中，从而影响机器的工作性能，甚至造成事故。例如，若机床主轴、导轨的刚度不足、变形过大，将严重影响所加工零件的精度。零件的刚度分为整体变形刚度和表面接触刚度两种。增大零件的截面尺寸或增大截面惯性矩，缩短支撑跨距或采用多支点结构等措施，有利于提高零件的整体刚度。增大贴合面及采用精细加工等措施，将有利于提高零件的接触刚度。一般来说，能满足刚度要求的零件，也能满足其强度要求。

寿命是指零件正常工作的期限。材料的疲劳、腐蚀、相对运动零件接触表面的磨损以及高温下零件的蠕变等都是影响零件寿命的主要因素。提高零件抗疲劳破坏能力的主要措施有：减小应力集中、保证零件有足够大小的尺寸及提高零件的表面质量等。提高零件耐腐蚀性能的主要措施有：选用耐腐蚀材料和采用各种防腐蚀的表面保护措施。

二、结构工艺性要求

零件应具有良好的结构工艺性，也就是说，在一定的生产条件下，零件应能被方便而经济地生产出来，并便于装配成机器。零件的结构工艺性应从零件的毛坯制造、机械加工过程以及装配等几个生产环节加以综合考虑。因此，在进行零件的结构设计时，除满足零件功能上的要求和强度、刚度以及寿命要求外，还应对零件的加工、测量、安装、维修和运输等方面的要求予以重视，使零件的结构全面地满足以上各方面的要求。

三、可靠性要求

零件可靠性的定义与机器可靠性的定义是相同的。机器的可靠性主要是由组成机器的机械零件的可靠性来保证的。提高零件的可靠性，应从工作条件（载荷、环境和温度等）和零件性能两个方面综合考虑，使其尽可能小地发生随机变化。同时，加强使用中的维护与检测也能提高零件的可靠性。

四、经济性要求

零件的经济性主要取决于零件的设计、材料和加工成本。因此，提高零件的经济性主要从零件的设计方法、材料选择和结构工艺性 3 个方面加以考虑，具体的措施包

括采用先进的设计理论和方法，采用现代化的设计手段，提高设计质量和效率，缩短设计周期，降低设计费用；使用廉价材料代替贵重材料；采用轻型结构和少余量、无余量毛坯；简化零件结构和改善零件结构工艺性以及尽可能采用标准零部件等。

五、减小质量的要求

对于绝大多数机械零件而言，尽可能地减小质量都是必要的。为了减小质量，首先可以节约材料，其中对于运动零件而言，可以通过减小其惯性力，从而改善机器的动力性能。对于运输机械而言，减小零件质量就可减小机械本身的质量，从而可以增加其运载量，并提高机器的经济性。具体措施包括从零件上应力较小处挖去部分材料，以使零件受力均匀，提高材料的利用率；采用轻型薄壁的冲压件或焊接件代替铸、锻件；采用与工作载荷反方向的预载荷及减小零件的工作载荷等。机械零件的强度、刚度以及寿命是从设计上保证它能够可靠工作的基础，而零件的可靠性是保证机器能正常工作的基础，零件具有良好的结构工艺性、较小的质量以及经济性是保证机器具有良好经济性的基础。在实际设计中，经常遇到上述基本要求不能同时被满足的情况，这时应根据具体情况，合理地做出选择，保证主要的要求得到满足。

六、机械零件的常用材料要求

（一）金属材料

(1) 钢铁。世界上的金属总产量中钢铁占99.5%。纯铁呈灰白色，强度不是很大，故用处不大。通常我们所说的铁或钢，其实是铁碳合金，或者是有意加入了锰、铬、镍、钨、钼、钛、硅等元素的铁碳合金。钢铁由于具有较好强度、塑性、韧性、弹性等力学性能，且价格相对低廉、品种多、性能适用范围广，因此在工程领域得到最为广泛的应用。钢可分为碳素钢和合金钢两大类。合金钢由于具有优良的机械性能、工艺性、化学性能等，在要求高强度、受冲击载荷、高耐磨性、工作环境恶劣等场合得到广泛的使用。

(2) 有色金属。称铝、镁、铜、铅、锌等及其合金为有色金属。有色金属多用于对质量、导电性、导热性、耐蚀性、塑性、减摩性、耐磨性有特殊要求的场合。应用较多的是铝合金和铜合金。

（二）非金属材料

在机械工程领域应用较多的非金属材料是高分子材料和陶瓷材料。高分子材料主要指塑料、橡胶以及合成纤维。高分子材料独特的结构和易改性、易加工等特点，使其具有其他材料不可比拟、不可取代的优异性能，从而被广泛用于科学技术、国防建设和国民经济各个领域，并已成为现代社会生活中衣食住行各个方面不可缺少的材料。塑料的主要优点是相对密度小，绝缘性、耐蚀性、减摩性、耐磨性好等。其缺点是刚度、强度差，导热系数小，易老化等。橡胶的最大特点是高弹性。陶瓷材料的主要优点是抗氧化、抗酸碱腐蚀、耐高温、绝缘、易成型、硬度高、耐磨性好等。陶瓷材料的主要缺点是比较脆，加工工艺性差。

(三) 复合材料

复合材料是用两种或两种以上不同化学性质或组织结构的材料组合而成的材料。复合材料是多相材料，主要包括基体相和增强相。按基体材料分类，可以分为聚合基、陶瓷基和金属基复合材料；按增强相形状分类，复合材料可以分为纤维增强复合材料、粒子增强复合材料和层状复合材料。复合材料的主要优点是，比强度(强度与密度的比) 和比模量 (弹性模量和密度的比) 高，抗疲劳性能和减振性能好。

第四节　机械零件的主要失效形式

机械零件由于某种原因丧失工作能力或者达不到设计要求的性能时称为失效。机械零件的主要失效形式有以下 5 种。

一、整体断裂

零件在外载荷的作用下，其某一危险截面上的应力超过零件材料的极限应力而引起的断裂称为整体断裂，如螺栓的断裂、齿轮轮齿的折断、轴的折断等。整体断裂分为静强度断裂和疲劳断裂两种。静强度断裂是由静应力引起的，疲劳断裂则是由于交变应力的作用引起的。据统计，在机械零件的整体断裂中大部分为疲劳断裂。整体断裂是一种严重的失效形式，它不但会使零件失效，有时还会导致严重的人身事故及设备事故的发生。

二、塑性变形

对于由塑性材料制成的零件，当其所受载荷过大使零件内部应力超过材料的屈服极限时，零件将产生塑性变形。塑性变形会造成零件的尺寸和形状改变，破坏零件之间的相互位置和配合关系，使零件或机器不能正常工作。例如，齿轮的整个轮齿发生塑性变形就会破坏正确的啮合条件，从而在运转过程中产生剧烈振动和噪声，甚至使机器无法运转。

三、过大的弹性变形

机械零件受载工作时，必然会发生弹性变形。在允许范围内的微小弹性变形对机器的工作影响不大，但过量的弹性变形会使零件或机器不能正常工作，有时还会造成较大的振动，致使零件损坏。例如，机床主轴的过量弹性变形会降低加工精度；发电机主轴的过量弹性变形会改变定子与转子间的间隙，影响发电机的性能。

四、零件的表面破坏

表面破坏是发生在机械零件工作表面上的一种失效形式。表面失效将破坏零件的表面精度，改变其表面尺寸和形状，使其运动性能下降、摩擦增大、能耗增加，严重时会导致零件完全不能工作。零件的表面失效主要是指磨损、点蚀和腐蚀。磨损是两个接触表面在相对运动过程中，因摩擦而引起的零件表面材料丧失或转移的现象。

点蚀是在变接触应力作用下发生在零件表面的局部疲劳破坏现象。发生点蚀时，零件的局部表面会形成麻点或凹坑，并且其发生区域会不断扩展，进而导致零件失效。腐蚀是发生在金属表面的化学或电化学侵蚀现象。腐蚀的结果会使金属表面产生锈蚀，从而使零件表面遭到破坏。与此同时，对于受变应力的零件，还会引起腐蚀疲劳现象。磨损、点蚀和腐蚀都是随工作时间的延续而逐渐发生的失效形式。

五、破坏正常工作条件引起的失效

有些零件只有在一定的工作条件下才能正常工作，而破坏了其正常工作的条件就会引起零件失效。例如，在带传动中，若传递的载荷超过了带与带轮接触面上产生的最大摩擦力，就会发生打滑，使传动失效；在高速转动件中，若其转速与转动件系统的固有频率相同，就会发生共振，从而使振幅增大，以致引起断裂失效；在液体润滑的滑动轴承中，当润滑油膜被破坏时，轴承将发生过热、胶合和磨损等。同一种零件可能存在多种失效形式，例如，轴可能发生疲劳断裂，也可能发生过大的弹性变形，还可能发生共振。在各种失效形式中，到底哪一种是其主要失效形式，应根据零件的材料、具体结构和工作条件等来确定。对于载荷稳定的、一般用途的转轴，疲劳断裂是其主要失效形式；对于精密主轴，弹性变形量过大是其主要失效形式；而对于高转速的轴，发生共振，丧失振动稳定性可能是其主要失效形式。

第五节　机械零件的设计准则

一、刚度准则

刚度是指零件在载荷作用下抵抗变形的能力。刚度越小，则零件发生过量变形的可能性越大。为此，设计计算时应使零件工作过程中产生的弹性变形量（广义地代表任何一种形式的弹性变形量）不超过机器工作性能所允许的极限值，即许用变形量。弹性变形量可根据不同的变形形式由理论计算或实验方法来确定；许用变形量主要根据机器的工作要求、零件的使用场合等由理论计算或工程经验来确定其合理的数值。

二、寿命准则

影响零件寿命的主要失效形式是腐蚀、磨损和疲劳，它们的产生机理、发展规律以及对零件寿命的影响是完全不同的，应分别加以考虑。迄今为止，还未能提出有效而实用的关于腐蚀寿命的计算方法，所以尚不能列出相应的设计准则。摩擦和磨损将会改变零件的结构形状和尺寸，削弱其强度，降低机械的精度和效率，当总磨损量超过允许值时，将使零件报废。耐磨性准则就是要求零件在整个设计寿命内，其总磨损量不应超过允许值。但由于有关磨损的计算尚无简单可靠的理论公式，故一般采用条件性计算。一是验算接触面比压，它不能超过许用值，以保证工作表面不至于由于油膜破坏而产生过度磨损；二是对于滑动速度比较大的摩擦表面，为防止发生胶合破坏，要限制单位接触面积上单位时间内产生的摩擦功，使其不会过大。

三、振动稳定性准则

速度较高或刚度较小的机械在工作时易发生强烈的振动现象。由于机器中存在许多周期性变化的激振源，如齿轮的啮合、轴的偏心转动、滚动轴承的振动等，当机械或零件的固有频率与上述激振源的频率重合或成整数倍关系时，就会发生共振，导致振幅急剧增大，短期内就会使零件损坏，这不仅会影响机械的正常工作，甚至还可能造成破坏性事故。振动稳定性准则就是要求所设计的零件的固有频率应与其工作时所受的激振频率错开，通常只需避开一阶共振。若不能满足振动稳定性条件，可改变零件或系统的刚度或采取隔振、减振措施来改善零件的振动稳定性。例如，通过提高零件的制造精度、提高回转零件的动平衡、增加阻尼系数、提高材料或结构的衰减系数以及采用减振、隔振装置等，都可改善零件的振动稳定性。

四、散热性准则

机械零部件在高温条件下工作，由于过度受热，会引起润滑油失效、氧化或胶合，产生热变形，从而导致其硬度降低，使零件失效或机械精度降低。因此，为保证零部件在高温下能正常工作，应合理设计其结构及选择材料，对发热较大的零部件(蜗杆传动、滑动轴承等)还要进行热平衡计算，必要时应采用冷却降温措施。

五、可靠性准则

满足强度要求的一批完全相同的零件，由于零件的工作应力和极限应力都是随机变量，故在规定的工作条件和使用期限内，并非所有的零件都能完成规定的功能，会有一定数量的零件因丧失工作能力而失效。机械零件在规定工作条件和使用期限内完成规定功能的概率称为可靠度。

第六节　机械零件的设计方法

一、理论设计

根据长期研究和实践总结出来的传统设计理论及实验数据所进行的设计，称为理论设计。理论设计的计算过程又可分为设计计算和校核计算。前者是按照已知的运动要求、载荷情况以及零件的材料特性等，运用一定的理论公式来设计零件的尺寸和形状的计算过程，如按转轴的强度、刚度条件计算轴的直径等；后者是先根据类比、实验等方法初步定出零件的尺寸和形状，再运用理论公式进行零件强度、刚度等校核的计算过程，如转轴的弯扭组合强度校核等。设计计算多用于能通过简单的力学模型进行设计的零件；校核计算则多用于结构复杂、应力分布较复杂，但又能用现有的分析方法进行计算的场合。理论计算可得到比较精确而可靠的结果，重要的零部件大多选择这种设计方法。

二、经验设计

根据对某类零件归纳出的经验公式或设计者的工作经验用类比法进行的设计，称为经验设计。对一些不重要的零件，如不太受力的螺钉等，或者对于一些理论上不成熟或虽有理论方法但没必要进行复杂、精确计算的零部件，如机架、箱体等，通常采用经验设计方法。

三、模型实验设计

将初步设计的零部件或机器按比例制成模型或样机进行试验，对其各方面的特性进行检验，再根据实验结果对原设计进行逐步的修改、调整，从而获得尽可能完善的设计结果，这样的设计称为模型实验设计。该设计方法比较费时、昂贵，一般只用于特别重要的设计中。一些尺寸巨大、结构复杂而又十分重要的零部件，如新型重型设备及飞机的机身、我国的神舟飞船、新型舰船的船体等设计，常采用这种设计方法。

第七节　机械零件设计的一般步骤

机械零件设计是机器设计的重要环节，由于零件的种类不同，其具体的设计步骤也不太一样，但一般可按下列步骤进行。

一、零件类型选择

零件类型选择是指根据机器的整体设计方案和零件在整机中的作用，选择零件的类型和结构。

二、受力分析

受力分析是指根据零件的工作情况，建立力学模型，进行受力分析，并确定名义载荷和计算载荷。

三、材料选择

材料选择是指根据零件的工作条件及对零件的特殊要求，选择合适的材料及热处理方法。

四、确定设计准则

根据工作情况，分析零件的失效形式，进而确定设计计算准则。

五、理论计算

理论计算是指根据设计计算准则，计算并确定零件的主要尺寸和主要参数。

六、结构设计

我们按等强度原则进行零件的结构设计。设计零件结构时，一定要考虑工艺性及标准化原则的要求。

七、校核计算

在设计过程中，必要时应进行详细的校核计算，确保重要零件的设计可靠性。

八、绘制零件工作图

理论设计和结构设计的结果最终由零件工作图来表达。零件工作图上不仅要标注详细的零件尺寸，还要标注配合尺寸的尺寸公差、必要的几何公差、表面粗糙度以及技术要求。

九、编写技术说明书及有关技术文件

这一过程包括将设计计算的过程整理成设计计算说明书等，作为技术文件备查。

第八节　机械零件的材料及其选用

一、机械零件的材料

机械零件的材料包括金属材料、非金属材料和复合材料。金属材料又分为黑色金属材料和有色金属材料。黑色金属材料包括各种钢、铸钢和铸铁，它们具有良好的力学性能(如强度、塑性和韧性等)，价格也相对便宜，容易获得，而且能满足多种性能和用途的要求。在各类钢铁材料中，由于合金钢的性能优良，因而常常用来制造重要的零件。有色金属材料包括铜合金、铝合金、轴承合金等，其具有密度小、导热和导电性能良好等优点，通常可用于有减摩、耐磨以及耐腐蚀要求的场合。

非金属材料是指塑料、橡胶、合成纤维等高分子材料及陶瓷等。高分子材料有许多优点，如原料丰富、密度小、在适当的温度范围内有很好的弹性，耐腐蚀性好等，其主要缺点是容易老化，其中不少材料的阻燃性差，总体来讲，其耐热性较差。陶瓷材料的主要特点是硬度极高、耐磨、耐腐蚀、熔点高、刚度大以及密度比钢铁低等。陶瓷材料应用于密封件、滚动轴承和切削工具等结构中。其主要缺点是比较脆、断裂韧度低、价格昂贵、加工工艺性差等。复合材料是用两种或两种以上具有

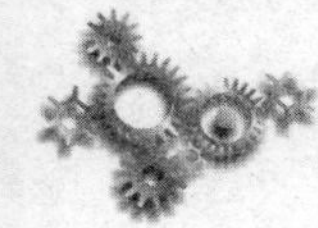

明显不同的物理和化学性能的材料经复合工艺处理而得到所需性能的一种新型材料。例如，用玻璃、石墨(碳)、硼和塑料等非金属材料可以复合成各种纤维增强复合材料。在普通碳素钢板表面贴附塑料，可以获得强度高而又耐腐蚀的塑料复合钢板，其主要优点是具有较高的强度和弹性模量，而质量又特别小，但其也具有耐热性差、导热和导电性能较差的缺点。此外，复合材料的价格比较昂贵。复合材料主要用于航空、航天等高科技领域，在民用产品中，复合材料也有一些应用。

二、机械零件材料的选择原则

从各种各样的材料中选择出要使用的材料，是一项受多方面因素所制约的工作。因此，如何选择零件的材料是设计零件的重要一环。选择机械零件材料的原则是，所需材料应满足零件的使用要求并具有良好的工艺性和经济性等。

(一) 使用要求

机械零件的使用要求表现为以下4点：

(1) 零件的工作状况和受载情况以及为避免相应的失效形式而提出的要求。工作状况是指零件所处的环境特点、工作温度以及摩擦和磨损的程度等。在湿热环境或腐蚀介质中工作的零件，其材料应具有良好的防锈和耐腐蚀能力，在这种情况下，可先考虑使用不锈钢、铜合金等。工作温度对材料选择的影响主要考虑两个方面：一方面要考虑互相配合的两零件材料的线膨胀系数不能相差过大，以免在温度变化时产生过大的热应力或者使配合松动；另一方面也要考虑材料的力学性能随温度而改变的情况。在滑动摩擦下工作的零件，要提高其表面硬度，以增强耐磨性，应选择适于进行表面处理的淬火钢、渗碳钢、氮化钢等品种或选用减摩和耐磨性能好的材料。

受载情况是指零件受载荷、应力的大小和性质。脆性材料原则上只适用于制造在静载荷下工作的零件；在有冲击的情况下，应以塑性材料作为主要使用的材料；对于表面受较大接触应力的零件，应选择可以进行表面处理的材料，如表面硬化钢；对于受应变力的零件，应选择耐疲劳的材料；对于受冲击载荷的零件，应选择冲击韧性较高的材料；对于尺寸取决于强度而尺寸和质量又受限的零件，应选择强度较高的材料；对于尺寸取决于刚度的零件，应选择弹性模量较大的材料。金属材料的性能一般可通过热处理加以提高和改善，因此，要充分利用热处理的手段来发挥材料的潜力；对于最常用的调制钢，由于其回火温度的不同可得到力学性能不同的毛坯。回火温度越高，材料的硬度和刚度将越低，而塑性越好。所以在选择材料的品种时，应同时规定其热处理规范，并在图样上注明。

(2) 对零件尺寸和质量的限制。零件尺寸及质量的大小与材料的品种及毛坯的制造方法有关。生产铸造毛坯时一般可以不受尺寸及质量大小的限制；而生产锻造毛坯时，则需注意锻压机械及设备的生产能力。此外，零件尺寸和质量的大小还和材料的强重比有关，应尽可能选择强重比大的材料，以便减小零件的尺寸及质量。

(3) 零件在整机及部件中的重要程度。

(4) 其他特殊要求（如是否需要绝缘、抗磁等）。

(二) 工艺要求

为使零件便于加工制造，选择材料时应考虑零件结构的复杂程度、尺寸大小以及毛坯类型。对于外形复杂、尺寸较大的零件，若考虑采用铸造毛坯，则需选择铸造性能好的材料；若考虑采用焊接毛坯，则应选择焊接性能好的低碳钢。对于外形简单、尺寸较小、批量较大的零件，适合冲压和模锻，应选择塑性较好的材料。对于需要热处理的零件，材料应具有良好的热处理性能。此外，还应考虑材料本身的易加工性及热处理后的易加工性。

(三) 经济性要求

1. 材料本身的相对价格

在满足使用要求的前提下，应尽量选用价格低廉的材料。这一点对于大批量制造的零件尤其重要。

2. 材料的加工费用

当零件质量不大而加工量很大时，加工费用在零件总成本中会占很大比例。尽管铸铁比钢板廉价，但对于某些单件或小批量生产的箱体类零件来说，采用铸铁比采用钢板焊接的成本更高，因为后者可以省掉模具的制造费用。

3. 节约材料

为了节约材料，可采用热处理或表面强化（喷丸、碾压等）工艺，充分发挥和利用材料潜在的力学性能；也可采用表面镀层（镀铬、镀铜、发黑等）方法，以减轻腐蚀和磨损的程度，延长零件的使用寿命。

4. 材料的利用率

为了提高材料的利用率，可采用无切削或少切削加工，如模锻、精铸、冲压等，这样不但可以提高材料的利用率，同时还可缩减切削加工的工时。

5. 节约贵重材料

通过采用组合结构，可节约价格较高的材料，如组合式结构的蜗轮齿圈采用减摩性较好但价格贵的锡青铜，而轮芯则采用廉价的铸铁。

6. 节约稀有材料

在这一方面，可采用在我国资源较丰富的锰硼系列合金钢代替资源较少的铬镍系合金钢，以及采用铝青铜代替锡青铜等方法。

7. 材料的供应情况

在选择材料时，应选用本地就有且便于供应的材料，以降低采购、运输、储存的成本；从简化材料品种的供应和储存的角度出发，对于小批量生产的零件，应尽可能减少在同一台机器上使用材料的品种和规格，以简化供应和管理，并可在加工及热处理过程中更容易掌握最合理的操作方法，从而提高制造质量，减少废品，提高劳动生产率。

第九节　机械现代设计方法

一、机械零件设计中的标准化

机械零件的标准化就是对零件尺寸、规格、结构要求、材料性能、检验方法、设计方法、制图要求等，制定出大家共同遵守的标准。贯彻标准化是一项重要的技术经济政策和法规，同时也是进行现代化生产的重要手段。目前，标准化程度的高低已成为评定设计水平及产品质量的重要指标之一。标准化工作实际上包括 3 个方面内容，即标准化、系列化、通用化。系列化是指在同一基本结构下，规定若干个规格尺寸不同的产品，形成产品系列，以满足不同的使用条件。例如，对于同一结构、同一内径的滚动轴承，可制造出不同外径和宽度的产品，称为滚动轴承系列。通用化是指在同类型机械系列产品内部或在跨系列的产品之间，采用同一结构和尺寸的零部件，使有关的零部件特别是易损件最大限度地实现通用互换。

现已发布的与机械零件设计有关的标准，从运用范围来讲，可分为国家标准、行业标准和企业标准 3 个等级。国际标准化组织还制定了国际标准（ISO）。从使用的强制性来说，可将其分为必须执行的标准（有关度、量、衡及设计人身安全等）和推荐使用的标准（如标准化直径等）。在机械零件设计中贯彻标准化的重要意义有以下 5 个方面：

（1）减轻设计工作量，缩短设计周期，有利于设计人员将主要精力用于关键零部件的设计；

（2）便于建立专门的工厂，采用最先进的技术，大规模地生产标准零部件，有利于合理地使用原材料、节约能源、降低成本以及提高质量、可靠性和劳动生产率；

(3) 增大互换性，便于维修；

(4) 便于产品改进，增加产品品种；

(5) 采用与国际标准化一致的国家标准，有利于产品走向国际市场。

因此，在机械零件设计中，设计人员必须了解和掌握有关的各项标准并认真地贯彻执行，并不断提高设计产品的标准化程度。

二、机械优化设计

机械优化设计是将最优化数学理论（主要是数学规划理论）应用于工程设计问题，在所有可行方案中寻求最佳设计方案的一种现代设计方法。进行机械优化设计时，首先需要建立设计问题的数学模型，然后选用合适的优化方法并借助计算机对数学模型进行寻优求解，并通过对优化方案的评价与决策，以求得最佳设计方案。在建立优化设计数学模型的过程中，我们把影响设计方案选取的参数称为设计变量，把设计变量应当满足的条件称为约束条件。设计者选定的用来衡量设计方案优劣并期望得到改进的产品性能指标称为目标函数。设计变量、约束条件和目标函数共同组成了优化设计的数学模型。将数学模型和优化算法编写成计算机程序，即寻优求解。常用的优化算法有0.618法、Powell法、变尺度法、惩罚函数法、基因算法等。采用优化设计方法可以在多变量、多目标的条件下，获得高效率、高精度的设计结果，从而极大地提高设计质量。

三、计算机辅助设计

计算机辅助设计（CAD）是利用计算机运算的快而准确、存储量大、逻辑判断功能强等特点进行设计信息处理，并通过人机交互作用完成设计工作的一种设计方法。它包括分析计算、自动绘图系统和数据库3个方面。一个完整的机械产品的CAD系统，应首先能够确定机械结构的最佳参数和几何尺寸，这就要求其具有进行机构运动分析及综合、有限元分析和优化设计、可靠性设计等功能，然后还能够由分析计算结果自动显示与绘制机械的装配图和零件图，并可进行动态修改。完善的数据库系统可与计算机辅助制造、计算机辅助监测、计算机管理自动化结合形成计算机集成制造系统（CIMS），用来综合进行市场预测、产品设计、生产规划、制造和销售等一系列工作，从而实现人力、物力和时间等各种资源的有效利用，并有效地促进现代企业的生产组织和实现管理自动化，并提高企业效益。

四、可靠性设计

可靠性设计是以概率论和数理统计为理论基础，以失效分析、失效预测以及各种可靠性试验为依据，以保证产品的可靠性为目标的一种现代设计方法。其主要特点是将传统设计中作为单值，而实际上具有多值性的设计变量（如载荷、材料性能和应力等），如实地作为服从某种分布规律的随机变量来对待，用概率统计方法定量设计出符合机械产品可靠性指标要求的零部件和整机的有关参数和结构尺寸。

可靠性设计的主要内容有以下 3 个方面：

（1）从规定的目标可靠性出发，设计零部件和整机的有关参数及结构尺寸；

（2）根据零部件和机器（或系统）目前的状况及失效数据，预测其可能达到的可靠性，进行可靠性预测；

（3）根据确定的机器（或系统）可靠性，分配其组成零件或子系统的可靠性，这对复杂产品和大型系统来说尤为重要。

五、有限元法

有限元法是随着计算机技术的发展而迅速发展起来的一种现代设计方法，是将连续体简化为有限个单元组成的离散化模型，再对这一模型进行数值求解的一种实用的有效方法。其假想地把任意形状的连续体或结构分割成有限个方位不同、形状相似的小块（即单元），各单元之间仅在有限个指定点（即节点）处相互连接，并将承受的各种外载荷按某种规则移植成作用于节点处的等效力，将边界约束也简化为节点约束，从而转换为一个由有限个具有一定形状规则、仅在节点处相连接、承受外载和约束的单元组合体。然后按分块近似的思想，用一个简单的函数近似地表示每个单元位移分量的分布规律，并按照弹、塑性理论建立单元节点力和节点位移之间的关系。再将所有单元的这种特性关系集合起来，得到一组以节点位移为未知量的代数方程组。最后求出原有物体有限个节点处位移的近似值及其他物体参数。

六、摩擦学设计

摩擦学设计就是运用摩擦学理论、方法、技术和数据，将摩擦和磨损减小到最低程度，从而设计出高性能、低功耗、具有足够可靠性以及合适寿命的经济合理的新产品。摩擦学是研究相互运动、相互作用的表面间的摩擦行为对机械系统的影响，包括接触表面及润滑介质的变化，失效预测及控制的理论与实践，它是以力学、流变学、表面物理与表面化学为主要理论基础，综合材料科学、工程热物理科学，以数值计算和表面技术为主要手段的边缘学科。它的基本内容是研究工程表面的摩擦、磨损以及润滑问题。摩擦学研究的目的在于指导机械系统的正确设计和使用，以节约能源和减少材料消耗，进而提高机械装备的可靠性、工作效率和使用寿命。

七、并行设计

并行设计是一种对产品及其相关工程进行并行和集成设计的系统工作模式。其思想是在产品开发的初始阶段，即在规划和设计阶段，就以并行的方式综合考虑其寿命周期中所有的后续阶段，包括工艺规划、制造、装配、试验、检验、经销、运输、使用、维修、保养直至回收处置等环节，以降低产品成本，提高产品质量。

并行设计与传统的串行设计方法相比，它强调在产品开发的初期阶段就全面考虑产品寿命周期的后续活动对产品综合性能的影响因素，并建立在产品寿命周期中各个阶段性能的继承和约束关系及产品各个方面属性之间的关系，以追求产品在寿命周期全过程中的综合性能最优。它借助由专家组成的各阶段多功能设计小组，使设计过程更加协调、产品性能更加完善。因此，这种方式能更好地满足用户对产品全寿命周期质量和性能的综合要求，减少产品开发过程中的返工，进而大幅缩短开发周期。

八、动态设计

动态设计是相对于静态设计而言的。动态设计是对结构的动态特性，如固有频率、振型、动力响应和运动稳定性等进行分析、评价与设计，以求系统在工作过程中，在受到各种预期可能的瞬变载荷及环境作用时，仍能保持良好的动态性能与工作状态。动态设计的基本思路是把产品看成一个内部情况不明的黑箱，根据对产品功能的要求，通过外部观察，对黑箱与周围不同的信息联系进行分析，求出产品的动态特性参数，然后进一步寻求它们的机理和结构。该方法的技术内涵是建立可靠的数学模型，借助计算机技术，采用先进的科学计算方法，以试验数据为依托，全面分析研究机械系统在预期可能的各种载荷与周围介质的作用下产生的力与运动、结构变形、内部应力以及稳定性之间的关系，并据此来调整参数，确保机械结构系统在实际运行中具备优良的动态性能、足够的稳定裕度和良好的工作状态。

九、模块化设计

模块化设计是在对一定应用范围内的不同功能或具有相同功能的不同特性、不同规格的机械产品进行功能分析的基础上，划分并设计出一系列功能模块，然后通过模块的选择和组合构成不同产品的一种设计方法。该方法的主要目标是以尽可能少的模块种类和数量，组成种类和规格尽可能多的产品。它具有设计与制造时间短、利于产品更新换代和新产品开发、利于提高产品质量和降低成本、利于增强产品的竞争力和企业对市场的应变能力，以及便于维修等优点。

十、工业设计

工业设计是工业社会技术产品的设计，它主要研究工业产品的人机性能，首先是研究良好的可操作性、可使用性，其次是研究良好的可识别性和可感受性，其中包括外观造型、色彩和图标。工业设计是在机械化、批量生产前提下产生的一种新的设计观和方法论，它将先进的科学技术与现代审美观念结合起来，使产品达到科学与美学、技术与艺术的高度统一，它是涉及新技术、新工艺、新材料、人机工程学、价值工程学、美学、心理学、生态学、创造学、市场学和符号学等领域的全方位的、系统的设计科学。

十一、绿色设计

绿色设计是以环境资源保护为核心概念的设计过程，它要求在产品的整个寿命周期内把产品的基本属性和环境属性紧密结合，在进行设计决策时，除满足产品的物理目标外，还应满足环境目标，以达到优化设计的要求，即在产品整个寿命周期内，优先考虑产品的环境属性（可拆卸性、可回收性、可维护性、可重复利用性等），并将其作为设计目标，在满足环境目标要求的同时，保证产品应有的基本性能、使用寿命和质量等。综上所述，现代设计方法是综合应用现代各个领域科学技术的发展成果于机械设计领域所形成的设计方法，同时又是在传统的设计方法基础上形成的。与传统设计方法相比，现代设计方法有以下 7 个特点：

（1）设计范畴的扩展化；

（2）设计过程并行化、智能化；

（3）设计手段的计算机化；

（4）分析手段的精确化；

（5）设计分析的动态化；

（6）设计制造一体化及产品全寿命周期的最优化；

（7）注重产品的环保性、美观性以及宜人性。

第二章　机械零件的强度

第一节　机械零件的接触强度

高副零件工作时，理论上是点接触或线接触，实际上由于接触部分的局部弹性变形而形成面接触。由于接触面积很小，使表层产生的局部应力就很大。该应力称为接触应力。在表面接触应力作用下的零件强度称为接触强度。

(1) 接触应力。根据弹性力学的赫兹（Hertz）公式，两轴线平行的柱体接触，其最大接触应力计算公式为

$$\sigma_{\mathrm{H\,max}}=\sqrt{\frac{F\left(\dfrac{1}{\rho_1}\pm\dfrac{1}{\rho_2}\right)}{\pi b\left(\dfrac{1-\mu_1^2}{E_1}+\dfrac{1-\mu_2^2}{E_2}\right)}} \tag{2-1}$$

式中：μ_1、μ_2——材料的泊松比；

E_1、E_2——两材料的弹性模量；

ρ_1、ρ_2——两柱体接触点的曲率半径 (外接触用“+”，内接触用“−”)；

F——外载荷；

b——接触线长度。

(2) 表面接触强度条件。在静接触应力作用下，脆性材料零件的失效形式是表面压碎，塑性材料零件的失效形式是表面塑性变形。在变应力作用下 (一般为脉动循环)，零件的失效形式是疲劳磨损 (点蚀)，如齿轮、滚动轴承的常见失效形式就是点蚀。

提高接触疲劳强度的措施：提高接触表面硬度，改善表面加工质量；增大曲率半径；改外接触为内接触，点接触为线接触；采用高黏度润滑油。

第二节　变应力的类型和特性

一、变应力类型

(1) 稳定循环变应力。随时间按一定规律周期性变化，且变化幅度保持恒定的变应力，称为稳定循环变应力。或者说变化周期相同、变化幅度相等的变应力就是稳定循环变应力。例如，胶带运输机减速器中的轴上弯曲应力就近似于稳定循环变应力。

(2) 不稳定循环变应力：

①规律性的不稳定循环变应力。凡大小和变化幅度都按一定规律周期性变化的应力，称为规律性的不稳定循环变应力。例如，开坯轧钢机的轧辊上的弯曲应力就近似于这种变应力。

②无规律性的不稳定循环变应力。凡大小和变化幅度都不呈周期性而带有偶然性的变应力，称为无规律性的不稳定循环变应力，也叫随机变应力。例如，汽车行走机构的零件上的应力就属于这种变应力。

因瞬时过载引起的过载应力或因冲击而产生的冲击应力，称为尖峰应力。例如，汽车碰撞时零件上产生的应力，或轧钢机翻钢时钢锭与滚道冲击时产生的应力。由于尖峰应力出现次数一般很少，而且作用时间很短，在设计机械零件时，通常不将它们作为引起零件的循环变应力处理，而作静应力或冲击应力来处理。对于随机变应力，由于不呈周期性变化，设计时，一般根据经验或按统计学方法来处理。

二、稳定循环变应力的特性

变应力的循环特性、应力幅和应力循环次数对金属材料的疲劳都有影响。试验证明，当变应力的应力水平相同时，应力幅越大，材料达到疲劳破坏所需的应力循环次数越少，材料越容易疲劳；或者说当应力水平。相同时，循环特性值越小材料越易疲劳。对于金属制的同一零件来说，当应力水平相同时，最危险的是对称循环变应力，其次是非对称循环变应力，最安全的是静应力。实践还证明，当其他条件相同时，平均应力为拉应力的非对称循环变应力比平均应力为压应力的非对称循环变应力危险。这是因为，金属材料在拉应力下，疲劳裂纹较易萌生和扩展。

第三节　材料的疲劳极限和极限应力线图

同样的材料，在受循环特性不同的变应力作用时，其疲劳曲线也不同，循环特性值越小，材料的疲劳极限越低。通常未加说明的疲劳曲线，均指循环特性 $r=-1$，可靠度 $R=50\%$ 的疲劳曲线。当变应力的循环特性不同时，材料的疲劳极限值也不同。根据不同循环特性时的疲劳极限的平均应力和应力幅绘成的曲线，称为变应力的极限应力曲线。由于各种金属及其合金的材料牌号繁多，如果都用试验方法来求得极限应力曲线，那将非常费时费力，并且很不经济；为了设计工作的需要，可以根据用试验方法求得的一些材料疲劳极限应力曲线所显示的规律性，对其他类似材料做出近似的简化极限应力曲线，以代替用试验方法求极限应力曲线。

第四节　影响机械零件疲劳强度的因素及机械零件的极限应力线图

一、机械零件的疲劳强度

（一）疲劳断裂

绝大多数机械零件在变应力下工作，其失效形式是疲劳断裂。受变应力时的材料性能取决于零件横截面上真实的应力分布，材料结构或合金相上的切口会导致持续和剧烈的应力增加，使内部缺陷或外部应力分布不均，材料逐渐出现疲劳，材料的抗裂能力已经不能抵抗应力的峰值，材料出现裂纹，每过一个更高的载荷峰值，裂纹就扩展一点，直到最后剩余断面出现断裂。疲劳断裂与静应力下的断裂有本质区别。疲劳断裂时，机械零件所受的应力值远远低于材料的抗拉强度极限，甚至远低于材料的屈服极限，材料在疲劳断裂前没有明显的塑性变形，应力集中、机械零件的表面状态和尺寸大小对机械零件的极限应力有很大影响。

表面无宏观缺陷的金属材料，其疲劳过程可分为 3 个阶段：在变应力作用下形成初始裂纹；裂纹尖端在切应力作用下发生反复塑性变形，使裂纹扩展；当裂纹达到临界尺寸后，发生瞬时断裂。疲劳断裂面由光滑的疲劳发展区和粗粒状的瞬断区组成。

(二) 影响机械零件疲劳极限的主要因素

由于实际机械零件与标准试件之间在绝对尺寸、表面状态、应力集中、环境介质等方面往往有差异，因此，在这些因素的综合影响下，使零件的疲劳极限不同于材料的疲劳极限，其中尤以应力集中、零件尺寸和表面状态 3 项因素对机械零件的疲劳极限影响最大。

(1) 应力集中的影响。在实际工程中，有的构件截面尺寸由于工作需要会发生急剧的变化，例如，构件上轴肩、槽、孔等，在这些地方将引起应力集中，使局部应力增高，显著降低构件的疲劳极限。对应力集中的敏感程度与零件的材料有关，一般材料强度越高、硬度越高，对应力集中就越敏感，如合金钢材料比普通碳素钢对应力集中更敏感(玻璃材料对应力集中更敏感)，用有效应力集中系数考虑应力集中的影响。注意：若在同一截面处同时有几个应力集中源，则应采用其中最大的有效应力集中系数。

(2) 零件尺寸的影响。在测定材料的疲劳极限时，一般用直径 d=7 ~ 10mm 的小试件。随着试件横截面尺寸的增大，疲劳极限相应地降低。这是因为试件尺寸越大，材料包含的缺陷就越多，产生疲劳裂纹的可能性就越大，因而降低了疲劳极限。

(3) 表面状态的影响。零件表面的加工质量对疲劳极限有很大的影响。如果零件表面粗糙、存在工具刻痕，就会引起应力集中，因而降低疲劳极限。若零件表面经过强化处理，其疲劳极限可得到提高。

(三) 提高机械零件疲劳强度的措施

许多机械零件在工作状态承受变应力。在变应力作用下，即使作用在机械零件上的应力值低于屈服极限，也可能在应力循环一定周期后造成机械零件的疲劳断裂。

1. 减小应力集中

减小应力集中是提高承受较大变应力零件疲劳强度的有效措施。为了减小应力集中，要避免机械零件名义应力较大部位的外形尺寸突然变化。要尽量避免在应力较大区域钻孔、开槽以及开设螺纹。轮与轴的过盈配合边缘处也会存在应力集中。

2. 提高机械零件表面加工质量

过低的表面粗糙度，非常容易导致在机械零件表面形成裂纹，造成零件的疲劳破坏。因此，对于承受较大变应力的机械零件或对应力集中敏感的机械零件，要保证零件表面光滑，即表面粗糙度值不要过大。机械零件接触腐蚀性介质也会造成零件疲劳强度的下降，所以，对工作环境存在腐蚀性介质的重要机械零件，要进行适当的表面保护，避免机械零件接触腐蚀性介质。

3. 采用能提高疲劳强度的热处理和强化方法

对机械零件进行渗碳、渗氮，以及表面冷加工，如表面滚压、喷丸等，都可以提高机械零件表面强度和在表面产生有利的残余压应力，从而减缓表面裂纹的产生及扩展，提高机械零件的疲劳强度。

二、摩擦的种类及其性质

（一）摩擦

摩擦是两个相互接触的物体有相对运动或有相对运动趋势时接触处产生阻力的现象。相互摩擦的两个物体称为摩擦副。因摩擦而产生的阻力称为摩擦力。一般用摩擦系数衡量摩擦力大小。摩擦通常对机器是有害的，但有时又是不可或缺的。人行走和汽车的行驶都要依靠摩擦力，带传动、摩擦离合器、制动器和摩擦焊等都是依靠摩擦来工作的。

（二）摩擦的分类

为了便于分析问题，将摩擦分为不同的类型。摩擦有多种分类方法，发生在物体内部的摩擦称为内摩擦，发生在两个接触物体接触表面处的摩擦称为外摩擦。按构成摩擦副的两个物体的相对运动形式，摩擦分为滚动摩擦和滑动摩擦。若构成摩擦副两物体的相对运动是滚动和滑动的叠加，就构成滑动滚动摩擦，属复合方式的摩擦。滚动摩擦系数一般较小。相互接触的两物体有相对运动趋势并处于静止临界状态时的摩擦称为静摩擦，相互接触两个物体超过静止临界状态时的摩擦称为动摩擦。动摩擦力一般小于静摩擦力。按摩擦表面的润滑状态分类，摩擦分为干摩擦、边界摩擦、流体摩擦和混合摩擦。从润滑角度看，边界摩擦、流体摩擦、混合摩擦状态又可以称为边界润滑、流体润滑和混合润滑。接触区域的摩擦和磨损性能主要决定于实际的摩擦状态。

1. 干摩擦

干摩擦的接触表面间不存在任何润滑物质。这种状态在工程当中几乎不可能出现，因为一般在表面上至少会有反应层（例外：真空环境中），表面上各种原因造成的污染膜，如氧化物，都可以认为是润滑物质。一般的干摩擦是指摩擦表面没有人为加入润滑剂的摩擦。在摩擦过程中，摩擦表面发生许多复杂的机械、物理、化学过程，如表面间的相互作用和周围气体分子在表面上的吸附，以及表面的氧化、材料结构的变化等，使表面上的摩擦具有极其复杂的性质。在摩擦学里介绍了各种摩擦理论，总结了人们从不同角度对干摩擦机理的认识，有兴趣的读者可以参阅摩擦学方面的著作。

2. 边界摩擦

摩擦表面仅存在极薄的边界膜时的摩擦称为边界摩擦。边界膜是指润滑油与摩擦表面材料的吸附作用形成的物理吸附膜，化学吸附膜和发生化学反应形成反应膜。边界膜厚度一般小于0.1μm。边界摩擦的摩擦系数较大，为0.1～0.3；由于边界膜的厚度远小于两表面粗糙度之和，少量磨损是不可避免的。边界摩擦的润滑效果与润滑剂黏度无关，取决于边界膜结构和边界膜与摩擦表面结合的强度。

由于润滑剂中的（或人为加入的）有机极性物质的存在，润滑油在摩擦表面形成吸附膜的能力称为油性。纯的矿物油一般不含极性物质，通常做油性添加剂的有高级脂肪酸、酯和醇以及金属皂。动植物油的吸附能力也很好，但是稳定性差。温度升高到临界温度（物理吸附膜约为100℃，化学吸附膜通常为200℃左右）时，吸附膜将破裂（脱落）。含有硫、磷、氯等元素的化合物（如氯化石蜡、硫化脂肪、磷酸酯），它们能在高温高压的条件下与金属表面发生化学反应，生成硫化铁、氯化铁、磷酸铁等比铁的剪切强度低的化合物，即反应膜，其主要作用是防止重载、高速、高温下的胶合磨损。

3. 流体摩擦

摩擦表面被流体层（液体或气体）完全分隔开，摩擦发生在流体内部，这种摩擦称为流体摩擦，称这个流体层为流体润滑膜。流体摩擦的性质取决于流体的内部摩擦力，摩擦系数非常小，为0.001～0.01。由于发生相对运动的物体上受有载荷，如外载荷、重力等，所以流体润滑膜必须具有足够的压力以承受载荷，把摩擦表面微微隔开。

4. 混合摩擦

摩擦表面同时存在干摩擦、边界摩擦和流体摩擦的摩擦状态称为混合摩擦。这是在机械中常出现的一种摩擦状态。20世纪初，德国科学家Stribeck对滚动轴承和滑动轴承进行了试验，测出了滑动轴承在各种摩擦状态下的摩擦系数与流体黏度、相对滑动速度、单位面积上的载荷之间的关系。表示摩擦表面间摩擦系数与润滑油黏度、表面滑动速度和法向载荷之间函数关系的曲线被称为摩擦特性曲线，即Stribeck曲线。该曲线表明干摩擦、边界摩擦和流体动力摩擦3种摩擦状态是随某些参数的改变而相互转化的。当其他工作条件不变时，改变相对滑动速度或润滑油黏度，摩擦系数会随之变化。

（三）影响摩擦的主要因素

如前所述，摩擦是两个摩擦表面物体有相对运动或有相对运动趋势时接触处产生

阻力的现象。机械设计师应该对影响摩擦的主要因素有一个比较全面的了解，以保证摩擦力在计划范围之内。影响摩擦力的主要因素有：摩擦副所用材料、润滑状态、法向力、滑动速度、表面粗糙度、表面洁净度、工作温度、静止接触的持续时间等。

（1）摩擦副材料。工程中，摩擦副多处于混合摩擦状态，两相对运动物体不可避免存在直接接触，其摩擦系数与摩擦副所用材料有关。根据摩擦学理论，黏着作用产生的摩擦系数与结点的剪切强度相关，微凸体压入的啮合作用产生的摩擦系数与材料剪切强度和材料硬度等相关。摩擦副的摩擦系数与摩擦副材料是否容易黏着有关。一般来讲，相同材料（成分、组织和结构相同）的摩擦副容易黏着，摩擦系数较大。塑性材料的摩擦副比脆性材料的摩擦副易发生黏着。

（2）摩擦表面的润滑状态。在摩擦表面加入润滑剂，一般会使摩擦系数显著下降；摩擦副处于不同的润滑状态（即摩擦状态），摩擦系数的大小不同。良好的润滑，对减少摩擦阻力、提高机器效率以及减少摩擦发热、摩擦噪声和磨损非常重要。特别是在高速、重载条件下的设备，润滑状态更不容忽视。像摩擦型带传动等依靠摩擦力工作的场合不需要加润滑剂。

（3）表面膜的影响。在边界摩擦状态时，润滑油的动压效果和润滑油的流变性能对摩擦的影响极其微小，摩擦表面靠得很近，摩擦表面微凸起之间有更多的接触，主要是边界膜在起润滑作用。选用油性好的润滑剂或在润滑油中加入含有硫、磷、氯等元素的添加剂，可以形成有效的边界膜。边界膜的润滑作用在某些难以保证油楔存在的场合，如螺纹副、启动停车频繁、摆动等，是十分重要的。

（4）零件的表面粗糙度。任何固体表面，即使经过最仔细的加工，也会存在无数个任意分散的凹凸点，不可能是绝对平整光滑的，实际几何形状和理想几何形状总有差别。零件表面的真实几何形状是由表面形状偏差、表面波纹度和表面粗糙度 3 个部分组成的。表面上微凸体的相互作用是摩擦和磨损分析与计算的出发点和依据。

在表面粗糙度很小的情况下，由于表面间存在很大的分子力作用，造成较大的摩擦力；随着表面粗糙度的增大，实际接触面积减小，分子力作用减弱，摩擦系数下降；当表面粗糙度继续增大时，由于微凸体的作用增大而使摩擦力增大。

三、磨损

（一）磨损及其分类

磨损是相互接触的物体表面材料在相对运动中发生的不断损耗现象，是影响机械寿命的主要因素，磨损过程相当复杂，人们对磨损机理的认识还有待深入。磨损不但是机械零件的一种失效形式，还是造成其他后来失效的原因。磨损碎屑在摩擦表面间成为磨料，造成磨料磨损、润滑油的污染和油路的堵塞。磨损还引起零件配合间隙加大，导致机械振动、冲击的增加，使机械性能下降、零件所受载荷增大，加剧磨损，严重时使机械丧失工作能力或破坏。在一般情况下，机器设备中的磨损是不可避免的。只要在规定寿命期限内磨损量不超过许用值，磨损便属于正常磨损。磨损量可以用重量或尺寸等来衡量。一般称单位时间或单位行程内的磨损量为磨损率。

磨损不都是有害的，如磨合、磨削、抛光等是受控的磨损过程。目前，被普遍接受的磨损分类方法是根据不同的磨损机理来分类的。

(1) 磨粒磨损。源于外界的硬颗粒或摩擦表面上的硬凸起在摩擦表面相对运动时引起的表面材料损耗现象，称为磨粒磨损。磨粒磨损的机理主要是磨粒的犁沟作用，一般将造成摩擦表面沿滑动方向的刻痕。磨粒磨损是最普遍的磨损形式，如机床导轨由于切屑引起的磨损。磨粒磨损造成的损失约占整个磨损损失的50%。材料相对磨粒的硬度和载荷的大小是影响磨粒磨损的重要因素。

(2) 黏着磨损。摩擦表面的实际接触面积只占摩擦表面面积的极小部分，接触峰点压力极高。一般认为在一定压力和温度条件下，摩擦表面的实际接触峰点将发生黏着。在摩擦表面连续的相对滑动过程中，接触峰点发生黏着，黏着点被破坏，又发生新的黏着，同时伴随着表面材料的转移，这种过程称为黏着磨损。严重的黏着磨损会导致摩擦副咬死，不能进行相对运动。黏着磨损又称为胶合磨损。

(3) 表面疲劳磨损。对于齿轮传动、滚动轴承等零部件，工作时，摩擦表面发生相对滚动或滚动兼有滑动，其接触区域表面材料受到循环变化的接触应力作用，经过一定的应力循环次数，零件表面材料发生疲劳剥落形成微小凹坑，称此现象为表面疲劳磨损。应避免零件因表面疲劳凹坑的恶性发展而失效。

(4) 腐蚀磨损。在摩擦过程中，金属与周围介质发生化学或电化学反应，由于摩擦表面的机械作用使化学或电化学生成物质脱离表面，这种现象称为腐蚀磨损。腐蚀磨损与腐蚀有关系，但存在明显不同。机械设备零件表面的实际磨损，通常是几种磨损形式并存的。还要注意，一种磨损的发生会诱发其他形式的磨损，例如，疲劳磨损的磨屑可能导致磨粒磨损。在某些情况下，机械零件上还会发生微动磨损、气蚀磨损。

(二) 提高机械零件耐磨性的主要措施

1. 保证良好的润滑条件

毫无疑问，良好的润滑条件是减小磨损的重要途径。根据摩擦的分类，我们知道，摩擦副处于液体润滑状态时，摩擦系数最小，磨损也很小。实现液体润滑的关

键是在摩擦表面有润滑油膜，其压力要足够大，以承受载荷，保证摩擦表面被润滑膜隔开。由于实现液体润滑需要一定的条件或专门的装置（油泵等），并不是所有场合都适于通过设计保证液体润滑。例如，螺旋副、载荷过大、启动停车过于频繁和速度过低，以及在载荷和速度很低、磨损程度极小时，一般不适于设计为液体润滑。此时，我们要保证摩擦副不能出现干摩擦，即保证要有可靠的边界油膜，防止和减轻磨损。应该指出，在较高温度条件下，吸附膜的作用不大，主要是反应膜在起作用；在润滑油中的添加剂对提高吸附膜的强度和形成反应膜十分重要。

2. 选择适当的表面粗糙度

据研究报告，对于不同的磨损工况，表面粗糙度具有一个最优值，此时磨损量最小。磨损工况指摩擦副的载荷、滑动速度的大小、环境温度和润滑状况等。

3. 选择适当的材料和表面硬度

由于磨损是机械零件的主要失效形式，所以要把耐磨性作为选材的重要依据。并不是材料的硬度越高耐磨性越好，从耐磨性选材，要综合考虑材料的硬度、韧性、互溶性、耐热性、耐腐蚀性等，还要考虑摩擦副材料的匹配。一般面接触的摩擦副用软硬材料搭配，点线接触的摩擦副用硬配硬的组合。对于磨粒磨损和接触疲劳磨损，一般提高硬度可以提高摩擦副的耐磨性；对于黏着磨损，应选择固态互溶性低的材料匹配以避免发生黏着。相同材料间容易黏着，如灰铸铁和灰铸铁；对于腐蚀磨损，要选择耐腐蚀的材料，材料表面形成的氧化膜与基体结合牢固、氧化膜韧性好、氧化膜组织致密时，耐腐蚀磨损的能力强。

四、润滑和润滑剂

（一）润滑和润滑剂

润滑是在摩擦表面间人为加入润滑剂，以降低摩擦，避免或减轻磨损，润滑还可以起到防锈、减振和散热等作用。润滑剂可以分为液体、气体、半固体（脂）和固体四大类。

1. 液体润滑剂

动植物油、矿物油、化学合成油都是液体润滑剂。动植物油由于含有较多的硬脂酸，吸附能力很好，但是稳定性差。矿物油的价格低廉、适用范围广、稳定性好，应用最多。化学合成油是通过化学合成的手段制成的润滑油，它能满足矿物油所不能满足的一些特殊要求，如高温、低温、重载和高速等，一般应用于特殊场合，价格较高。润滑油的性能指标主要有黏度、油性、极压性、闪点、凝点等。

（1）黏度。黏度标志着流体内摩擦阻力的大小，黏度大则表示流体抵抗剪切变形的能力大。润滑油黏度选择的基本原则是，载荷越大，黏度应越大；相对速度越高，黏度应越小。

（2）油性。油性指润滑油中的极性分子与金属表面吸附形成边界油膜、减小摩擦和磨损的能力。动、植物油的油性一般好于矿物油。在低速、重载的情况下，一般都是边界润滑，油性就有特别重要的意义。

（3）凝点。凝点是指润滑油在规定条件下，被冷却的试样油面不再移动时的最高温度，以℃表示，是用来衡量润滑油低温流动性的常规指标，现在国际通用倾点。倾点是指油品在规定的试验条件下，被冷却的试样能够流动的最低温度。同一油品的倾点比凝点略高几度。

（4）闪点和燃点。蒸发的油气，一遇火焰即能闪光时的最低温度，称为油的闪点。闪光时间长达5s时的油温称为燃点。闪点是表示油蒸发倾向和安全性质的指标，高温工作时应选闪点较高的润滑油。

（5）极压性。润滑油的极压性是指加入含硫、磷、氯的有机极性化合物（极压添加剂）后，在金属表面生成抗腐、耐高压化学反应边界膜的性能。良好的极压性可保证在重载、高速、高温条件下形成可靠的反应油膜，减小摩擦和磨损。

（6）氧化稳定性。氧化稳定性指防止高温下润滑油氧化生成酸性物质从而影响润滑油的性能并腐蚀金属的性能。润滑油添加剂是一些化学物质，将其以相对少量加入润滑油基础油中，以改善润滑油的某些性质和使用性能，甚至赋予润滑油基础油原来并不具备的性质。润滑油添加剂的作用主要有3个方面：减小金属零件的摩擦、腐蚀和磨损；抑制发动机运转时部件内部油泥等的形成；改善基础油的物理性质。润滑油添加剂主要有金属清净剂、抗氧化剂、黏度指数改进剂、降凝剂、极压添加剂、油性添加剂等。添加剂可以单独加入油中，也可将所需各种添加剂复合使用。润滑油添加剂的使用，不仅满足了各种新型机械和发动机的要求，而且延长了润滑油的使用寿命，使润滑油的需求量在石油产品中的比重减少。

2. 润滑脂

润滑脂是通过润滑油加入稠化剂在高温下混合而成的，俗称黄油。润滑脂中，润滑油是主要成分。稠化剂的作用是减少润滑油的流动性，以便润滑或在难于储存润滑油的地方长期保存润滑剂。润滑脂还有良好的密封性、耐压性和缓冲性等优点。类似在润滑油中加入添加剂，在润滑脂中也可以加入添加剂，如石墨、二硫化钼（提高抗磨耐压作用）。润滑脂常按其中所用的稠化剂种类划分，如钙基润滑脂、钠基润滑脂和锂基润滑脂等。钙基润滑脂耐水不耐高温，钠基润滑脂耐高温不耐水，锂基润滑脂既耐水又耐高温，用途广泛。给滚动轴承润滑，使用润滑脂较多。

润滑脂的主要性能指标有：

（1）针入度。针入度是反映润滑脂软硬程度的指标。硬的润滑脂耐高压，但运动阻力大，流动性差。选择润滑脂首先注意稠化剂种类，其次就是根据针入度来选择。针入度不等于黏度，润滑脂的黏度主要取决于基础润滑油。

（2）滴点。在规定条件下加热，润滑脂在特制的杯中滴下第一滴润滑脂时的温度称为润滑脂的滴点，它反映润滑脂的耐高温性能，润滑脂的工作温度应低于滴点 20～30℃。钙基润滑脂的滴点 75～95℃，钠基润滑脂则 130～200℃。润滑脂的资料可以查阅有关手册或生产厂家有关资料。

3. 固体润滑剂

固体润滑是指利用固体粉末、薄膜或整体材料来减少摩擦表面的摩擦与磨损。固体润滑应用于高温、高负荷、超低温、超高真空等许多特殊、严酷工况条件下，如航天、航空、原子能工业和桥梁支承部等。固体润滑剂作为极压、抗磨添加剂配制的润滑油、脂或膏，已成为标准商品出售。可以使用一定特性的材料直接制成零部件来使用，如石墨电刷、宝石轴承等。固体润滑剂有石墨、聚四氟乙烯、材料为 Au 等及其合金的金属薄膜等。

（二）润滑方法及装置

保证机械设备或装置运转时润滑油或润滑脂的供应是十分重要的。润滑油的供油方式与零件在工作时所处的润滑状态有着密切关系。

1. 油润滑

对于轻载、低速、不连续运转等需油量不大的机械，一般采用定期加油、滴油润滑等方式。对速度较高、载荷较大的机械，一般要采用油浴、油环、飞溅润滑或压力供油润滑。高速、轻载机械零件如滚动轴承，采用喷雾润滑。高速重载的重要零件，要采用压力供油润滑。典型零件的润滑可以参考相应章节或有关资料进行选择。

（1）人工加油润滑。人工加油润滑的最简单方法是，用油壶、油枪直接向通向需要润滑零件的油孔中注油。也可以在油孔处装设油环，油杯的作用是贮油和防止外界灰尘等进入。

（2）滴油润滑和油绳润滑。注油杯的滴油量受针阀的控制，油杯中油位的高低可直接影响通过针阀间隙的滴油量，停车时可以扳倒手柄以关闭针阀，停止供油。油绳润滑主要使用油绳，应用虹吸管和毛细管作用吸油。所使用油的黏度应较低，油绳有一定的过滤作用，油绳不能和所润滑的表面接触。针阀式油杯和油绳油杯都可以做到连续滴油润滑。

(3) 油环、油链润滑。在轴上挂一油环，环的下部浸在油池内，利用轴转动时的摩擦力，把油环也带着旋转，将浸在油池中的润滑油带到轴颈上润滑摩擦表面。轴应无冲击振动，转速不易过高，油链的带油量较大。油环或油链润滑只能用于水平安装的轴。

(4) 浸油润滑和飞溅润滑。浸油润滑和飞溅润滑主要用于闭式齿轮箱、链条和内燃机等。浸油润滑是将需要润滑的零件如齿轮、凸轮、滚动轴承等一部分直接浸入专门设计的油池中，零件转动时将润滑油带到润滑部位。飞溅润滑是具有一定转速、部分浸在油池中的旋转零件（如齿轮等）将润滑油飞溅起油星以润滑轴承等零件。旋转零件的线速度不高于 12.5m/s。

(5) 油雾润滑。油雾润滑是以压缩空气为动力，使润滑油雾化，经管道输送到润滑部位，压缩空气和少量的油雾粒子经密封间隙或排气孔排到大气中。油雾润滑适用于齿轮、蜗轮、链和滚动轴承的润滑，如冶金设备中大型、高速、重载的滚动轴承的润滑。油雾润滑的主要优点是润滑效果均匀，流动的压缩空气有良好的散热作用。油雾润滑需要专门的油雾润滑装置产生并把油雾输送到润滑部位。

(6) 压力供油润滑。压力供油润滑是指用油泵和管道将润滑油输送到润滑部位。压力供油润滑的主要优点是供油量充分，流动的润滑油可以带走摩擦热，还可以把摩擦表面的金属颗粒冲走并过滤掉。压力供油润滑系统可设计成向多点定量供油的集中供油润滑系统。压力供油润滑装置比较复杂，必须保证其可靠工作，否则可能造成严重后果。

2. 脂润滑

润滑脂可以间歇润滑，也可以连续润滑。比较常见的是使用旋盖式油杯。当旋转杯盖时，油杯内的润滑脂被挤入润滑部位，属间歇润滑，也可用黄油枪加脂。

五、机械零件的简化极限应力线图

根据材料的简化极限应力线图，并考虑影响零件疲劳强度的综合系数就可绘出机械零件的简化极限应力线图。

第五节　稳定循环变应力时的疲劳强度计算

一、单向稳定循环变应力下的零件疲劳强度的计算

在单向应力状态时，疲劳强度条件式为

$$S_{\sigma}=\frac{\sigma'_{\max}}{\sigma_{\max}}\geq[S_{\sigma}] \tag{2-2}$$

式中：S_{σ} ——计算安全系数；

$[S_{\sigma}]$——许用安全系数；

$\sigma'_{\max}$ ——零件的极限应力；

$\sigma_{\max}$ ——零件所受的实际工作应力。

因此，当知道零件的工作应力和疲劳极限应力就可以进行疲劳强度安全系数的计算。

二、复合稳定变应力时的疲劳强度计算

某些零件（如转轴）在工作时往往同时产生弯曲应力和扭转应力，即在复合变应力状态下工作。目前对于复合变应力下零件安全系数的计算，理论和试验研究都比较不充分，只对于周期相同、相位相同的弯曲和扭转对称稳定循环变应力所组成的复合变应力的研究较成熟。对于一般结构钢，当其同时有周期相同和相位相同的弯曲和扭转对称稳定循环变应力时，疲劳极限关系式为

$$\left(\frac{\sigma'_{a}}{\sigma_{-1}}\right)^2+\left(\frac{\tau'_{a}}{\tau_{-1}}\right)^2=1 \tag{2-3}$$

式中：σ'_{a} ——弯曲疲劳极限应力的应力幅；

τ'_{a} ——扭转疲劳极限应力的应力幅；

σ_{-1} ——材料的弯曲循环疲劳极限；

τ_{-1} ——扭转对称循环疲劳极限。

第六节　单向不稳定循环变应力时的疲劳强度计算

一、疲劳损伤累积假说

疲劳损伤累积假说建立在规律性的不稳定对称循环变应力的实验资料的基础上，并应用非对称循环变应力可以等效转化为对称循环变应力的概念，把它推广到规律性的不稳定非对称循环变应力的计算中。疲劳损伤累积假说是，在变应力下的材料（或零件），其内部的损伤是逐步累积的，累积到一定程度就发生疲劳破坏，而不论其应力谱如何。

大小应力作用次序对疲劳损伤是有影响的。如果作用的各应力的次序是先大后小、依次递减，则当疲劳强度小于1时，材料就达到疲劳破坏。这是因为开始作用最大的变应力引起了初始裂纹，以后的变应力虽然较小但仍能使裂纹继续扩展，因而当疲劳强度小于1时就使材料疲劳破坏；如果作用的各应力的次序是先小后大、依次递增，则疲劳强度大于1时材料才产生疲劳破坏。这是因为开始作用的较小的变应力不能引起初始裂纹，有时甚至对材料起了强化作用；因而，当疲劳强度大于1时才能使材料达到疲劳破坏。如有短时尖峰应力存在，往往当疲劳强度大于1时材料才发生疲劳破坏。这是因为尖峰应力的数值虽大，但作用时间很短；尖峰应力之后的低应力使裂纹扩展速率明显下降，对疲劳裂纹的扩展起了延缓的作用。因此，当有短时尖峰应力存在时，以疲劳强度等于1为失效判据，就偏于保守。通常在疲劳计算时，将短期尖峰应力除去不计，而按尖峰应力做静强度核验。

二、单向的规律性不稳定循环变应力下的疲劳强度计算

零件受单向的规律性不稳定循环变应力作用时的疲劳强度计算有2种方法：转化为当量应力 σ_{eq} 进行计算；转化为当量循环次数 N_{eq} 进行计算。这两种方法的实质都是应用疲劳损伤累积假说的概念，将规律性的不稳定循环变应力转化为一个稳定循环变应力，然后按稳定循环变应力的方法来进行疲劳强度的计算。

第三章　样机的设计流程

第一节　飞行原理

一、空气动力学基础

(一) 大气的基础知识

飞机是在覆盖地球表面的大气中飞行，所谓大气就是包围地球的空气。大气在地球引力作用下聚集在地球周围，其总质量的90%集中在离地球表面15km高度以内。大气没有明显的上界，根据大气温度随着离地区表面高度的变化，将大气划分为对流层、平流层、中间层、热层和散逸层。对流层是最低的一层，飞机主要在对流层中飞行，其温度随离地高度增加而降低。对流层高度随地球纬度、季节的不同而变化，赤道地区对流层的平均高度在18km左右，中纬度地区约为11km，而南北极地区对流层高度只有7～8km。

1. 大气的状态参数

对于一定数量的气体，根据其压强、温度和密度就可决定其状态，所以这3个参数就称为大气的状态参数。压强是由于空气分子不断运动时冲击到物理表面而产生的，其表现形式就是人们感觉或测量到的空气压力的大小。比如，一个瓶子里存在的气体分子越多，平均冲击力就越大，气体对瓶子内壁的压力就大。压强就是每单位面积所受的空气压力的大小，气体对瓶子内壁的压力越大，压强就越大。如果瓶子里气体分子数目不变，但温度升高，那么瓶子内的分子运动活跃，速度加快，结果冲击力也加大，气体的压强相应增大。物体内所含的物质的数量称为质量，质量不随地区、气候不同而变化。重量是物体受到地球引力作用而被人们感觉到或测量到的力的大小，与物体与地球之间的距离有关。空气的密度（ρ）就是单位体积空气的质量。在不同地区气压不同时，空气的密度也会不同。

大气温度是表示空气冷热程度的物理量，微观上来讲是空气分子热运动的剧烈程度。空气分子运动越快，温度就越高。温度也是空气分子间平均动能的一种表现形式，温度高空气分子动能大，温度低则动能小。大气温度用绝对温度（K）表示，但大家习惯用摄式温度（℃），两者之间的关系是K=273+℃。在对流层中，大气的温度随高度的增加而线性下降，大约每升高1km，温度下降6.5℃。

声速也是一个描述大气状态的参数。声速就是声音在空气中的传播速度，它受大气温度和密度的影响。温度高，声速大；密度高，声速也大。在对流层中，声速随高度的增高而降低。

2. 国际标准大气

从上面的描述可知，大气的物理参数随地理位置、地形、季节的不同而变化，为了便于计算和在不同地区制造的飞行器性能比较，国际上建立了一个统一的标准，即国际标准大气。国际标准大气以北半球中纬度地区的大气物理参数的平均值为基础建立，假设空气是理想气体，满足状态方程，按照这个标准，各个不同高度上空气的压强、密度和温度便是一定的值，通常用国际标准大气表示。国际标准大气是以平均值加上一些假设制定的，因而各地的实际大气参数与国际标准大气之间是存在差别的。

3. 大气的黏性

大气的黏性是空气在流动过程中表现出的一种物理性质，是空气分子做不规则运动的结果。由于黏性的作用，空气流过物体表面时，最靠近物体表面的空气由于附着在物体表面，因而这一层空气的流动速度很低，离开物体表面稍远，空气的速度稍大，远到一定距离后，空气的流动速度变得与自由流动的速度一样大。也可以这样理解，大气黏性的作用只明显地表现在物体表面薄薄一层空气内，在此之外可认为没有黏性，这一薄层空气称为边界层。边界层内的空气流动情况与外面的气流不同，边界层最靠近物体表面的地方空气流动速度为0，最外边的流动速度最大，为自由流的速度。若把边界层再细分为由若干层薄空气组成，则每一层的流动速度不同，相邻两层空气之间就产生相互牵扯的内摩擦力，即黏性力。飞机飞行时产生的摩擦阻力就是由于空气的黏性所致。黏性的大小用黏度（又称黏性系数或内摩擦系数）表示。相对于像气体一样可以流动的液体来说，空气的黏性比较小。流动物体的黏性与温度有关，随着温度的升高，气体的黏性增加，而液体的黏性减小。

4. 可压缩性

气体的可压缩性是指当气体的压强改变时其密度和体积改变的性质。不同形态的物质其可压缩性差异很大，如固体和液体，当压强增大时，其密度和体积基本保持不变，因此一般认为液体和固体是不可压缩的。当空气的压强增加时，其体积会减小、密度会增大，所以说气体是可压缩的。飞机在空气中飞行时，对空气有压缩作用，被压空气的状态参数会发生改变。当飞机飞行速度较高时，压缩作用的影响就大；低速飞行时，压缩作用影响较小，空气的压强、密度的改变量也较小，这种情况下为研究方便，可以不考虑空气可压缩性的影响。

（二）空气动力学基本原理

一个物体在空气中运动时，或者空气从物体表面流过时，空气对物体都会产生作用力，物体和空气之间由于相对运动产生的这种作用力就叫作空气动力。飞机在空气中飞行时，空气作用在整个飞机的表面，产生空气动力。若把整个飞机产生的空气动力看成一个总的力矢量，那么该力矢量在垂直于来流速度方向的分量叫作升力，升力用于平衡飞机的重量，保持飞机在空气中飞行；力矢量在平行于来流方向的分量叫作阻力，所以飞机上要安装发动机，产生向前的拉力或推力来克服阻力。在讨论飞机升力和阻力之前，先要熟悉几个空气动力学的基本原理。

1. 相对运动原理

假如你坐火车离开某站，对于站台上送行的人来说，火车离开了车站；而对于坐在火车上的你，如果以火车为坐标系，则是车站离开了你。从运动学的角度来说，这两种说法都对，因为你和车站发生了相对运动。相对运动原理对于研究飞机的飞行是有意义的。飞机和空气做了相对运动，无论是飞机在静止的空气中运动，还是飞机不动而是空气流过飞机，只要是相对运动的速度和相对运动的姿态一样，那么在飞机表面产生的空气动力就是一样的。

根据相对运动原理，在研究飞机的空气动力特性时，可以采用一种叫风洞的实验设备。风洞利用风扇或其他方法产生稳定的气流，把飞机模型放在风洞的实验段，让气流流过模型表面，进行吹风实验，测出模型表面产生的空气动力数据和模型在空气中以相同速度和姿态飞行时测出的数据是相近的。

2. 连续性原理

日常生活中大家可以看到，在一条河流中，河面宽或河床深的地方，水的流速慢；而河面窄或河床浅的地方，水的流速快。夏天走到门洞处感觉凉快些，事实上是门洞处空气流动的速度快，也就是风大。这些都可以用流体的连续性原理来解释。空气从箭头所示的进口端流进，从出口端流出。这里要做一个假设，假设空气在管道中做定常流动，即管道中流动气体的状态参数不随时间的变化而改变，也就是要保证流入和流出管道的气体等量。

3. 伯努利定理

根据能量守恒定律，对于一定量物质，不论发展什么样的变化，其能量可以转换，但总能量始终保持不变。伯努利定理就是能量守恒定律在流体中的应用。当空气水平运动时（重力势能保持不变），它包含 2 种能量：一种是空气垂直作用在与其接触的物体表面的静压强能力；另一种是由于空气运动而具有的动压强能力。根据

能量守恒定律，这两种能量之和应保持不变。由于液体和气体都具有相似的性能。空气流动时也具有同样的性质。也就是说，空气在变截面管道中流动时，若忽略可压缩性和温度变化的影响，则截面面积大的地方，空气流速慢（动压强小），静压强大；截面面积小的地方，空气流速快（动压强大），静压强小。这就是不可压缩流体的伯努利定理所反映的实质。

4. 边界层与雷诺数

空气流过物理表面时，贴近物体表面的空气质点黏附在物体表面，这部分空气的运动速度为0。随着离开物体表面距离的增加，空气质点的运动速度逐渐增大，远到一定的距离后，空气黏性的作用就不明显了，这一层薄空气就叫作边界层，对于原理样机或缩比模型样机这样的小型航空器，边界层的厚度为2 ~ 3mm。

在边界层中，如果空气的流动是一层一层的有规律的，就叫作层流边界层；如果空气的流动是杂乱无章的，则叫作湍流或紊流边界层。气流刚开始接触物体时，边界层比较薄。随着气流流过物体的表面增长，边界层逐渐加厚，由于物体表面造成的扰动和空气质点的无规则活动，厚的边界层易产生层流破坏，气流分离，形成湍流边界层。同时，气流的流动速度越快，空气的密度越大，也会促使气流分离；另外，如气体的黏性越大，流动起来就越稳定，进而不容易变成湍流边界层。

二、飞机上的空气动力

飞机在空气中飞行时，空气流过飞机表面产生空气动力。升力主要靠飞机机翼产生，用来平衡飞机的重力；飞机机翼、机身、尾翼以及不可收放的起落架在飞行中都会产生阻力，阻力靠飞机发动机产生的拉力或推力来克服。

（一）升力

升力主要由飞机的机翼产生。机翼的翼剖面叫作翼型。翼型一般是前缘圆钝、后端尖锐，上表面拱起、下表面较平，跟一条鱼的侧面投影形状差不多。翼型的前端点叫前缘，后端点叫后缘，前后缘之间的连线叫作翼弦，翼弦与飞行方向或相对气流方向之间的夹角称为攻角（也叫迎角）。

当空气流过机翼时，气流被机翼分成上下两股，通过机翼后在后缘汇合成一股。由于机翼上表面拱起，使上方气流流过的通道变窄，根据连续性原理和伯努利定理，通道窄的地方流速快，动压大，静压小，所以从机翼上表面流过的空气的静压强比从机翼下面流过空气的静压小，也就是说，以单位面积来说，空气作用在机翼上表面的压力比作用在下表面的压力小，这个压力差就是机翼产生的升力。当升力的大小等于飞机重量时，飞机就升空飞行了。机翼面积、相对速度、空气密度、机翼形

状和飞行姿态等都会对升力的大小产生影响。

机翼翼型有对称和非对称翼型之分，对称翼型在迎角为零时不产生升力，要有一定的迎角才会产生升力；非对称翼型在迎角为零时也有升力产生，零升力迎角为负。在一个不太大的迎角范围内，随着迎角的增大，升力或升力系数会随之增大。当迎角增大到一定程度时，机翼上表面从前缘到最高点的气流压强减小和从最高点到后缘压强增大，当迎角大到一个值时就会从机翼最高点后开始分离，在翼面后半部产生旋涡，造成升力突然下降，阻力迅速增大，这种现象叫作失速。失速是飞机飞行中必须避免的，因而飞机不应以接近或大于临界迎角的状态飞行。设计飞机时，要尽量推迟气流在机翼上的分离，推迟失速的发生。一般来说，层流边界层较容易分离，湍流边界层分离较难，如在机翼表面造成湍流边界层可推迟失速。增大雷诺数可达此目的，但对小尺寸的样机来说，雷诺数不可能增加很大，只能通过人工扰流的方式使层流边界层变成湍流边界层。

(二) 阻力

飞机在空中飞行时，不仅机翼会产生阻力，飞机的其他部件也会产生阻力。对于涉及低速飞行的小型飞行器，按阻力产生的机理可分为摩擦阻力、压差阻力、诱导阻力和干扰阻力，下面分别叙述。

1. 摩擦阻力

当空气流过飞机表面时，由于空气的黏性作用，在空气和机翼表面之间及空气与飞机其他表面之间都会产生摩擦阻力。如果气流在机翼表面的边界层是层流边界层，空气黏性所引起的摩擦阻力较小；如机翼表面产生了湍流边界层，则空气黏性引起的摩擦阻力就比较大。为减少摩擦阻力，一是要尽量减少样机的浸湿面积或样机与空气的接触面积，二是要把样机的表面制作得尽量光滑。

2. 压差阻力

比如一块平板，平行于气流运动时产生的阻力小，垂直于气流运动时产生的阻力大，这就是由于平板前后存在压力差而引起的，这种阻力就是压差阻力。空气在平板前面产生压力大，在后面产生压力小，压差阻碍平板前进。很明显，压差阻力的产生主要取决于物体的形状，但根本原理还是由于空气的黏性。再比如空气流过一个圆球，如果空气没有黏性，圆球上下、前后、左右的压强分布相同，无压差，但由于空气的黏性，气流流过圆球表面时损失了一些能量，不能绕过圆球回到圆球后面去，于是产生了气流分离，在圆球后面形成了旋涡区，这里的压强小，就产生了压差阻力。

减少压差阻力就要尽量减少物体后面的涡流区，增大物体后面气流的压强，流线型物体能很好地满足这一要求，因而样机和其他飞机上的部件都要尽量采用流线型外形。

3. 诱导阻力

飞机飞行时，机翼上下表面气流压强不同而产生升力。下表面压强大，上表面压强小，由于机翼的长度（翼展）有限，机翼存在两个翼梢，从而下表面压强大的气流就要绕过翼梢、向机翼上表面的低压区流动，于是在翼梢处形成涡流。随着飞机向前飞行，翼梢处的旋涡就从翼梢向后流去，产生一个向下的下洗流，该下洗流使机翼产生的升力向后稍微倾斜了一个角度，这样升力的合力在阻力。方向的分量增加，这部分阻力就叫作诱导阻力，它是飞机产生升力副带来的，也叫作升致阻力。如果机翼的展长是无限的，就不会有诱导阻力产生，因而减少诱导阻力的办法是增大机翼的展弦比，或增加翼梢小翼。

4. 干扰阻力

气流流过飞机表面时，流过飞机各部件的气流之间相互干扰产生的阻力就叫作干扰阻力。如机翼机身的连接处会形成一个先收缩后扩张的管道，气流流过时压强由小变大，导致后面的气流有往前流动的趋势，形成一股逆流，该逆流与不断由通道流过来的气流相遇，产生旋涡，形成额外阻力，这一阻力由于气流相互干扰而成，故称干扰阻力。设计样机时要妥善布置各部件的相对位置，必要时部件之间加装流线型整流蒙皮，使连接处圆滑过渡，减少旋涡的产生，从而减小干扰阻力。

三、翼型和机翼

机翼是飞机产生升力的部件，翼型的选择对机翼的空气动力性能有重大影响。前人已经在翼型上做了大量工作，获取了许多有用的数据，一般在设计飞机时，先考虑选用现成的翼型，只有在现有翼型不能满足要求的情况下，才自己设计翼型或对现有翼型进行修改。

(一) 机翼平面几何参数

机翼在机翼基本平面上的投影形状称为机翼的平面形状。一般来说，机翼是指包括穿越机身部分但不包含边条等辅助部件的机翼，又叫基本机翼或参考机翼，对于直边机翼而言，其穿越机身部分通常是由左右机翼的前缘和后缘的延长线构成，也可以由左右外露机翼根弦的前缘点连线和后缘点的连线构成。机翼基本平面是指垂直于飞机参考面且包含中心弦线的平面。所谓飞机参考面就是机体的左右对称面，飞机的主要部件对于此面是左右对称布置的。

机翼的前后缘和翼梢一般由直线组成，但也有由曲线和折线构成机翼。按照平

面形状的不同，机翼主要分为平直翼、后掠前掠翼和三角翼 3 种基本类型。表示机翼平面形状的主要参数有：机翼面积、翼展、弦长、后掠角、展弦比和梯形比（梢根比）等。

1. 机翼面积

基本机翼在机翼基本平面上的投影面积，称为机翼面积。样机的机翼一般采用上单翼或下单翼安装，这时的机翼面积就是整个机翼的投影面积；若采用中单翼时，机翼面积应包含被机身遮挡部分的面积。

2. 翼展

在机翼之外刚好与机翼轮廓线接触，且平行与机翼对称面（通常是飞机参考面）的两个平面之间的距离称为机翼的展长，简称翼展，即从机翼左翼梢到右翼梢的距离。

3. 弦长

机翼前缘到后缘的连线叫翼弦，翼弦的长度就是弦长。一般机翼的弦长是不等的，机翼根部的翼根弦长最长，翼梢弦长最短。

4. 后掠角

翼面特征线与参考轴线相对位置的夹角称为后掠角。机翼上有代表性的等百分比弦点连弦同垂直于机翼对称面的直弦之间的夹角称为机翼的后掠角。后掠角表示机翼各剖面在纵向的相对位置，也即表示机翼向后倾斜的程度。后掠角为负表示翼面有前掠角。如果不特别指明，后掠角通常指 1/4 弦线后掠角。平直翼的 1/4 弦线后掠角大约在 20° 以下，多用于亚音速飞机；后掠机翼 1/4 弦线后掠角大多在 25° 以上，用于高亚声速和超声速飞机上；三角翼前缘后掠角在 60° 左右，后缘基本无后掠，多用于超声速飞机。

5. 展弦比

机翼翼展与机翼平均几何弦长之比。若把机翼等效为一个矩形，翼展即为长，平均弦长为宽。用翼展同乘分子和分母，机翼的展弦比即为翼展的平方与机翼面积之比。

6. 梯形比

机翼翼梢弦长与中心（翼根）弦长之比，称为机翼的梯形比，又称梢根比。

四、旋翼飞行器飞行原理

旋翼通过旋转机翼产生升力。旋翼的剖面与飞机机翼的翼型类似，产生升力的原理也与机翼相同。旋翼旋转过程中的阻力主要由发动机的功率来克服。一般来说，旋翼飞行器主要有直升机和旋翼机两种。

(一) 直升机飞行原理

与固定翼飞机相比，直升机在外形和飞行原理方面都有所不同。直升机主要靠旋翼旋转来产生升力和向前后左右各个方向运动的驱动力。直升机旋翼叶片平面形状细长，相当于一个大展弦比的梯形机翼，当它以一定迎角和速度相对于空气运动时，就产生了气动力。叶片的数量随着直升机的起飞重量而有所不同。

1. 旋翼工作原理

直升机旋翼绕旋翼转轴旋转时，每个叶片的工作类同于一个机翼。旋翼的截面形状是一个翼型。翼型弦线与垂直于桨毂旋转轴平面（称为桨毂旋转平面）之间的夹角称为桨叶的安装角，有时简称安装角或桨距。各片桨叶的桨距的平均值称为旋翼的总距。驾驶员通过直升机的操纵系统可以改变旋翼的总距和各片桨叶的桨距，根据不同的飞行状态，总距的变化范围为2°~14° 。

旋翼旋转时将产生一个反作用力矩，使直升机机身向旋翼旋转的反方向旋转。为了克服飞行力矩，产生了多种不同的布局形式，如单旋翼带尾桨、共轴双旋翼、横列双旋翼、纵列双旋翼等。单旋翼带尾桨的布局形式是直升机使用最多的布局，世界上现有直升机中90%以上是单旋翼带尾桨式。

2. 直升机操纵

直升机的飞行控制是通过直升机旋翼的倾斜实现的。直升机的操纵分为总距操纵、变距操纵和航向操纵。总距操纵控制直升机的升降，变距操纵可实现直升机的前后左右运动，通过航向操纵可以改变直升机飞行方向。直升机体停在地面时，旋翼受其本身重力作用而下垂。发动机发动后，旋翼开始旋转，桨叶向上抬，直观地看，形成一个倒立的锥体，称为旋翼锥体，同时在桨叶上产生向上的升力。旋转旋翼桨叶所产生的拉力和需要克服阻力产生的阻力力矩的大小，不仅取决于旋翼的转速，而且取决于桨叶的桨距。从原理上讲，调节转速和桨距都可以调节拉力的大小。但是旋翼转速取决于发动机主轴转速；而发动机转速有一个最有利的值，在这个转速附近工作时，发动机效率高，寿命长。因此，拉力的改变主要靠调节桨叶桨距来实现。但是，桨距变化将引起阻力力矩变化，所以，在调节桨距的同时还要调节发动机油门，保持转速尽量靠近最有利转速工作。

操纵旋翼的总桨距，使各片桨叶的安装角（桨距）同时增大或减小以改变旋翼升力大小的操纵叫作总距操纵。随着的增加，升力逐渐增大。当升力超过重力时，直升机上升；若升力与重力平衡，则悬停于空中，若升力小于重力，则向下降落，即控制直升机的垂直运动。变距操纵也叫周期性操纵，它是通过自动倾斜器使桨叶的安装角（桨距）周期性改变，从而使桨叶产生的升力周期性改变，导致旋翼锥体相对

于直升机机体向着驾驶杆方向倾斜，升力也朝该方向倾斜，产生升力的水平分量来直升机水平方向的运动。例如，欲向前飞，需将驾驶杆向前推，经过操纵系统，自动倾斜器使旋翼各桨叶的桨距做周期性变化，使旋翼锥体前倾，产生向前的拉力，直升机向前运动，采用这种操纵方式可实现直升机向后、向左、向右飞行，即控制直升机的纵向和横向运动。

航向操纵是用脚蹬操纵尾桨的总桨距，以控制直升机的方向。欲使直升机改变方向，则改变尾桨的桨距，使尾桨拉力变大或变小，从而改变平衡力矩的大小，实现机头指向的操纵。

（二）旋翼机飞行原理

从外形看，旋翼机和直升机几乎一模一样。旋翼机上方安装有大直径的旋翼，在飞行中靠旋翼的旋转产生升力。旋翼机实际上是一种介于直升机和飞机之间的飞行器，它除旋翼外，还带有推进螺旋桨以提供前进的动力。旋翼机的旋翼不与发动机相连，在旋翼机飞行的过程中，由前方气流吹动旋翼旋转产生升力，是被动旋转或叫自旋。在飞行中，旋翼机同直升机最明显的分别为，直升机的旋翼面向前倾斜，而旋翼机的旋翼则是向后倾斜的。

由于旋翼机的旋翼为自转式，传递到机身上的扭矩很小，因此旋翼机无须单旋翼直升机那样的尾桨，但是一般装有尾翼，以控制飞行。旋翼机的飞行原理和构造特点决定了它的速度慢、升限低、机动性能较差，但它也有着安全性较好、振动和噪声小、抗风能力较强等优点。

由于旋翼机的旋翼旋转的动力是由飞行器前进而获得，如果发动机在空中停车，旋翼机仍会靠惯性继续维持前飞，并逐渐减低速度和高度，高度下降的同时，自下而上的相对气流可以为维持旋翼的自转，从而提供升力。这样，旋翼机便可凭飞行员的操纵安全地滑翔降落。即使在飞行员不能操纵、旋翼机失去控制的特殊情况下，也可以较慢速度降落，因而是比较有安全性的。

由于旋翼机的旋翼是没有动力的，因此它没有由于动力驱动旋翼系统带来的较大的振动和噪声，也就不会因这种振动和噪声而使旋翼、机体等的使用寿命缩短或增加乘员的疲劳。旋翼机动力驱动螺旋桨对结构和乘员所造成的影响显然比直升机动力驱动旋翼要小得多。另外，旋翼机还有一个很可贵的特点，就是它的着陆滑跑距离大大短于起飞滑跑距离，甚至可以不需滑跑，就地着陆。旋翼机的抗风能力较强，而且在起飞时，风有利于旋翼的起动和加速旋转，可以缩短起飞滑跑的距离，当达到足够大的风速时，一般的旋翼机也可以垂直起飞。虽然旋翼机投入实际应用的还不多，但国内外都有许多航空爱好者制造并成功地试飞了旋翼机。

第二节 设计要求和形式选择

一、设计要求拟定

由于受到实验室场地、实验设施、经费支持等限制，飞行器设计实验一般以设计、制作、试验 / 试飞最大尺寸不大于3m 的小型航空器为主，包括各类模型样机和验证新概念布局或特定技术的原理样机。设计要求是开始样机设计的依据。设计要求的拟定也需要一个过程，有时随着设计工作的开展还需要对设计要求中的个别指标进行修正。尽管如此，无论是进行模型样机实验还是原理样机实验，都必须先拟定设计要求。

设计要求尚无固定格式，应包括以下内容：样机的用途和作用、样机起飞距离或起飞滑跑距离 / 着陆距离或着陆滑跑距离、最小平飞速度、最大平飞速度、爬升率、续航时间、航程有效载荷能力等飞行性能指标，以及气动布局、动力装置、飞行控制，有效载荷（若有）等说明，也可包括翼展、机长、机高等数据。在拟定设计要求时，即使不能确定上述性能指标的数据，也应通过查阅相关资料、小组讨论、征询有经验的同学或学长意见等方式，拟订一个初步的设计要求。

二、样机的制造要求

（一）样机制造的特点

飞机的制造过程由于其结构及结构的使用要求与其他产品不同，因而其制造工艺过程也有它本身的特点。小飞机作为真实飞机的缩比验证机或无人机，也具有飞机产品的以下一些特点：

1. 零件数量大、品种多、装配工作量大

飞机不但结构复杂，而且其内部还布置了各种设备、传感器和附件，因此，一架飞机的零件不仅数量很大，而且品种多。由于制造批量不大，机械化和自动化程度不高，样机制造的手工劳动量比较大。此外，样机的装配劳动量也比较大。在一般的机器制造中，装配和安装工作的劳动量只占产品制造总劳动量的20% 左右，而在飞机制造中要占50% ~ 60%。

2. 选用材料品种多

小型飞行器的绝大部分零件都是用木材制成的，其中包括桐木、轻木、层板、杉木、桦木、榉木等。部分零件还将用到铝、钢、铜等金属材料，以及尼龙、塑料等非金属材料和碳纤、玻璃钢等复合材料。

3. 外形复杂、精度要求高

飞机的各部件大多具有不规则的曲面外形，对于精度有很高的要求，尤其是接触气流的飞机表面，不仅对它的表面光洁度，而且对其准确度都提出了很高的要求。为了保证零件的精度，成形零件和装配时往往都需要大量的模具、夹具、型架等工艺装备，在正式制造前还必须做大量的生产准备工作。

4. 刚度 / 外形尺寸比小

小型飞行器的外形尺寸虽然不是非常大，但由于重量的限制，一些大尺寸的零件的刚度却很小，有些零件在自重条件下还会引起变形。

（二）样机制造用材料

制作小型飞行器所用的材料品种很多，有木材、竹材、塑料、复合材料、纸、纺织品等非金属材料，还有少量的铝、钢、铜、钛合金等金属材料。

1. 木材

小型飞行器目前虽然应用了许多新型材料，如碳纤维、玻璃钢等。木材的主要优点表现在：容易获得、价格便宜、加工容易、黏接方便、比强度高、材料力学性能的各向异性。所谓比强度是指材料的极限强度与材料的密度之比，以松木为例，其比强度大约是钢的 2.4 倍：所谓材料的各向异性是指材料在不同的方向其强度和刚度不一样，如在木纹方向其强度和刚度好，而在垂直于木纹的方向其强度和刚度却下降很多。木材的缺点主要有：木纹、木节等给强度带来了损害；材料中含水量的变化往往会使其发生扭曲变形，给小型飞行器的性能带来不利的影响；木材的成材率和出材率较低。

在进行小型飞行器的制造时，要根据飞机部件的受力特点和工作环境对木材进行合理的选择和搭配，不同的部件往往选用不同的材料。在进行材料的选择时，一般遵循以下规律：制作蒙皮、普通翼肋、普通缘条、整形件等，要采用密度很小而又有一定强度的木材。目前，多选用轻木和密度较小的桐木。对于加强翼肋也经常采用椴木层板。制作翼梁、机身桁条等受力部件，要采用密度不一定很小而强度较大的木材。对于尺寸比较大的小型飞行器，常选用云杉、松木等，对于尺寸较小的小型飞行器，也经常选用木纹好的桐木。制作螺旋桨和发动机架等部件，要采用具有较大强度和硬度的木材。常用的有桦木、榉木、层压板等。制作隔框、局部加强片、机身头部或机翼根肋等，要采用各向同性的层板。

2. 金属

金属材料在小尺寸小型飞行器中应用量不大，但是随着飞机的尺寸不断加大，其使用量也有所增加。目前，在小型飞行器上使用的金属材料主要有以下 4 种。

（1）铝：一般来说，小型飞行器使用的金属材料中以铝合金为最多。常用于发动机及相关构件，起落架、摇臂、机翼插销等，有些飞机还使用铝箔作为蒙皮。

（2）钢：在小型飞行器上所使用的钢材除螺丝外，主要是各种钢丝，用作连杆、起落架等。

（3）铜：铜材往往用来制造摩擦件和油管。小型飞行器有时使用薄铜片来制作油箱。

（4）钛合金：钛合金密度小且强度大，近年来也在逐渐应用于小型飞行器的承力部件上。

3. 复合材料和塑料

复合材料具有更好的比强度和比刚度。塑料的比强度高，其密度较小，小型飞行器常用的复合材料有玻璃钢、碳素纤维，常用的塑料有硬质泡沫塑料、注塑件、板材热压件等。热缩型的塑料蒙皮已经逐渐代替传统的棉纸和尼龙绢蒙皮。

常用的复合材料和塑料主要有以下特点：玻璃钢，它是用玻璃纤维和树脂胶结合而成的复合材料。它在小型飞行器中可以用在结构的局部加强和表面加强上，也可以用在硬泡沫塑料的表面加强上，形成复合夹层结构。还可以单独制作成薄壳件，如机身、整流罩等。它的特点是强度大、重量轻、加工成型方便、适合单件生产。碳素纤维复合材料，以往主要用在结构的局部加强上，随着技术的进步，不少小型飞行器的翼梁、尾管甚至是整个机翼或者整架飞机都是采用碳素纤维复合材料制作的。碳素纤维复合材料使用在小型飞行器上，往往是将碳素纤维和树脂胶结合制作成碳片或者碳管供使用者选择，也可以根据需要加工成特定形状，但是加工工艺相对比较复杂。硬质泡沫塑料，常用的硬质泡沫塑料有聚苯乙烯泡沫塑料、聚氯乙烯泡沫塑料、聚氨酯硬泡沫塑料以及聚苯乙烯硬泡沫塑料吹塑纸。可以根据飞机的不同要求，选择不同强度和比重的泡沫塑料。加工硬质泡沫塑料很方便，可以用加工木材的方法进行，也可以用电热丝切割，还可以用模塑的方法成批生产。

注塑件和板材热压件：可以用于注塑件和板材热压件的材料很多，常用的有聚乙烯、聚丙烯、聚苯乙烯、ABS、尼龙等。在小型飞行器中，注塑件主要用来制作螺旋桨、桨帽、整流罩、发动机架、各种接头和摇臂等，大批生产效率高、成本低，但不适用于少量或单件生产。板材热压件可以用来制作薄壳机身、舱盖、罩壳、翼尖等，适宜小批量生产。在制造小型飞行器的样机时，这类零件一般宜选用成品。

4. 其他非金属材料

小型飞行器上常用的其他非金属材料主要有纺织品、橡胶、棉纸、无纺布等。纺织品：有些较大的构架式模型飞机，以往经常用生绢、绝缘绸、尼龙纱等纺织品制作蒙皮，这些蒙皮不但重量轻，而且强度大。还有一些新型的伞翼机和其他柔性

机翼小型飞行器，其机翼多用气密性较好的扎光尼龙绸或涂胶尼龙绸作蒙皮。橡胶：在小型飞行器上，橡胶主要用作机轮、减震垫和软油箱等。棉纸和无纺布：以往主要用作蒙皮。大多数情况下，棉纸和无纺布蒙皮要刷上涂料，以保证它的气密性和张紧度。这种材料使用方便、防潮性好、色彩丰富。

（三）样机制造用黏合剂和涂料

1. 黏合剂

黏接是在制作小型飞行器过程中进行结合加工的主要手段。在所有的小型飞行器结构中，除要经常拆装的部件外，大部分地方都要使用黏合剂。因此，黏合剂就成了不可缺少的重要材料。在小型飞行器制作中常用的黏合剂有快干胶、乳胶、各种合成树脂胶等。快干胶：这是一种在木结构飞机上使用最普遍的传统黏合剂。常用的有“502”“401”等氰基丙烯酸乙酯类单组分快干胶，或“哥俩好”一类的双组分快干胶。“502”胶在固化前是一种无色透明液体。使用很方便，不需加热、加压，在室温下就能迅速固化。可黏接金属、玻璃、橡胶、木材、部分塑料（不能黏接聚乙烯、聚四氟乙烯）等。但“502”胶耐水性差，固化后很脆。由于胶液很稀，对于多孔性的材料容易渗透，在用胶时应该加以控制用量。乳胶：实际上就是聚醋酸乙烯乳液。其优点是本身虽然是水溶性的，但固化后不溶于水。其在固化过程中对空气没有污染，不易燃。缺点是固化时间长和固化后不能长时间浸水。乳胶不仅可以用来黏接木材，还是硬泡沫塑料的理想黏合剂。其稀释后还可当作涂料使用。

合成树脂胶：合成树脂胶的种类很多，如环氧树脂、酚醛树脂、不饱和树脂、聚氨酯胶等。其中，环氧树脂胶是一种使用比较广泛的合成树脂胶。环氧树脂胶对木材、金属、陶瓷、玻璃、橡胶等都有很好的黏接性能，只是对塑料差一些。它可以在常温常压下固化，收缩率很小，不怕水，稳定性好。因此，在小型飞行器制作的各种黏合中，使用环氧树脂都有很好的效果。环氧树脂同玻璃布结合使用可以制成玻璃钢零件。

2. 涂料

涂料可以使小型飞行器的表面光滑、美观，并有一定的抗浸蚀能力。虽然，这类飞行器的蒙皮多用热缩蒙皮，但涂料在一些尺寸较大的小型飞行器上仍有很大的使用量。涂布油、硝基漆、环氧漆、有机玻璃涂液、泡沫塑料涂液、乳胶漆等都是小型飞行器比较常用的涂料。不同种涂料具有各自的优缺点和适用范围，使用时应根据实际情况确定。对于使用甲醇、汽油或煤油作为燃料的飞行，还应该注意涂料的防腐蚀性。如果飞机中使用了泡沫作为填充或维形，应该保证涂料对泡沫没有腐蚀性。

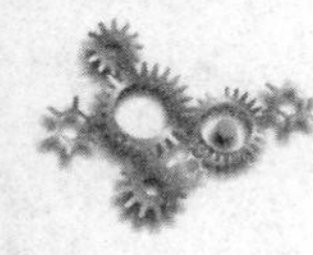

（四）样机制造过程中的互换性要求

所谓互换是指独立制造的零件（组合件、部件），装配时无须补充加工，就能满足产品使用要求，亦即一般互换的零件（组合件、部件）能与另一同样的零件（组合件、部件）互相代替，装配时不经任何修配，即可保证产品性能。样机制造虽然数量较少，但也应该尽可能地考虑零部件的互换性。

一般来说，互换性要求可以分为两类：

（1）互换产品在使用过程中，如果某一零件（组合件、部件）损坏，不经挑选或修配，即可随意取一备件更换，而仍然保持其原来的使用性能，称为使用互换。如飞机的舵面、翼尖、起落架、外翼、尾翼等组合件、部件在使用中如发生损坏，为了使飞机在更换新的备件后，迅速恢复使用，使用部门就需要对它们提出使用互换方面的技术要求。

（2）生产互换在生产过程中，相同的零件（组合件）不经过任何修配，任选其一即可装配，而且能满足技术要求，称为生产互换。如果零件（组合件）等具有生产互换性，既能减少装配工作量，缩短装配周期，又便于用科学方法组织生产。当然，在实际生产中，并不要求全部零件（组合件）具有生产互换性，这是因为对于某些零件（组合件）来说，保证其全部几何形状及尺寸的互换，不仅技术上比较困难，经济上也不一定合理。因此，只能是局部互换，对那些难以保证互换的形状和尺寸，可以事先预留加工余量，在装配时进行修配，也可以用可调补偿件，在装配后进行调整。

由于飞机构造及其技术特点，使飞机制造中保证互换的内容与一般机器制造不同，飞机零件（组合件、部件）除了在几何尺寸方面，还特别在以下4个方面要求互换。

①气动外形的互换要求：包括组合体（部件）本身的气动力外形互换要求，以及它们安装后与相邻组合件（部件）相对位置的几何参数互换要求，从而使整架飞机达到气动力性能互换要求。这些相对位置的几何参数包括机翼安装以后的上反角、安装角、后掠角。

②对接分离面的互换要求：能够互换的组合件（部件）在与其他组合件（部件）对接时，应该不经过修配或补充加工即能结合，而且结合后满足相对位置和气动外形要求。其中包括螺栓孔的位置要求，蒙皮、翼肋的间隙要求，以及对接处两个部件端面的切面外形的吻合性要求，两个部件内各种导管、电缆等在对接面处的连接要求等。

③强度互换要求：零件（组合件、部件）的物理机械性能和加工尺寸应该在一定的误差范围内，以保证产品的强度和可靠性。

④重量、重心互换要求：飞机的重量及重心对其技术性能有很大影响，所以在这方面必须提出互换要求。为了保证飞机的上述几方面的互换性要求，往往需要采用一种建立在模线—样板基础上的保证互换性的方法，甚至采用计算机辅助设计与制造技术。

（五）样机制造的模线—样板法

飞机外形由复杂的曲面组成，其对协调准确度要求很高，若采用一般机器制造中保证互换性的方法，是很难达到要求的。因此，在飞机制造中引用了传统造船业中的“放样技术”作为生产中传递几何形状与尺寸的原始依据，形成了飞机制造中保证互换性的方法：模线—样板工作法。当然，随着计算机技术的发展，数字化设计、制造等先进手段正日益在样机的设计和制造中得到应用，模线的绘制和样板的制造都可以依托于计算机软件及配套的数字加工设备（如激光切割机等）完成。模线—样板工作法是按照相互联系制造原则建立的。按照这种方法，在飞机制造中尺寸传递过程可表述如下：

首先，依据图纸按照 1 : 1 的尺寸比例，在专门的图板上准确地画出飞机的真实外形与结构形状，这就是模线。在生产中，模线即为飞机外形与结构形状的原始依据。然后，根据模线加工出具有工件真实外形的平板，这就是样板。在制造中，样板即为加工或检验各种工艺装备及测量工件外形的量具。样板作为一种平面量具，是加工和检验带曲面外形的零件、装配件和相应的工艺装备的依据。由于飞机制造中所用样板起着制造、协调、检验零件以及工艺装备的作用，因而它的主要特点是样板间必须互相协调。

生产中使用的样板种类繁多，最常用的有以下几种。

1. 外形样板

外形样板一般用于检验平面弯边零件、平板零件和单曲度型材零件。它也是内形样板和展开样板的制造依据，有时也可取代内形样板，直接作为成形模具的加工依据。另外，还有一种样板称为内形样板，不过目前在生产上为了减少样板数量，基本不再使用。

2. 展开样板

在飞机生产中，对于弯边线为曲线的零件，可以根据弯角大小、弯曲半径、弯边高度等把零件的展开尺寸大致计算出来，求得零件展开后的形状，据此形状制作的样板，称为展开样板。不过这种样板在小型飞行器的制造中还很少使用。

3. 切面样板

对于形状复杂的立体零件，必须用一组切面样板才能控制零件的形状。为了制

造与检验这类模具和零件，需要用多种切面样板，如切面内形样板、切面外形样板、反切面内形样板和反切面外形样板。它们之间的尺寸关系是：切面内形＋零件材料厚度＝切面外形；反切面内形－零件材料厚度＝反切面外形，为了保证一组切面样板在使用中相互位置准确，在每块样板上都刻有基准线。

(六) 样机构造工艺性

所谓构造工艺性是指，在保证产品使用质量的条件下，在产品制造过程中能够采用最合理、最经济的工艺方法，从而达到高生产指标 (包括劳动生产率高、生产周期短而且生产成本低) 的那些构造属性。在飞机制造过程中，要达到质量好、生产率高、周期短和成本低，取决于多方面因素，其中包括构造的工艺性。构造工艺性是采用最合理、最经济的工艺方法的基础。如果构造工艺性不好，即使在工艺上和生产管理上采取许多措施，往往也难以达到高生产指标。在许多情况下，若改善了构造的工艺性，不仅可以采用最合理、最经济的工艺方法，而且有利于提高产品的制造质量。构造工艺性是评价产品设计质量的重要指标之一。

实践证明，飞机构造的工艺性必须从设计一开始就加以重视，而不应该也不可能等设计完成以后再设法补救。在飞机设计的最初阶段，改善构造工艺性的效果最大。如果用总效果的百分比大致估计飞机设计各个阶段对改善工艺性的作用，则在总体设计阶段占总效果的30%，技术设计阶段为40%，详细设计阶段为20%，在成批生产阶段仅为5%。这就说明，在飞机设计的初期就应该注意提高构造工艺性。

提高构造工艺性可以从以下10个方面着手：

1. 增加飞机结构的继承性

在进行小型飞行器的设计和制造中，应该尽可能地参照现有的一些小型飞行器的构造形式，甚至可以充分使用现有的一些零配件。

2. 简化飞机外形

飞机外形越复杂，在制造过程中保证互换与协调越困难，所需工艺装备的数量和制造费用也越多。因此，应该尽量简化飞机的外形。

3. 合理地确定工艺分离面

部件工艺分离面的划分是否合理，对结构重量和构造工艺性都有很大影响。在结构设计时应该根据结构重量要求和工艺要求综合分析，合理地确定工艺分离面。

4. 提高飞机各部件之间对接的结构工艺性

小型飞行器机翼、机身部件之间的对接往往采用插销或耳片形式，在制作时应该特别注意对接处的互换性要求，并选用最为简单的连接方式和接头外形与尺寸。

5. 提高部件骨架结构的工艺性

飞机各部件的骨架结构布置，包括梁、长桁、翼肋或隔框布置，对于构造工艺性有很大影响。对于机翼或尾翼这样为直母线外形的部件，梁和长桁的轴线应布置在弦线等百分比的直线上，使梁和长桁的纵向外形为直线，这样可以简化零件的加工和成形，并易于保证外形的准确度。而对平面形状梯形比大的机翼或尾翼，如长桁沿弦线等百分比的直线进行布置，在结构受力方面很不合理，则可以采用桁条轴线相互平行的布置方案，但对于难加工、刚度较大的翼梁，应布置在弦线等百分比的直线上。一般来说，翼肋应垂直于机翼的某根梁的轴线，这样可简化型架的安装。翼肋的基准面应该垂直于翼弦平面。这种布置方案，既有利于零件的成形，又便于翼肋定位件在装配型架上的安装。机身上长桁的布置应尽量使长桁为单曲度，使长桁在一个平面内弯曲，如曲度不大甚至可以不成形，这样工艺性较好。

6. 提高结构的整体性

提高结构的整体性可以减轻结构重量，在制造中应该根据现有设备的条件，确定整体结构件的形状、尺寸和重量大小。

7. 选用合理的连接方式

在小型飞行器的制造中，零件、组件或部件之间主要使用黏接、螺纹连接、插销连接等方式，具体采用哪种方式要根据具体的情况合理选择。对于一些不需要拆卸的地方优先考虑使用黏接，并合理地处理好黏接面。对于分离面及一些需要拆卸的地方，则需要选择螺纹连接或插销连接。

8. 选用密度小、工艺性和经济性好的材料

在选用材料时，应该从材料的密度，加工的工艺性及经济性等方面出发。一般来说，梁可以选用桐木、松木、杉木（必要时可贴碳片）或碳管，翼肋则可以选用轻木、桐木、模型层板等，腹板可以选用轻木、桐木、薄航空层板等，蒙皮可以选用轻木或桐木，隔框可以选用模型层板或航空层板，桁条可以选用桐木。具体选用哪种材料，要视模型所承受的载荷根据经验和应力应变分析确定。对于一些没有把握的关键部件（如机翼、尾翼），还应该开展静力分析和安排静力试验。

9. 零件和结构尺寸的规格化

飞机内部的一些小零件（如舵机安装架等），与飞机的外形无关，形状和尺寸又很相似，这类零件应该尽量规格化。这样可以大量减少零件的品种，减少工艺装备的数量，采用大批量的生产方式制造，提高工作效率，降低制造成本。除了某些零件的规格化，对结构上某些尺寸和形状也应该尽量规格化。零件和某些结构尺寸的规格化，对于飞机设计和制造都是有利的。

10. 减少标准件的种类和规格

在进行设计时，对于标准件的选用也应该重视。设计时如果任意选用，规格太多，会给生产、供应、使用和管理带来很多困难。

（七）工艺装备

在飞机制造中，采用了大量的工艺装备来保证产品的制造准确度和协调准确度。根据这些工艺装备的功用可分为两类：标准工艺装备和生产工艺装备。标准工艺装备是具有零件、组合件或部件的准确外形和尺寸的刚性实体，作为制造和检验生产工艺装备外形和尺寸的依据。而生产工艺装备则直接用于制造和检验飞机零件、组合件或部件。生产工艺装备之间的外形和尺寸通过标准工艺装备保证它们相互协调。小型飞行器的制造中，使用工艺装备的场合不是很多。但在尺寸较大的小型飞行器的制造过程中，尤其是要制造几架飞机时，为了保证部件之间的互换性，往往会用到标准工艺装备。

根据飞机制造中保证互换和协调的内容，标准工艺装备可归纳为3类：保证对接分离面协调的标准工艺装备，如标准量规和标准平板；保证外形协调的标准工艺装备，如外形标准样件；保证对接分离面与外形综合协调的标准工艺装备，如安装标准样件和反标准样件。

按照相互联系制造原则进行协调时，标准工艺装备是保证生产工艺装备之间相互协调的重要手段。因此，重要协调部位（如机翼和机身之间的分离面）的标准工艺装备应该具有较高的制造精度。飞机各部件间的连接有两种形式：叉耳式连接和围框式凸缘多孔连接。这两种连接形式分别采用标准量规和标准平板来保证对接分离面的互换协调。在小型飞行器制造中，叉耳式连接是比较普遍的连接方式。标准量规是组合件或部件间一组叉耳式样对接接头的标准样件，它们是成对制造的。由于接头间必须保证非常高的协调准确度，因此成对的标准量规不宜分别按图纸单独装配，而是配合装配：即首先根据对接接头的结构图纸制造其中一个，与其成对的另一个，则按照已经制造好的那个量规装配。

（八）样机主要部件的制造

1. 翼面类结构的制造

机翼、尾翼和前翼这几种翼面类结构在进行制造时有较多的相似点，尤其是机翼和前翼。这类结构的制造主要包括翼肋的制造、翼梁的制造、蒙皮的制造以及舵机架的制造、口盖的制造和接头（或插销）的制造。翼肋的制造方法主要是先用绘图软件绘制翼肋的准确外形及内部减轻孔，然后利用激光切割机进行切割加工，切割

后再用刀或锉等工具进行适当修整，并用砂纸磨去因切割而形成的积炭，以提高黏接的牢固性。对于一些对结构重量要求高的翼肋往往还采用构架型式。这种翼肋先按照常、规翼肋的型式加工翼肋各小段，然后再按照图纸将各小段进行黏接组装成最终的翼肋。

翼梁缘条木质部分的加工主要采用两种办法。一种是先绘制好平面图，然后利用激光切割机进行切割，切割后再进行适当打磨去除积碳和边角。这种方法比较适用于尺寸小的翼梁。另一种是对于一些尺寸比较大、材质比较硬的翼梁，尤其是厚度比较大、长度比较长的翼梁，则需要利用木工机械进行加工。为了提高翼梁的抗拉能力，往往还需要在翼梁表面贴上碳纤维片。

翼梁的腹板视机翼载荷大小可采用轻木、桐木或薄层板。可事先按图纸用激光切割机加工，然后用胶水和翼肋以及翼梁进行粘贴，并最终用刀或砂纸进行修整。腹板的制作也可以比照翼梁和翼肋的位置，用刀切割成合适大小，粘贴在翼梁和翼肋上之后再用小刀和砂纸进行修配。翼面蒙板在制作时，首先挑选密度相近的轻木或桐木板，然后用胶水将其拼在一起，最后再用胶水将其黏接在翼肋、翼梁上。在黏蒙皮时往往需要几个人配合，各司其职。由于黏接处在盖上蒙皮后往往不能直接滴胶水，因此黏接用胶水往往也不能选用固化太快的“502”胶，而需要使用固化时间稍长的快干胶。要注意，在黏接蒙皮时最好将翼面骨架固定在型架上，以保证翼面不产生不合理的弯曲和扭转变形。此外，还要确保蒙板不出现局部塌陷和表面凹凸不平。在蒙完板之后，还需要用砂纸对表面进行处理，最后蒙上热缩蒙皮，还可以在热缩蒙皮上实现飞机的颜色和图案的美化。舵机架往往由几个小的零件黏接拼装而成。各小部件先用绘图软件绘制成加工图，然后利用激光切割机加工，最后将各个零件组装在一起。机翼的接头主要用于两段之间连接，或机翼和机身之间进行连接。这种连接通常可以采用木质 / 碳板插销、铝插销和金属耳片。具体采用哪种形式要根据分离面的特点确定。在进行翼面类结构的制作与装配时，为了保证翼面气动外形的准确性往往还需要制作一套型架，并在型架上组装翼面骨架和蒙板，只有在蒙板后或必须从型架上卸下时，方可将翼面结构从型架上卸下。

2. 机身类结构的制造

机身类结构包括常规机身、发动机短舱等。这类结构主要包括隔框、桁梁、桁条、蒙皮以及一些连接用的金属件。隔框的做法与机翼的翼肋比较相似，可以通过激光切割机直接切割而成。不过，当隔框尺寸比较大时，往往需要将隔框分成几部分进行切割，然后再用胶水黏接在一起，对于一些承受比较大的集中载荷的隔框，往往还需要将几层隔框黏接在一起。

机身类结构是否需要使用型架，要根据机身的截面形状确定。对于截面为矩形的机身，可以不用专门制作型架，而直接利用工作板进行定位。对于这种机身，先将桁梁黏接在机身侧板上，然后将隔框、黏有桁梁的侧板组装在一起。对于截面形状比较复杂的机身，往往需要制作型架。

三、样机形式选择

所谓形式，是指样机的气动布局形式。简单地说，样机的气动布局形式就是样机气动承力面的布置形式。以飞机为例，飞机结构主要由机翼、机身、尾翼和起落架组成，其中机翼是用来产生升力的，飞行中机翼产生升力的同时也产生阻力，因而机翼是飞机的主要气动承力面；尾翼在飞行中也产生升力和阻力，其升力主要用于保证飞机的平衡和稳定，因而尾翼是飞机的辅助气动承力面。形式选择的重点工作就是确定飞机机翼和尾翼（主要是平尾）的布置方式。传统的飞机布局形式分为正常式鸭式和无尾式布局，现在飞翼布局和三翼面布局也较为成熟，此外还有一些新的布局形式。

（一）正常式布局

正常式布局：水平尾翼位于机翼之后，是已有飞机采用最多的布局，积累的知识和设计经验比较丰富。飞机正常飞行时，正常式布局的水平尾翼一般提供向下的负升力，保证飞机各部分的合力矩平衡，保持飞机的静稳定性。

（二）鸭式布局

水平尾翼位于机翼之前。鸭式布局是飞机最早采用的布局形式，莱特兄弟设计的飞机就是鸭式布局。由于鸭翼提供的俯仰力矩不稳定，从而造成鸭式飞机发展缓慢。随着主动控制技术的发展，鸭式布局技术日趋成熟，鸭式飞机在中、大迎角飞行时，如果采用近距耦合鸭翼形式，则前翼和机翼前缘同时产生脱体涡，两者相互干扰，使涡系更稳定，从而产生很高的涡升力。鸭式布局的难点是鸭翼位置的选择及大迎角时俯仰力矩上仰的问题。由于鸭翼位于飞机的重心之前，俯仰力矩在大迎角的情况下提供较大的抬头力矩（上仰力矩），因此必须有足够的低头力矩来平衡。前翼尖端涡流布置不当，会引起机翼弯矩增加，阻力增大。

（三）无尾式布局

只有机翼，无平尾，一般有立（垂）尾。无尾布局飞机一般采用大后掠的三角形机翼，用机翼后缘的襟副翼作为纵向配平的操作面，配平时，襟副翼的升力方向向下，引起升力损失，同时力臂较短，效率不高。飞机起飞时，需要较大的升力，为

此通常希望将襟副翼向下偏以增加升力，但这样会引起较大的低头力矩，为了配平低头力矩襟副翼又需上偏，这就造成了操纵困难和配平阻力增加。因此，无尾式布局的飞机通常采用扭转机翼的办法，保证飞机的零升力矩系数大于零，这样可以有效地降低飞机飞行时的配平阻力。无尾式布局飞机的优点是结构重量较轻、气动阻力较小以及隐身性较好。

（四）飞翼布局

机只有机翼，没有平尾和立尾，一般采用翼身一体化设计，也没有明显的机身。由于没有尾翼，飞机的操纵性和稳定性难以保证，一般采用在飞翼后缘装襟副翼、升降舵、阻力方向舵等多个舵面来控制飞机的飞行，也可在机翼上表面装扰流板辅助控制。由于力臂短，所以舵面的操纵效率比较低。飞翼布局的航向稳定性非常差，一般要用先进飞控系统来实现飞机的稳定飞行。飞翼布局的优点是气动效率高、升阻比大、隐身性好。

（五）三翼面布局

机翼前面有前翼，后面有平尾，三翼面布局是在正常式布局的基础上增加一个水平前翼，它综合了正常式布局和鸭式布局的优点，有望得到更好的气动特性，特别是操纵和配平特性。增加前翼可以使全机气动载荷分布更为合理，减轻机翼上的气动载荷，有效地减轻机翼的结构重量；前翼和机翼的襟副翼、水平尾翼一起构成飞机的操纵控制面，保证飞机在大迎角的情况下有足够的恢复力矩，允许有更大的重心移动的范围；前翼的脱体涡提供非线性升力，提高全机最大升力。其缺点是，由于增加前翼使得飞机的总重有所增加。

（六）其他布局

在上述常见飞机布局之外，还有一些所谓非常规或新概念布局型式，主要包括连翼布局、斜置翼布局、环形翼布局等型式。变体飞机是今后航空器的发展方向之一，折叠翼是变体飞机的一种布局型式。对于旋翼航空器而言，也存在单旋翼带尾桨、共轴双旋翼、横列双旋翼、纵列双旋翼、倾转旋翼、涵道旋翼等不同布局型式，另外为实现垂直起飞，还有倾转翼、倾转发动机喷口、混合旋翼和固定翼等布局型式。

就固定翼飞机的型式选择而言，机翼在机身上不同位置的安装可分为上单翼、中单翼和下单翼布局；平尾的安装也可分高置、中置和低置等布局；平尾和垂尾组合而成的“V”形尾翼布局、采用前三点式或后三点式起落架都属于不同的布局。另外，发动机安装在机身内或机身外，若在机身外，是安装在机身上还是机翼上，若安装在机翼上，是安装在机翼上面还是下面等，也属于型式选择的工作内容。

第三节 设计流程

一、飞机重量估算

设计要求拟定后，首先估算飞机重量。机载电子设备包括无线电接收机和舵机，这些可以从商店买到，实际重量可通过称重得到。电池，有效载荷、电机（动力装置）的重量也可以通过称重得到。

一般要通过试验来确定机载电子设备的能量消耗，如果通电 5min，电源消耗 10mA/h，按照这样的能量消耗，一个 700mA/h 的电池就可以使用 5 个多小时。也就是说，机载电池的重量要根据用电设备的多少和用电时间的长短来确定。

二、飞机机翼面积的确定

已知飞机总重量，就可以确定机翼的尺寸。在水平飞行状态下，机翼产生的升力用于平衡飞机的重量，即两者相等。翼型升力系数有成千上万种不同翼型的数据可用，这些曲线可通过风洞试验产生，也可通过计算机计算得到。由翼型数据便可得到机翼的升力系数，即通过翼型数据便可选择一个合理的巡航升力系数。

三、翼展、翼弦和展弦比的确定

接下来就该确定翼展、翼弦和展弦比了。翼展是从一个翼梢到另一个翼梢的距离；翼弦是机翼前缘和机翼后缘间的距离；展弦比（AR）是衡量一个机翼是长细（大 AR）还是短粗（小 AR）的度量。

从空气动力的观点看，展弦比越大越好。然而，设计者必须注意到大展弦比对结构设计不利，为达到足够的刚度，展弦比大往往会超重。典型的展弦比应为 6 ~ 12，设计先进战斗机验证机时，可小到 2。现在需要假定一个零升阻力系数。对于干净和流线型飞机可小到 0.02。但对于某些制造粗糙的飞机，典型零升阻力系数的值可大到 0.10 或更大。还要假定一个 Oswald 系数因子，其典型值为 0.5 ~ 0.9。一旦这些参数确定下来，就可计算出飞机平飞情况下的阻力系数。

展弦比确定后，就可计算翼展。已知机翼面积等于翼展乘以平均弦长，这样就可以得到平均弦长了。飞机设计过程往往是一个反复迭代的循环过程，由于结构等

限制，某些参数（如展弦比）的取值在设计过程中可能会改变。从制造角度来说，最简单的机翼是从翼根到翼梢的弦长都不变的直机翼。然而，空气动力理论表明一个椭圆平面形状的机翼产生的诱导阻力最小，由于制造椭圆机翼非常困难，因而用直边梯形翼来作为一种折中方案。即弦长从翼根到翼梢线性变化。梢根比（梯形比）λ定义为翼梢弦长与翼根弦长之比，经验表明，当梢根比在0.4以上时，较小的梢根比产生较小的诱导阻力。但是设计者要注意，对于低速飞机而言，翼梢弦长：太小将引发翼梢失速问题（会造成飞机的横向不稳定）。一旦决定了梯形比，就可计算出翼根和翼梢的弦长。

四、尾翼设计

适当布置重心并正确选择后掠角和扭转角使飞机在俯仰（抬头和低头）方向上具备了稳定性，而飞机在偏航（机头偏左或偏右）方向上的稳定性也很重要。偏航稳定性由在重心后面增加垂直尾翼来保证，垂直尾翼的大小根据一个叫作尾容量的参数来设计。

五、上反角、副翼和舵面设计

飞机有了俯仰和偏航稳定性，还要考虑其滚转（横向）稳定性。如果机翼翼梢比翼根处稍高（上反），飞机就有了滚转稳定性，原因是飞机重心降低了。一般情况下，1m 翼展的机翼应有 0.05m 的上反。由于飞机的垂直尾翼也有助于增加飞机的滚转稳定性，所以装有垂直尾翼的飞机也可以不要机翼上反。对于无尾飞机，要在机翼后缘安装升降副翼，用于控制飞机的俯仰和滚转。一般情况下，升降副翼的尺寸为机翼弦长的10%～20%。对于有平尾和垂尾的正常式布局飞机，一般在机翼后缘安装襟翼和副翼，襟翼是增升装置，副翼用于控制飞机的滚转；还应在垂尾和平尾上安装方向舵和升降舵，用于控制飞机的偏航和俯仰。

六、样机的装配

（一）飞机结构的分解

为了满足使用、维护以及生产工艺上的要求，整架飞机的机体可分解成许多大小不同的装配单元。首先，飞机的机体可分解成若干部件，如前机身、后机身、机翼、襟翼、副翼、水平尾翼、垂直安定面、方向舵、前起落架和主起落架等。有些部件还可以分解成段件，如机翼可分解成前缘段、中段和后段。部件或段件还可以进一步划分出隔框、梁、肋等组合件。小型飞行器也是如此，只是零件、段件和部件的数量要少一些而已。

飞机机体结构划分成许多装配单元后，两相邻装配单元间的对接结合处就形成了分离面。飞机机体结构的分离面，一般可分为两类：

（1）设计分离面是根据构造上和使用上的要求而确定的。如飞机的机翼，为了运输和更换，需设计成独立的部件；如襟翼、副翼或舵面，需在机翼或安定面上相对运动，也应该把它们划分成独立的部件（对于小型飞行器，这些部件不一定需要做成可拆卸的）。设计分离面都采用可卸连接，而且一般都要求有互换性。

（2）工艺分离面是由于生产上的需要，为了合理满足工艺过程的要求，按部件进行工艺分解划分出来的分离面。由部件划分成段件，以及由部件、段件再进一步划分出板件和组合件，这些都是工艺分离面。工艺分离面之间一般都采用不可卸连接，装配成部件后，这些分离面就消失了。通过合理划分工艺分离面，可以为飞机制造带来以下的便利：增加平行装配工作面，缩短了装配周期；减少复杂部件或段件的装配型架数量；改善装配工作的开敞性，从而提高装配质量。

当然，结构划分的结果还会涉及强度、重量和气动方面的问题，因此，飞机结构划分工作在飞机设计过程中，是一项极为重要的设计任务，它不仅要满足结构上、使用上和生产上的要求，还需要综合考虑其他因素，分析矛盾的各个方面，以求得合理的结构划分方案。飞机装配过程一般由零件先装配成比较简单的组合件和板件，然后逐步装配成比较复杂的段件和部件，最后将各部件对接成整架飞机。因此，飞机的装配过程取决于飞机的结构。

（二）装配准确度

装配准确度指装配后飞机机体及部件的几何形状、尺寸等实际数值与设计时所规定的理论数值间的误差。对于不同类型的飞机和飞机上不同的部位，装配准确度的要求是不一样的。飞机装配的准确度对飞机的各种性能均有直接影响。首先，飞机外形的准确度直接影响到飞机的空气动力性能。因为飞机结构是薄壁结构，大多数零件尺寸大、刚度小，飞机外形的准确度很大程度上取决于飞机装配的准确度。其次，飞机各种操纵系统的安装准确度将直接影响飞机的各种操纵性能。因此，飞机装配后，应该保证运动机构和结构部件之间有必要的间隙。此外，在装配过程中还应该采用合理的装配顺序和工艺措施，来减少结构的变形和残余应力。

1. 飞机装配的准确度要求

飞机空气动力外形的准确度包括飞机外形准确度和外形表面光滑度。外形准确度指飞机装配后的实际外形偏离设计的理论外形的程度。一般来说，翼面类部件比机身部件的外形准确度要求高，各部件最大剖面以前的部件要比最大剖面以后部分的外

形准确度要求高。对于小型飞行器的样机，保证其外形表面光滑度也是非常重要的。

2. 部件之间相对位置的准确度

部件之间相对位置的准确度主要包括以下 4 类：

（1）机翼、尾翼相对于机身位置的准确度。这类准确度参数有安装角、上反角。它们的允许值一般将角度尺寸换算成线性尺寸（如翼尖高度等）进行检查。

（2）各操纵面相对于固定翼面位置的准确度。此外，固定翼面和舵面外形之间也需要保证一定的间隙和外形阶差。

（3）机身各段之间相对位置的准确度。虽然要求不高，但必须注意保证各段对接处的阶差不超过表面平滑度的要求。

（4）部件之间对接接合准确度。部件之间一般采用可卸连接，其分离面处的对接接头常用型式有叉耳式和围框式（凸缘式）两种，这种部件间的连接也需要有一定的准确度。

3. 部件内部各零件和组合件的准确度

这方面的准确度要求指大梁轴线、翼肋轴线、隔框轴线，以及长桁轴线等的实际位置相对于理论轴线位置的偏差。当然，对于结构复杂、协调尺寸较多，产品准确度要求较高的情况，也可以通过相互修配和补充加工或调整等补偿办法，部分消除零件制造和装配误差，最后达到规定的准确度要求。

（三）装配基准

在装配过程中，有两种装配基准：以骨架外形为基准和以蒙皮外形为基准。

1. 骨架外形基准

以骨架外形为基准时，首先将翼梁和翼肋按型架定位，对翼梁上一些下凹的地方进行填平，并在翼肋和翼梁上涂上胶，铺上蒙皮，用橡筋或卡板等将蒙皮紧紧压在骨架上，等到胶干之后再卸下橡筋和卡板。这种以骨架外形为基准的装配方法，其误差积累是由内向外的最后的积累误差反映在部件外形上的。最终的部件外形误差由以下 5 项误差积累而成：骨架零件制造的外形误差、骨架的装配误差、蒙皮的厚度误差、蒙皮和骨架由于贴合不紧而产生的误差、装配连接的变形误差。为了提高外形准确度，就必须针对以上产生误差的 5 个方面采取不同的措施。但当外形要求较严格时，即使采取措施也很难满足要求。为此，在结构设计和装配基准上，出现了以蒙皮外形为基准的装配方法。

2. 蒙皮外形基准

以蒙皮外形为基准的装配方法，首先将蒙皮紧贴在型架卡板上，然后再往上安装隔框等，如存在尺寸不合适还必须对隔框进行修配或贴补偿片。这种装配方法的误差积累是由外向内的，积累的误差通过补偿结构来消除。部件外形准确度主要取决于装配型架的制造准确度，减少了零件制造误差、骨架装配误差对外形的影响。部件外形误差主要由以下3项误差积累而成：装配型架卡板的外形误差、蒙皮和卡板外形之间由于贴合不紧而产生的误差、装配连接的变形误差。

（四）装配定位

装配定位即在装配过程中确定零件、组合件、板件及段件之间的相对位置。对装配定位有以下要求：保证定位符合图纸和技术条件所规定的准确度要求，定位和固定要操作简单可靠，定位所用工艺装备简单，制造费用低。

在飞机的装配中，常用的定位方法有以下5种：

1. 用画线定位

即根据飞机图纸用通用量具画线定位。该方法适用于位置准确度要求不高、零件刚度较大的部位。虽然画线定位效率低，一般不宜用作成批生产，但由于它通用性大，在成批生产中仍不失为一种辅助的定位方法。这种方法在小型飞行器样机的制造中应用还是非常广泛的。

2. 用装配孔定位

即按预先在零件上制出的装配孔来定位。例如，利用机身隔框上的桁条孔来为桁条定位。

3. 用坐标定位孔定位

坐标定位孔分别配置在用于确定零件正确位置的型架上及零件上，坐标定位孔离基准线的距离一般取整数。

4. 用装配夹具（型架）定位

这是飞机制造中最基本的一种定位方法。使用装配型架可以确保零件、组合件在空间相对的正确位置，同时还起到校正零件、组合件形状和限制装配变形的作用。当然，型架的采用也将使得制造费用增大，生产准备周期加长。因此，在型架设计中应仔细研究各装配单元的定位方法，在确保准确度的前提下，综合采用各种定位方法，使型架结构尽可能简单。

5. 用基准零件定位

对于小型飞行器上的一些机械零件可以采用基准零件定位的方法，比如一些具有复杂空间结构的操纵控制机构。

（五）全机联调检查

在完成上述各部件的安装和调试之后，还需要对全机进行联调检查，用以检验

各部分安装是否合适、到位，从而为进一步的放飞做准备。具体内容包括以下 5 个方面：

（1）各部件安装得是否合适、到位、可靠：主要检查机翼、尾翼、起落架、发动机等部件相对于机身的位置是否符合设计图纸的要求，且连接可靠。

（2）全机重心是否合适：必须保证飞机的重心满足设计要求，即重心一般要求在全机焦点之前一段距离。

（3）操纵系统安装和调试得是否妥当：主要检查舵面、连杆等活动部位是否转动自如、连接可靠、行程合适，遥控器发射机和接收机信号是否联通且不存在电磁干扰问题，各遥控通道设置是否正确，各电缆接头是否连接可靠。

（4）发动机安装是否牢固且其振动对飞机影响较小：这往往要通过启动发动机进行检查，需要检查发动机从怠速到高速的各个转速状态工作是否稳定，其振动是否对其他部件产生较大影响，如螺钉连接处、活动连接处是否发生松动或脱落。

（5）起落架的强度和刚度是否满足要求：可以通过落震试验（即将飞机平移上升至距地面一定高度，然后让其进行自由落体运动，直至落到地面并经过几次弹跳），检查起落架的强度和刚度是否满足要求。一般要求经过落震试验后，起落架没有明显的塑性变形，机轮不至于脱落，其他各个部位无损坏，操纵系统工作正常。

第四章　飞行器零件的制造

第一节　钣金零件的成形原理

一、钣金零件的变形原理及特点

钣金零件种类繁多，形状各异，成形方法也多种多样，如根据成形工序的不同可分为弯曲、拉伸、翻边、旋压、胀形等，但从变形性质来看，不外乎是材料的“收”和“放”两种形式。“收”依靠板料的收缩变形来成形零件。表现为板料长度缩短，厚度增加。“放”依靠板料的拉伸变形来成形零件。表现为板料长度变长，厚度变薄。板料在塑性变形过程中遵循体积不变的原理，因此板料被拉长时厚度将变薄，板料长度收缩时厚度将增加。

二、钣金零件的热处理工艺

（一）钣金零件常用材料

飞机钣金零件广泛采用铝合金、镁合金、合金钢以及钛合金等。

（二）钣金零件的热处理工艺

从零件的使用角度看，要求材料具有良好的机械性能；从制造角度看，要求材料具有良好的工艺性能，即成形性能要好。而这两方面有时是矛盾的，解决矛盾的方法就是利用材料的热处理工艺。热处理是零件制造过程中的重要工艺之一，与其他加工工艺相比，热处理一般不改变工件的形状和整体的化学成分，而是通过改变工件内部的显微组织，或改变工件表面的化学成分，来改善工件的使用性能。其特点是改善工件的内在质量，这一般不是肉眼所能看到的。金属的热处理大致有退火、正火、淬火和回火4种基本工艺。退火是将工件加热到适当温度，根据材料和工件尺寸采用不同的保温时间，然后进行缓慢冷却，目的是使金属内部组织达到或接近平衡状态，获得良好的工艺性能和使用性能，或者为进一步淬火做组织准备。正火是将工件加热到适宜的温度后在空气中冷却，正火的效果同退火相似，只是得到的

组织更细，常用于改善材料的切削性能，有时也用于对一些要求不高的零件的最终热处理。淬火是将工件加热保温后，在水、油或其他无机盐、有机水溶液等淬冷介质中快速冷却。淬火后钢件变硬，但同时变脆。为了降低钢件的脆性，将淬火后的材料在某一适当温度进行长时间的保温，再进行冷却，这种工艺称为回火。退火、正火、淬火，回火是热处理中的“四把火”，其中淬火与回火关系密切，常常配合使用。

热处理工艺一般都包括加热、保温、冷却3个过程。加热温度是热处理工艺的重要工艺参数之一，选择和控制加热温度是保证热处理质量的重要工作。加热温度随被处理的材料和热处理的目的不同而不同，但一般都在相变温度以上，以获得高温组织。另外显微组织的转变需要一定的时间，因此当金属工件表面达到要求的加热温度后，还须在此温度保持一定时间，使内外温度一致，使显微组织转变完全，这段时间称为保温时间。冷却也是热处理工艺过程中不可缺少的步骤，冷却方法因工艺不同而不同，主要是控制冷却速度。一般退火的冷却速度最慢，正火的冷却速度较快，淬火的冷却速度更快。

为使金属工件达到所需要的力学性能、物理性能和化学性能，除合理选用材料和各种成形工艺外，热处理工艺往往是必不可少的。飞机钣金零件中常用的铝、镁、钛等金属及其合金都可以通过热处理改变其力学、物理和化学性能，以获得不同的使用性能。例如，硬铝合金常在退火状态下成形，在淬火后使用，原因是硬铝合金在退火状态下强度指标较低，成形性能好；而淬火时效状态下强度指标高。硬铝合金的零件制造过程为：对于形状简单、变形量不大的零件，直接采用淬火时效后的硬料作为毛料成形，不再进行热处理；但对于变形量较大的零件应选用退火状态的毛料成形，再淬火强化，最后再进行校形。

硬铝和超硬铝的热处理过程为：将材料加热到一定温度（LC4为475～490℃），保持一段时间，使合金组织发生恢复与再结晶，然后进行缓冷，使材料获得最软的稳定状态，即退火处理阶段。淬火时将材料加热到特定温度［（LC4为（470±5）℃）］，保温一定时间，使合金中可溶的强化相向固溶体中充分溶解，然后进行骤冷，使材料强化。要达到强化需要一定时间，这个过程如在室温下进行称为自然时效，如在一定温度下进行称为人工时效。淬火后在较短的时间内，材料仍具有接近甚至优于退火状态的良好塑性，这种状态叫新淬火状态。但该状态在室温下能保持的时间很短，0.5～1.5h；而在低温下能持续很久，2～4天。实验证明，新淬火后在 -15℃下存放4昼夜，从冷箱中取出来，其性能参数仍很接近新淬火时的参数，时效后能达到的性能参数与未经冷藏时的一样。因而，近年来，产生了新淬火成形的工艺方法。即先淬火、冷藏，用时取出马上成形即可，从而大幅减少了校形工作量。

对于一些变形量很大的零件，如合金钢零件，往往需要进行多次热处理才能成形。为了消除冷作硬化和内应力，提高塑性，以利于继续成形，应安排中间退火。对可淬火强化的钢，淬火工序一般都安排在成形工序之后。为了校修合金钢零件的淬火变形，可以采用应力松弛成形（或校形）的办法，即将已经预成形的新淬火零件在弹性变形范围内强迫装入成形夹具，送入炉中，在回火温度下保持数小时，再按退火要求缓慢冷却，把回火和校修淬火合二为一，以免除手工校修工作。

钛合金在再结晶温度以上进行高温（一般为 650 ~ 850℃）退火，能使钛合金的组织稳定，获得良好的综合机械性能。退火状态的钛合金在冷成形或在再结晶温度以下的热成形后，都存在较大的内应力。为了防止零件在存放中开裂或变形，恢复材料原有的机械性能，在成形后都应安排退火工序。在再结晶温度以上成形时，可将成形与退火工序合并进行。铝合金淬火加热温度为（950 ± 10）℃，并在水中冷却，然后在 538℃条件下保温 4 ~ 5h，进行人工时效。为了避免校修淬火变形，生产中一般不采用零件成形后再进行淬火强化处理的方法，而常采用将新淬火状态的毛料（或已经预成形的零件）在弹性变形范围内强迫装入成形夹具的应力松弛成形法，并在时效温度下保持几小时。材料在时效过程中，弹性变形变成了塑性变形，内应力消失，同时完成了成形后消除内应力的退火处理。钛在 427℃以上会迅速氧化，因此，需要在金属表面覆盖防氧化涂层或在惰性气体中加热。

三、钣金零件的表面处理

由于硬铝和超硬铝的抗腐蚀性能较差，为提高其抗腐蚀性能，需要在板材表面包覆一层纯铝，纯铝和氧作用会生成一层细密的 Al_2O_3 氧化薄膜，可防止进一步氧化。为了确保零件的抗腐蚀能力，硬铝钣金零件一般都要进行阳极化处理，即通过电化学作用使铝合金表面生成一定厚度的致密的 Al_2O_3 氧化膜，这种氧化膜具有很好的抗腐蚀性能和附着力。由于对零件的要求不同，阳极化可分为无色阳极化和黄色阳极化。无色阳极化是将清洗干净的零件放于稀硫酸中起电解作用，生成氧化膜。此氧化膜具有细微气孔，须在 90 ~ 95℃热水中煮 20 ~ 25min，进行填充处理，使氧化膜产生水化作用，体积膨胀，将气孔堵塞。这种零件通常用作飞机的外表零件（如蒙皮等），最后再喷一层罩光漆。而黄色阳极化是在重铬酸钾溶液中浸煮 20 ~ 25min，除水化作用外还有重铬酸钾与氧化膜的化学作用，使零件表面呈黄绿色，该零件常用于飞机内部零件（如翼肋等）。黑色金属一般涂油保护，其零件表面处理方法可采用电镀。一般零件采用镀锌处理，要求耐磨的零件和装饰件采用镀铬，要求抗湿和抗海水腐蚀的零件则需要镀镉。

第二节　钣金零件的成形方法

一、钣金零件的下料

飞机上钣金零件生产的第一道工序是使所需要的板料或毛料从整块板料分离开，即下料。由于飞机钣金零件形状复杂，且不规则，因此材料的利用率一般只有60%～75%。绝大多数钣金零件均先下料再成形，因此，提高材料利用率具有重要意义。下料的方法很多，生产中常根据毛料的几何形状、尺寸大小材料种类、精度要求、产量和设备条件来选择。主要方法有剪切、铣切、锯切和熔切等。

(一) 剪切

剪切是利用剪切设备将板料或型材等原材料分离出来的加工方法。通过剪切可以得到各种直线或曲线形状的毛料。直线轮廓的零件常用龙门剪床下料。其工作原理为，板料由可调整的后挡板定位，压板压紧板料后，上剪刃下行与下剪刃交错完成剪切工作。直边组成的条料还可用直滚剪床下料。

曲线轮廓的零件可用斜滚剪完成。板料在摩擦力作用下自动送进，并按照板料表面的画线用手工转动工件，实现曲线剪切。曲线外形的零件也可由振动剪完成。振动剪的工作原理是由带偏心衬套的传动轴通过连杆等机构将电动机的旋转运动变为刀座的往复运动。振动剪上剪刃每分钟运动1500～3000次。上剪刃的振幅可调整，剪切时靠手工按画线送进。

(二) 铣切

铣切下料是利用高速旋转的铣刀沿一定曲线对成叠的毛料按样板进行铣切的加工方法，一般适用于数量较大、外形为曲线的展开料。尺寸较小的毛料用钣金铣下料。其特点是工件动、铣刀轴不动。工作时，工人将夹紧的成叠板料沿台面推动，可铣出与样板完全一样的毛料。大尺寸的展开料可采用回臂铣钻床和龙门靠模铣床。回臂铣钻床有两个铰接活动的支臂安装在机床的立柱上，两支臂端头各装有可上下移动的铣刀头和钻头。铣切其特点是铣刀轴移动工件不动，可铣钻出各种工艺孔、尖角以及其他外形。

龙门靠模铣床克服了靠人工送进的缺点，铣头可上下移动，同时也可在龙门架上横向移动，龙门架沿机床可纵向运动，协调纵、横方向的送进，可保证铣头跟随靠模运动来完成各种复杂形状的铣切。

（三）锯切与熔切

锯切按所用刀具形式分为带锯、盘锯、摆锯和砂轮锯切等，适用于有色金属的下料。锯切常用于型材和管材的下料，锯切管子时所用的锯条齿距应小于管壁的厚度。砂轮锯切是用高速旋转的薄片砂轮切割工件，适于钢、钛和耐热合金的切割，但一般不适用于较软的材料，如铝、镁等。

各种锯切方法的精度都不高，锯切后边缘都需要手工或机械加工进行打磨。外形复杂的厚钢板零件常用熔切下料。熔切分为氧气切割、等离子切割、激光切割、超声波切割等，熔切容易切割出曲线形状及内凹轮廓，其切割断面质量、精度随切割方法不同会有差异。

二、冲压零件的制造

冲压主要是利用冲压设备和模具实现对金属材料（板材）进行加工的方法。根据通用的分类方法，可将冲压的基本工序分为材料的分离和成形两大类。

（一）冲裁

冲裁实质是一种封闭的剪切（而剪裁可以是封闭的剪切，也可以是非封闭的剪切）。由相当于，上剪刃的凸模下行，并通过相当于下剪刃的凹模而完成冲裁。冲裁分为冲孔和落料。凸模尺寸比凹模尺寸小，因此有间隙。而凸、凹模的间隙对冲裁件的断面质量、尺寸精度和冲裁力的大小都有影响，因此确定合理间隙很重要。冲裁时，若间隙过小，上、下裂纹中间部分被二次剪切，在断面上产生撕裂面，并形成两条光亮带，在断面出现毛刺。间隙合适，可使上下裂纹与最大切应力方向重合，此时产生的冲裁断面比较平直、光洁，毛刺较小，制件的断面质量较好。若间隙过大，板料所受弯曲与拉伸均变大，断面容易撕裂，光亮带所占比例减小，产生较大塌角，粗糙的断裂带斜度增大，毛刺大而厚难以去除，使冲裁断面质量下降。合理的间隙值与被冲裁材料厚度、软硬等因素有关，一般合理的单边间隙为板厚的2%~20%，也可查有关手册确定。

冲裁按所用模具完成工序的程度不同可分为单工序模、连续模和复合模3种。单工序模只有一对凸、凹模，每一行程只完成一个冲裁工序。导柱式单工序冲裁模，模具的上、下两部分利用导柱导套的滑动配合导向。冲裁时凸模下行，并与凹模相互作用完成冲裁。导柱式冲裁模使用可靠，精度高，寿命长，安装方便，在大量、成批生产中广泛采用。连续模在毛坯的送进方向上，具有两个或更多的工位，一次行程中，在不同的工位上逐次完成两道或两道以上冲压工序，每一行程可获得一个

完整的多工序零件。开始工作时，先冲垫圈的内孔，当条料送进一个步距时，再用装在落料凸模上的导正销定位完成落料工作，以后每一行程完成一个零件。连续模比单工序模生产率高，减少了模具和设备的数量，工件精度高，适用于大批生产的小型冲压件。

复合模只有一个工位，一次行程中，在同一工位上同时完成两道或两道以上冲压工序。一套模具在一个行程中同时完成一个垫圈的外圈落料与冲孔工作。工作时由定位板定位的落料凹模下行，通过落料凸模完成外圈落料工作，同时冲孔凸模通过冲孔凹模完成冲孔工作。因此，除落料凹模、冲孔凸模以外，还有既起冲孔凹模作用又起落料凸模作用的凸凹模。复合模按照结构分正装式复合模和倒装式复合模。正装式复合模凸凹模在上，冲孔凸模和落料凹模在下。而倒装式复合模正好相反。复合模生产率高，但结构复杂，成本高，适用于生产批量大、精度要求高的零件。以上所述均为普通冲裁。用普通冲裁所得到的工件，剪切面上有塌角毛刺，还带有明显的锥度，表面粗糙度高，工件尺寸精度较差，一般情况下能满足工件的技术要求。但当要求冲裁件的剪切面作为工作表面或配合表面时，采用普通冲裁工艺已不能满足零件的技术要求，这时，必须采用能提高冲裁件质量和精度的精密冲裁方法。齿圈压板精冲是使用较多的精密冲裁方法，在冲裁过程中，由于齿圈压板强力压边力、顶出器反压力和冲裁力的共同作用，在间隙很小面凹模刃口带圆角的情况下，可使坯料的变形区处于强烈的三向压应力状态，从而提高了材料的塑性，抑制了剪切过程中裂纹的产生，使得冲裁件断面垂直表面平整，断面质量和尺寸精度都较高。

(二) 弯曲

弯曲是将平直板材或管材等型材的毛坯或半成品，用模具或其他工具弯成具有一定曲率和一定角度的零件的加工成形方法。弯曲是冲压的基本工序之一。通常情况下，在压力机上压弯工具做直线运动的弯曲称为压弯；在一些专用设备上弯曲成形工具做旋转运动的弯曲，称为卷弯或滚弯。弯曲变形时板料外层表面材料受拉，内层表面材料受压，中性层不变。根据变形程度的不同，弯曲过程可分为弹性弯曲、弹塑性弯曲和纯塑性弯曲 3 个阶段。

弯曲的主要问题是回弹。弯曲过程是弹性和塑性变形兼有的变形过程，由于外层表面受拉，内层表面受压，卸载后，产生角度和曲率的回弹。回弹会影响制件精度，设计弯曲模具工作部分尺寸时必须考虑材料的回弹。生产中必须消除回弹的影响，采用的主要方法有补偿法、加压法、加热校形法以及拉弯法等。

(三) 拉深

拉深是在凸模作用下将平板毛坯变成开口空心零件的过程。用拉深工艺可以制成圆筒形、阶梯形、球形、锥形、抛物线形、盒形和其他不规则形状的薄壁零件。影响拉深顺利进行的主要问题是凸缘起皱与筒壁拉裂。起皱有两种形式。外皱是在拉深过程中凸缘受切向压应力失稳而产生的。生产中主要采用压边圈防止外皱，压边力可由液压、气压、弹簧或橡皮产生。

拉深锥形件或半球形件时，由于凸模与凹模之间有一悬空段，缺乏夹持，易起内皱。防止内皱产生的方法主要是增加径向拉应力，以减小切向压应力。如可采用带拉深筋的凹模，反向拉深法和正、反向联合拉深法等。

抛物线形零件和锥形件一般较难成形，其成形方法可采用液压机械拉深法。液压机械拉深时毛坯在液压作用下在凸、凹模的间隙之间形成反凸的液体“凸坎”，它起着拉深筋的作用，同时，凸模下压时造成的油压力使毛坯反拉，为紧贴凸模成形创造了良好的成形条件。这种方法与普通拉深相比可大幅增加一道工序的变形程度，且零件壁厚均匀，表面光滑美观，特别适合于深拉零件。抛物线形零件，采用液压机械拉深一次即可拉出，而用普通机械拉深则需要 7 ~ 8 道工序。尺寸小、产量大的空心件多采用带料连续拉深，即在带料上依次进行多次拉深，最后用落料或切断使工件与带料分离。

(四) 翻边

翻边是使平面或曲面的板坯料沿一定的曲线翻成竖立边缘的成形方法。根据翻转曲线封闭与否可分为内孔翻边和外缘翻边两类。按变形的性质，翻边又可以分为伸长类翻边和压缩类翻边。对于非圆孔翻边零件，其变形与孔的形状有关。孔边缘由内凹曲线、外凸曲线以及直线构成。对内凹曲线部分，可看作圆孔的一部分，属于伸长类翻边，此时应按圆孔翻边的极限系数判断其变形的可能性；外凸曲线部分类似浅拉深，属于压缩类翻边，此时的翻边系数实质上就是拉深系数；直边部分可近似按弯曲变形考虑。此外，由于圆弧与直线部分连接成一个整体，曲线部分的翻边必然要扩展到直边部分，使直边部分也产生一定的变形。因此，非圆孔翻边可以减轻曲线部分的变形。

(五) 旋压

旋压是借助旋压棒或旋轮、压头对随旋压模转动的板料或空心毛坯做进给运动并旋压，使其直径尺寸改变，逐渐成形为薄壁空心回转零件的特殊成形工艺。飞机

导弹上的鼻锥，封头、喷管等各种旋转体零件常用旋压成形的方法制造。旋压主要分为普通旋压和变薄旋压两种。前者在旋压过程中材料厚度不变或只有少许变化，后者在旋压过程中壁厚变薄明显，所以又叫强力旋压。普通旋压简称旋压，将平板毛料用机床的顶杆压紧于旋压模上，使其与模具一起旋转。工人用手操纵旋压棒，由点到线，由线及面将毛料顺次压向模具而成形。与拉深相反，旋压过程中，锥形件易旋半球形稍难旋，而筒形件最难成形。

旋压棒的滚轮圆角半径 R 根据工件的尺寸、形状和厚度等因素选择。R 越大，滚轮与毛料间的接触面积越大，旋出的工件表面越光滑，但操作费力。相反，R 越小，接触面积越小，省力，但表面易出现沟槽。如果零件不能在一道工序中旋压完成，可在不同的胎模上进行连续旋压，但胎模的最小直径应该是相同的。旋压过程材料的硬化程度比在压床上拉深要大得多，故经几道工序后须中间退火。普通旋压机动性好，生产周期短，能用简单的设备和模具制造出形状复杂的零件，适用于小批生产及制造有凸起及凹进形状的空心零件。强力旋压最适合成形锥形件筒形件。而对于球形或抛物线形的零件则须采用靠模装置。筒形件不能用平板毛料成形，而要用壁厚较大、长度较短、内径相同的圆筒形毛坯成形。按照旋压时金属流动方向，旋压可分为正旋和反旋。正旋常用于筒形件，优点是旋压力小，工件贴模性好，产生扩径和金属堆积较小。反旋常用于管形件，优点是工件长度不受芯模长度和旋轮纵向行程的限制，固定坯料的夹具较简单。正旋的优点正好可弥补反旋的不足，而反旋的优点又正好可弥补正旋的不足。不过，在相同条件下，正旋的极限变薄率较反旋的高，因而正旋时旋轮接触角和进给比的选择范围比较大。

旋薄的零件材料利用率高，模具简单，准确度高，成形后的材料强度、硬度和疲劳强度均有提高。旋薄过程会产生大量热，必须进行冷却。旋薄的模具和旋轮要承受很大的接触压力和摩擦力，因此要求模具的表面坚硬、耐磨，要用高强度金属材料。

（六）胀形

在外力作用下使板料的局部材料厚度变薄而表面积增大，或将直径较小的筒形或锥形毛坯，利用由内向外膨胀的方法，使之成为直径较大或曲母线的旋转体零件的加工方法称为胀形。飞机上的整流包皮、高压气瓶和发动机上的零件常用胀形方法成形。常见的胀形方式有：在圆筒形坯件或管坯上成形凸肚或起伏波纹、起伏成形（在平板毛坯压鼓包）以及与拉深结合的拉胀复合成形。

胀形时材料一般处于双拉应力状态，因此，成形可能出现的问题是毛料拉伸破裂，而不是压缩失稳。由于材料塑性的限制，胀形存在一个变形极限。胀形的极限变形程度主要取决于变形的均匀性和材料的塑性。模具工作表面粗糙度值小、圆滑以及润滑良好，则可使材料变形趋于均匀，因此可以提高胀形的变形程度。反之，毛坯上的擦伤、划痕、皱纹等缺陷，则易导致毛坯的拉裂。如果在对毛坯径向施加压力胀形的同时，再施以轴向压力，可增大胀形的变形程度。因此，为了得到较大的变形程度，在胀形时常常施加轴向推力使管坯压缩。此外，对毛坯进行局部加热(变形区加热)也可以增大变形程度。波纹管的制造将管坯安装在弹性夹头及夹紧型胎和夹紧芯棒之间，夹紧管坯使成形时液体不会由夹头处流出。成形时可将栅片式凹模按一定距离均匀排列，当管内通入液体并使管坯稍微鼓起后，沿轴向推压管端，直到栅片式凹模靠紧，这时管内多余液体通过溢流阀排出。成形完毕，卸去液压，松开弹性夹头，打开栅片式凹模，取出波纹管并进行清洗，完成胀形过程。

胀形常用的方法有两种：刚性分块式凸模胀形和软模胀形。凸模由扇形块拼成，套在锥形中轴上，当凸模向下滑动时，各个模块向外胀开，扩张毛料而成形。这种方法生产率高。由于凸模分瓣的特点，零件的直径与长度之比不能太小。

凸模胀形，凸模和毛料间有较大摩擦力，材料的切向应力和应变分布很不均匀，降低了胀形系数的极限值。为使应力分布均匀，实际生产中多采用8～12块模块，模块的边缘应做成圆角。这样成形后的零件上不会有明显的直线段和棱角，锥形中轴的锥角不能太大，一般选用8°、10°、12° 和15°。软模胀形是利用弹性或流体代替凸模或凹模压制金属板料、管料的一种工艺方法。对于胀形而言，软模胀形制件上无痕迹，变形比较均匀，便于加工复杂的形状，所以应用较多。软模胀形有两种方式，一种是橡皮凸模胀形，另一种是液压凸模胀形，凹模都做成与零件一致的形状。橡皮通常用天然橡胶或聚氨酯橡胶，后者耐油、耐磨和耐温性较好，因此使用较多。由于橡皮寿命较短，而且传递压力不如液压均匀，一般只用于制造小尺寸的零件。液压胀形有两种方法，一种是将液体通入橡皮囊内加压。每次成形时压入和排出的液体量较小，密封问题易解决。这种方法生产率高，但橡皮囊制造困难，使用寿命短。另一种是直接向工件内加压，成形时要求两端严格密封。液压胀形可得到较高压力，且作用均匀，容易控制，可以成形形状复杂、表面质量和精度要求高的零件。缺点是设备复杂，成本高。起伏成形是在模具作用下，板料表面积增大，形成局部的凹进或凸起的加工方法。起伏成形主要用于加强筋和凸形压制等。

(七) 成形极限图

大型复杂薄板冲压件成形时，凹模内毛坯产生破裂的情况较多，这主要是在拉伸失稳的情况下形成的。拉伸失稳是指在拉应力作用下，材料在板平面方向内失去了塑性变形稳定性而产生缩颈，并随之发生破裂。在进行冲压零件的制造中，只要保证材料变形在成形极限内，就能防止破裂的发生。板材的成形极限图是对板材成

形性能的一种定量描述，同时也是判断冲压工艺成功与否的曲线。它比用总体成形极限参数，如胀形系数、翻边系数等来判断是否能成形更为方便、准确。成形极限图是板材在不同应变路径下的局部失稳极限应变，它全面反映了板材在单向和双向拉应力作用下的局部成形极限。在板材成形中，板平面内的两主应变的任意组合，只要落在成形极限图中的成形极限曲线上，板材变形时就会产生破裂反之则安全。

三、蒙皮零件的成形

(一) 蒙皮零件的特点

蒙皮是飞机的重要组成部分，属于飞机外形零件直接形成了飞机的气动外形。飞机结构上使用最广泛的是铝合金蒙皮，对于高超声速飞行器可采用钢或钛合金蒙皮。蒙皮零件占有色金属钣金件的5%左右。由于表面直接与气流接触要求表面光滑、无划伤。大多数蒙皮结构尺寸大，相对厚度小，刚性差，外形要求准确。随着飞行速度与载重量的增长，蒙皮的尺寸与厚度也不断加大。

按照外形特点，蒙皮可分为单曲度蒙皮、双曲度蒙皮和复杂形状蒙皮3种类型。

(1) 单曲度蒙皮：这类零件只在一个方向有曲度，形状较简单，在飞机的机翼、机身等剖面段上应用较多。变形属于单纯的弯曲，一般采用压弯和滚弯方法成形。

(2) 双曲度蒙皮：这类零件在两个方向上都有曲度。机身的大部分零件、进气道等都属于双曲度蒙皮。双曲度蒙皮主要成形方法是拉形。

(3) 复杂形状蒙皮：形状不规则，如翼尖、整流包皮、机头罩、油箱等。这类零件多采用落压方法成形。

(二) 工艺方法

1. 蒙皮压弯成形

压弯成形是在闸压机床上对板材进行弯曲的一种方法。机床附有通用或专用的模具，利用凸凹模将板材逐段弯曲，适合于成形单曲度蒙皮和尾翼前缘蒙皮。压弯成形由上、下模组成，上模下行与下模相互作用即可成形。

2. 蒙皮滚弯成形

滚弯成形是板料从2～4根同步旋转的辊轴间通过，并连续产生塑性弯曲的成形方法。通过改变辊轴间的相互位置，便可获得零件所需的曲率。可用于成形飞机上直母线的机身、机翼、尾翼蒙皮和副油箱外蒙皮等单曲度零件。蒙皮滚弯方式根据辊轴的数量和布局可分为三轴滚弯、四轴滚弯和二轴滚弯3种形式。

等曲率圆筒形零件滚弯时，3个辊轴的位置为平行状态，根据零件的曲率并考

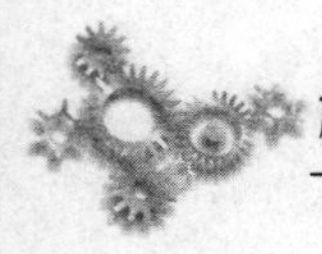

虑回弹算出上下辊轴的距。飞机的后机身零件属于锥形零件，这类零件滚弯时须将滚弯机的上滚轴倾斜一定角度。飞机上的机翼、尾翼的上、下蒙皮绝大多数为变曲率形状。滚弯时不仅须将上辊轴倾斜成一定角度，而且在滚弯过程中上滚轴须根据曲率的大小做上下移动，才能保证直母线的变曲率滚弯。滚弯蒙皮设备主要是蒙皮滚弯机。由于机翼蒙皮尺寸大，母线直线度要求高上、下辊轴必须支持在刚度很大的上梁和台面上。上梁由两个液压作动筒控制升降，在滚弯过程中上梁的升降靠模机构连续控制，可滚出变曲率的蒙皮。

3. 拉形

拉形是板料两端在拉形机夹钳夹紧的情况下，随着拉形模的上升，板材与拉形模接触产生不均匀的双向拉伸变形，使板料与拉形模逐渐贴合的成形方法。常用于双曲度蒙皮的成形。拉形一般分3个阶段。首先两端夹紧，板料产生弯曲变形，随着拉形模上升，板料逐渐与模具贴合；拉形模继续上升，板料开始产生不均匀拉伸；板料边缘与模具贴合，此时，整个毛料完全与拉形模形状相同。为减少回弹，提高零件成形准确度，再继续增加拉力，使毛料少量拉伸，最边缘的材料所受拉应力应超过屈服点。蒙皮的拉形方式有两种：横拉和纵拉。横拉是板料沿横向两端头夹紧，在拉形模上升顶力和拉伸夹钳横向拉力的双重作用下，使板料与拉形模贴合，一般用于横向曲度大的蒙皮零件成形。纵拉一般用于纵向曲度大的狭长形蒙皮零件成形。

极限拉形系数：指在拉形时，当板料濒于出现不允许的缺陷（如破裂、滑移、起皱、粗晶、橘皮等）时的拉形系数。材料的极限拉形系数与材料种类、厚度、蒙皮形状以及摩擦等多种因素有关，通常由实验决定。一般铝合金的极限拉形系数为1.04～1.08。拉形时如果工件的拉形系数大于极限拉形系数，则不能一次成形。毛料尺寸：确定毛料尺寸除成形需要外，还要从工艺性方面考虑四周应留有足够余量，一般每边余量为15～20mm。

拉形力与拉形速度：拉形力及拉形速度均匀，不间断，有利于提高质量。由于双曲度蒙皮成形时所处应力应变状态复杂，因此各部位变形不均匀，易产生拉裂和起皱现象。防止拉裂的主要方法是控制一次拉形变形量。纵向拉形时，为了防止起皱可使夹头钳口曲线尽量符合模具两端对应曲面的剖面形状，在操作中正确配合夹头拉伸和台面、上顶的动作。对马鞍形蒙皮拉形，可增加毛料宽度，用两边余量包容模具圆角，阻止材料下滑和在凹处产生皱褶。此外，为了使低凹部分空气易排出，应在模具适当部位开通气孔或排气槽。为在拉形中使毛料充分变形制成符合要求的蒙皮零件，同时又不拉裂、起皱，须正确掌握拉形工艺中的各种工艺参数。

拉形设备分为横拉设备和纵拉设备。零件由两排小夹钳夹紧固定不动，依靠台面的升降产生拉力。由于零件形状各有差异，夹钳可根据台面上模具的位置和形状

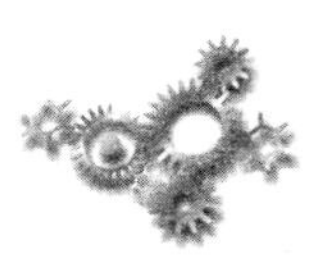

加以调节，使拉力的作用方向和拉形模边缘相切。

工作面两侧为防止拉形时擦伤零件，减少阻力，应磨成圆角。工作面四周应留有比零件大 30 ~ 50mm 的空间。横拉机上用的模具，为使拉力与模具边缘相切，保证最上边的毛料也能与模贴合，两侧应制出 25°~30° 的斜角。拉形模的工作面应尽量水平安放，以利于材料的变形，防止侧滑。某些蒙皮的形状具有局部鼓包或凹陷的特点，单用一个拉形模无法拉出该局部的外形。可在拉形设备上安装第二个工作台，由液压作动筒推动向下，利用局部小凸模与拉形模的耦合作用使蒙皮成形。

4. 落压成形

现代飞机中有很多复杂形状的零件，外形极不规则，如飞机整流包皮、座舱整流罩、各种口框等零件，由于尺寸和形状的原因，这类零件不能进行冲压成形，往往采取落压成形。

落压成形利用质量很大的锤头或上模从高处落下时所产生的巨大冲击力使毛料沿着成形模成形。由于成形的零件多是形状不规则零件，毛料的变形情况比较复杂，有的部位受拉易裂，有的部位受压易皱。因此，由平板毛料一次直接落压成形的可能性不大，必须在成形过程中穿插大量的手工工作，控制材料流动使零件逐渐地变形，或安排必要的辅助设备进行预成形或过渡成形。落压成形设备除落锤机外，其辅助设备主要有蒙皮收边机、碾滚机和点击锤等。

蒙皮收边机用于收缩毛料的边缘，对拱曲零件预成形。毛料放在固定钳口和可动钳口之间。可动钳口下降时，使舌头在板料上压出浅波纹。可动钳口继续下降的同时，舌头后退，压紧毛料两边，此时滚轮后退将波纹压平，完成一个循环过程。横向移动毛料，重复上述工作，即可使毛料边缘逐渐缩短，形成拱曲。

辗滚机由上、下滚轮组成。板料置于上、下滚轮之间，辗滚时材料变薄，并产生拱曲。上、下滚轮的间隙可根据不同板厚调整。落压成形和拉深等工艺不同，落锤时不使用压边圈，为了防止材料起皱、破裂和尽量减少手工工作，必须根据不同零件的外形特点，控制每一阶段的变形量，为此可采取如下措施：

(1) 预成形：有些复杂形状的零件，无法在下模上放稳板料，成形时易裂或形成死皱。针对具体情况应采用蒙皮收边机或点击锤预成形。机头罩零件，材料边缘延伸较大，落压前先用点击锤放料，使平板毛料延伸并形成拱曲，这样不但可以辅助成形，还可避免锤裂，降低废品率。

(2) 采用展开料成形：落压时，由于毛料的材料互相牵制，会引起拉裂，若在落压前将毛料的多余材料去掉，切边仅留较少余量，制成展开料，一次落压即可成形。这是因为将中间材料去掉的展开料，在成形时避免了材料的相互牵制，不但提高了工效，同时还节约了原材料，简化了零件的切割修整工作。

(3) 分区依次成形：有些零件的槽、埂、窝较多，大多属局部成形，以“放”料为主，容易拉裂。若对零件各部分由内向外依次成形，即可避免抢料现象，阻力板零件可采用依次成形的方法成形。

(4) 采用储料过渡：有些深度较大的零件，在过渡模成形时制出反向的鼓包，将毛料预先拉入储存；下道工序落压时，储存的材料便可顺利地补充，减轻了材料拉进深模腔的困难，避免了拉裂现象。翼尖即采用储料方式过渡成形的。

落锤模的结构比较简单，应选择易加工，价格低、易回收的材料，如铅锌模、锌合金模等。设计落锤模首先要合理确定分模面位置，保证毛料可靠定位，成形时不产生较大的侧压力而引起下模偏移和锤杆的损坏。对变形较大、成形较难的部位尽可能水平放置，便于机床有效加压，有利于手工校修及垫局部橡皮与展皱工作。

凸凹模的上下位置须合理确定。下凹上凸的模具通常称为拉深 (压延) 模，定位方便，垫橡皮层板同样方便。下凸上凹模通常称为压缩模，便于手工校修。除深度较大的空心零件外，一般多采用上凹下凸的方案。由于蒙皮外形要求精确，制造时一种工艺方法往往很难满足要求，因此常将几种方法组合起来用，常见的组合方式有以下 3 种：

①滚弯和闸压成形：如机翼前缘蒙皮，前缘弯曲半径较小，上下翼面弯曲半径大。可先滚弯成形上下翼面弧度，再用闸压方法制出前缘弯曲部分。

②滚弯与拉形成形：如材料较厚的零件拉形时，钳口夹持比较困难，纵拉板料要有夹钳弧度，可滚弯毛料预制一定弧度。

③拉形与落压成形：如座舱整流罩零件，如采用落压成形，成形困难且贴模度差，外形精度低，可先用拉形方法成形双曲度形面，然后再进行落压。

四、液压零件的成形

液压成形是指采用液态的水或油作为传力介质，用软凸模或凹模代替刚性的凸模或凹模，使坯料在传力介质的压力作用下与凹模或凸模贴合的过程。液压成形是一种柔性成形技术，它克服了传统板材冲压成形中存在的成形极限低，模具型腔复杂以及零件表面品质差等缺点，可以同时完成弯曲、拉深、翻边和胀形等多种工序，大幅提高了成形极限，特别适用于在一道工序内成形复杂形状的薄壳结构零件。液压成形制模简单，周期短，成本低，成形产品质量好，形状和尺寸精度高。近年来，随着成形设备及相关控制技术的发展，以流体为传力介质的液压成形技术在国内外发展迅速，在航空航天及汽车领域得到广泛应用。飞机结构中典型的零件是薄壁结构件，其形状复杂，外形斜角变化大，且外形多为双曲面。例如，飞机上的框、肋等许多骨架零件大都有平的或略带曲面的腹板，周围有浅的弯边或下陷，这类零件常

采用液压成形方法进行成形，成形时一次压出零件曲弯边，减轻孔，加强窝或下陷。

(一) 软凸模液压成形

软凸模液压成形是以液体介质代替凸模传递载荷，液压作为主驱动力使毛坯变形，毛坯逐渐流入凹模，最终在高压作用下使毛坯贴靠凹模型腔，零件形状尺寸靠凹模来保证。

用液体代替凸模成形筒形件的成形过程。在液体凸模的压力作用下，毛坯中部产生胀形。当压力继续增大时毛坯凸缘产生拉深变形，凸缘材料逐渐被拉入凹模而形成筒壁。用液体凸模成形时，由于零件底部产生胀形变薄，所以该工艺方法的应用受到一定的限制。但此法模具简单，一般用于大零件的小批量生产。锥形件、半球形件和抛物面件等用液体凸模进行成形，可得到尺寸精度高、表面质量好的零件。

液压成对成形技术也是一种软凸模成形技术，液压成对成形是德国20世纪90年代后期提出的一种板料成形新工艺。板件成对液压成形时，首先将叠放的两块平板毛坯放置在上下凹模中间，压边后充液预成形，边缘切割后，对边缘采用激光焊接。然后，在两板间充入高压液体，使其贴模成形。这种成形是靠板料变薄来成形的，属于内高压成形，适用于成形腔体零件。

液压成对成形技术与一般的成形工艺相比可减少模具数量，因采用液压加载，模具不易损坏，寿命延长；产品与模具贴合程度好，零件定形性好，残余应力通过高压塑性变形基本完全消除，回弹小；板材成形极限可明显超过拉深工艺和纯液压胀形工艺。这种工艺技术尤其适用于形状复杂、尺寸多变的大型板料零件的生产。

(二) 软凹模液压成形

软凹模液压成形用液体介质代替凹模传递载荷，液压作为辅助成形的手段，使坯料在压力作用下紧贴凸模成形，零件形状尺寸最终靠凸模来保证。

1. 橡皮囊凹模液压成形

橡皮囊液压成形即在成形过程中用一个橡皮隔膜将液体介质与板坯隔开，充有高压液体的橡皮囊充当凹模，同时采用刚性凸模和压边圈，在高压液体的作用下橡皮囊向下膨胀，充满工作台和凸模形成的所有空间，将毛料紧紧包贴在成形凸模上。工件成形后，卸去高压油液压边圈上升，顶出工件，完成零件成形。橡皮囊的液体压力可以根据工件形状、材料性质和变形程度进行调节，以达到最好的成形效果。

橡皮囊成形技术的优点是设备成本低，并能避免板料的污染；其缺点是橡皮囊易损坏须经常更换，不能进行热成形，能量损耗较大，不易控制板材的流动，所以在实际应用中受到了限制。

2. 液体凹模液压成形

液体凹模液压成形是在橡皮囊液压成形之后发展起来的，与橡皮囊液压成形相比，省掉了橡皮隔膜，增加了压边装置，能显著提高生产率，成形时高压液体使毛坯紧贴凸模成形，增加了凸模与材料间的摩擦力，从而防止了毛坯的局部变薄，提高了筒壁传力区的承载能力；同时高压液在凹模与毛坯表面之间挤出，产生强制润滑，减少了毛坯与凹模之间的滑动和摩擦，降低了径向拉应力，显著提高了成形极限，所成形的零件壁厚均匀，尺寸精确、表面光洁。

3. 可控径向加压充液液压成形

液体凹模液压成形主要依靠液室压力作用来增大板材与拉深凸模之间的有益摩擦并建立坯料与凹模之间的流体润滑，从而缓解凸模圆角处坯料径向拉应力来提高板材零件的成形极限，适合制造普通拉深无法一次拉深成形的复杂板材零件。而对于铝合金等大高径比、低塑性材料曲面（锥面、球面、抛物线剖面等）零件和锥盒形零件，过大的液室压力会导致曲面零件成形初期悬空区的破裂和锥盒形零件棱边角部起皱。为了防止这些现象的出现，出现了可控径向加压充液拉深技术。

可控径向加压充液成形可根据材料性能、零件形状和成形极限，通过增大径向液压使变形区材料产生合理流动，所产生的径向力推动板料向凹模内流动，同时在坯料与压边圈、凹模之间形成双面流体润滑，进一步降低了接触面上的摩擦力，从而可使凸模拉力降低，避免大高径比、曲面零件成形初期因液室压力过大而导致的悬空区破裂，从而进一步提高了零件的成形极限。此外，凸缘区的应力状态也由单纯的径向拉力区变为径向拉力区和压力区，避免在这一部位产生拉裂。

（三）液压成形的工艺参数

液压成形要一次压制出合格零件，操作中影响因素较多。主要限制因素有材料的起皱、开裂和零件不贴模。影响贴模程度的主要参数有单位成形压力、橡皮硬度、被成形材料的性能、零件的几何参数等。液压成形工艺的主要研究内容就是寻求零件几何参数与成形压力、橡皮硬度、材料性能之间的内在联系，以便正确利用这些内在联系来获得高质量的零件。由于液压零件形状比较复杂，因此，应尽量采用新淬火料进行成形，同时应尽可能采用展开料成形，以免除修边工作。

（四）液压成形的优缺点

1. 液压成形的优点

与传统板材冲压加工相比，液压成形具有以下优点：

（1）成形极限高。由于液压成形中液体压力的作用，坯料与成形模紧密贴合，

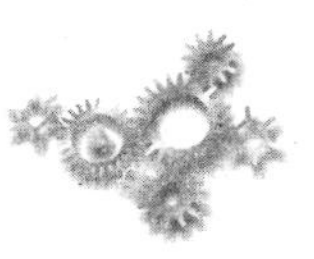

坯料和成形膜之间产生“摩擦保持效果”，提高了传力区的承载能力和零件的成形极限。

(2) 尺寸精度高、表面品质好。液体从毛料与凹模表面间溢出形成流体润滑，有利于毛料进入凹模，减少零件表面划伤，所成形零件外表面得以保持原始板材的表面品质，尤其适合镀锌板等带涂层的板材成形。

(3) 成形工序少，成本低。可成形复杂薄壳零件和复杂曲面零件，减少了退火等中间工序，使复杂零件在一道工序内完成，减少了多任务工序成形所需的模具数量，降低了生产成本。

2. 液压成形的缺点

(1) 凹模型腔内的液压压力会对凸模下行产生阻抗作用，因此所需成形设备的吨位要比传统成形设备的吨位高。

(2) 由于液体的应用，密封问题必须考虑。

(3) 因工件成形后还需要液体补充等工序，因此生产效率不如传统工艺高。

五、型材零件的成形

在飞机制造中，型材可用来制造机体结构的隔框、长桁、横梁等构件。飞机结构上的型材零件大部分采用挤压型材做毛坯，少部分用板材弯曲。

(一) 板弯型材的成形

直的板弯型材断面形状有“V”形、“U”形、“Ω”形和“Z”形等多种。这类型材窄而长，必须在专用的闸压床上进行压弯。弯曲所使用的模具叫弯曲模，它是弯曲过程必不可少的工艺装备。为了防止毛坯滑动，得到底部较平的工件，在模具设计时可采用压料装置，使毛坯在压紧的状态下逐渐弯曲成形。对于一些较复杂形状的板弯件，压弯时根据不同零件要求采用不同工序。在多工序弯曲中，必须正确选择弯曲的先后次序，否则可能会造成压不成或模具取不出的后果。

(二) 型材零件的弯曲成形

飞机上用的型材零件大部分均需要经过弯曲成形。弯曲方法主要有滚弯、绕弯、拉弯等。

1. 型材的滚弯

滚弯是历史悠久的弯曲方法之一。最初用于制造各种圆筒和圆框形零件，后来进一步发展为制造变曲率的零件，在飞机制造中常用来制造机身，进气道隔框、加强缘条等骨架零件。滚弯方法最大的优点是通用性强，不用专门制造模具，只需制作适合不同型材剖面形状和尺寸的滚轮，因此生产准备周期短，常用于小批量生产。型材由中间一对导轮夹持送进，由两侧弯曲轮控制曲率。两侧弯曲轮可以通过人工液压随动活门控制，也可以通过靠模控制，以滚制变曲率外形的零件，还可以补偿回弹。

滚弯的缺点是生产效率低，须经过反复银试才能获得准确的几何形状，同时需要熟练工种操作，对型材厚度、剖面形状均有限制。由于在滚弯过程中型材无可靠支撑，且由于型材的剖面形状大部分为非对称，在成形过程中外力作用点很难通过形心，弯曲时弯曲力不通过剖面的弯心，因此常出现型材剖面内壁失稳起皱、剖面畸变和弯扭等现象。为滚弯出正确尺寸与形状的零件，通常将非对称剖面型材组合成对称剖面，成形后再切开。

2. 型材的绕弯

工作时，工作台带动模具旋转，加压轮将型材逐渐压入模具的空槽内，使型材边缘得到刚性支持，减少零件内壁起皱及剖面畸变、扭翘等现象。用这种方法制出的零件曲率半径有很大回弹，模具必须做出相应的修正。

3. 型材的拉弯

拉弯是将毛料在弯曲的同时加以轴向拉力的方法。该方法能改变毛料剖面内的应力分布情况，使之趋于均匀一致以达到减少回弹、提高零件成形准确度的目的。弯曲时，毛料的外区受拉，内区受压，中性层不变。此时加以轴向拉力，使原受拉的外区继续受拉使原受压的内区受压卸载至零再继续反向加载受拉。

拉弯型材常采用以下两种方案，即先拉后弯和先弯后拉。先拉后弯，拉力的作用过于超前，毛料虽然可以获得均匀的塑性拉伸，但是不能有效防止弯曲后出现的异号应力分布。先弯后拉，拉力作用过于滞后，拉伸时拉力不能沿着毛料纵向均匀传递。因此生产实践中较多采用先拉后弯再补拉的复合工艺方案，以获得较准确的弯曲曲度。这种方案是先将毛料拉至屈服，保持拉力，然后弯曲使之贴模，最后增大拉力，进行补拉，使型材最小半径处剖面内层表面材料达到拉伸屈服极限。为了进一步减少回弹。有时需要进行二次拉弯，即首先用退火料预拉和弯曲，贴模后热处理淬火，在新淬火状态下再弯曲、拉伸。经过两次拉弯后回弹量显著减少。在拉弯过程中，为了获得理想的应力分布，零件的相对弯曲半径 R/h 不能小于一定限度。因为随着零件弯曲角的增大，零件与模具间的摩擦力对拉力的传递阻滞作用越显著，补拉的效果逐渐降低，为此，必须增大零件相对弯曲半径的下限。

拉弯后补拉的目的在于消除弯曲中所产生的型材内边的压应力。压应力越大，补拉量也越大。角型材，在水平壁面受压时由于内层表面离中性层较远，压应力较大，因此补拉量必须大于水平壁面受拉的弯曲方式的补拉量。弯制复杂剖面型材时，

为了防止剖面畸变和失稳，可以用铸锌、易熔合金、硬铝、塑料等加工成垫块，用细钢丝或橡皮绳串联，垫在型材剖面内，以形成对型材壁面的有力支撑。

（三）型材零件的其他加工工序

除成形工序外，型材零件还有校直、铣切、制孔、压下陷等加工工序。

（1）校直：挤压型材一般用拉伸校直法校直，也可用多轮滚校直。

（2）铣切：梁缘、长桁与蒙皮装配时，需要将型材铣薄或铣成各种缺口，型材的铣切可以用靠模铣来完成。

（3）制孔：型材零件上有大量导孔，这些导孔可以用光电控制多排电磁冲孔机完成，也可以用自动钻铆设备完成。

（4）压下陷：型材上的各种下陷，一般采用通用下陷模压制而成。

第三节 整体零件的成形

飞行器的壁板通常是把蒙皮和纵向、横向加强零件用铆接、胶接或点焊的方法装配而成的。这种装配式壁板的刚度、强度和密封性都较差，因此逐渐改用整体壁板代替装配壁板。整体壁板集蒙皮、长桁、横向加强筋于一体，形成了新型的飞机机翼整体壁板结构。整体壁板结构可以大幅减少零件数量，从而减轻零件之间连接所增加的质量，避免由于连接带来的应力集中，提高结构寿命和结构可靠性；通过减少零件数量，还可以大量减少工装的数量和加工工装的工时，从而大幅降低制造成本。整体壁板的优点是材料分配合理，强度质量比高，稳定性好，疲劳寿命长，外形准确，表面光滑、密封性好，适合于高速飞行等。但整体壁板的制造比较困难，大尺寸的整体壁板需要大吨位的压力机，高精度的壁板要有高精度多坐标数控机床，以保证尺寸大而形状又复杂的整体壁板加工后变形不超过规定要求。整体壁板一般用于高速飞行器的机翼、机身、尾部的表面，特别是具有整体油箱的部位。

一、整体壁板的加工

整体壁板的结构尺寸较大，长度可达几十米，因此首先要求有足够大的毛坯供应。整体壁板的毛坯制造方案很多，主要有热模锻、挤压、异型轧制、铸造、热轧平板加工等。铝合金整体壁板的毛坯以热轧厚板和挤压型板为主，其中热轧平板的加工方法应用最普遍、最成熟，由于其筋条可采用高效率的专用铣切设备和数控机床进行加工，生产率较高，因此应用最为广泛，而挤压型板只能用于有平行筋条的壁板。

(一) 热轧平板的内应力

热轧厚板在轧制和淬火过程中由于内外层材料的变形和冷却速度不均匀，会产生内应力。在碾压过程中外层材料的温度低于内层材料的温度，且外层表面材料的流动受轧辊摩擦阻滞，流动较慢。由此，外层材料受到强制延伸，内层受到强制压缩，内外材料变形互相牵制而被迫拉齐，致使外层材料受拉，内层受压。厚板淬火后产生的应力分布与上述相反，外层冷却收缩牵制还未冷却的内层材料，内层材料冷却收缩时被迫压缩已冷却而又不能收缩的外层材料，使外层材料受压，内层受拉。

带有内应力的毛坯，如果铣去一部分材料，其残留内应力平衡状态被破坏，会产生变形，即翘曲，给加工和成形带来困难。解决变形的方法是采用拉校，即将新淬火的板料夹住两端，在大吨位机床上进行塑性拉伸，既消除了内应力，同时又将板纵向校直，拉校时拉伸量一般控制在 2% 左右。

(二) 整体壁板的加工

以挤压型板为毛坯的整体壁板仅须对外表面进行精加工。以热轧厚板为毛坯的壁板，筋条较深的须在多坐标大台面的数控铣床上铣去多余的材料。毛坯靠真空平台吸附力固定，防止并校正毛坯因残余应力而产生的变形。对于筋条较浅的壁板，可用化学铣切的方法去掉多余金属。热轧厚板的加工材料利用率极低，有时只有 10% 左右，但由于较厚的热轧平板供应方便，加工机动性好，可以任意布置筋条和凸台。

1. 数控铣切加工

最初整体壁板的加工采用通用铣床依靠人工按画线加工，通用性强，加工范围广，但曲面部分加工困难且精度不高。采用仿形铣床后，利用靠模跟踪模板的外形，可加工形状复杂的工件，但靠模的制造要十分精确，因此，整体壁板的加工已逐渐向数控铣切加工过渡。数控铣切加工是通过数控机床进行机械加工的方法加工出筋条网格，筋条与蒙皮之间的圆角半径为加工刀具的圆角，圆角值可以选择得很小，因而可以获得较高的结构效率。壁板加工主要工艺方案有以下 3 种：

（1）直接采用厚板毛坯数控加工壁板结构并成形。由于受毛坯原材料尺寸限制，只适用于包容尺寸较小的壁板零件。

（2）先成形，然后再加工壁板网格。由于先成形，需要先扫描成形的实际曲面（成形精度与理论轮廓会存在误差），根据实际曲面编制多轴联动的数控加工程序，

以保证蒙皮的厚度尺寸。数控加工需要采用大型具有多轴联动功能的数控加工中心。为保证减轻槽根部圆角，控制加工变形，必须采用小直径球头铣刀，但加工效率低。另外，铣切加工还会引起应力不均，造成变形。

（3）先在平板展开状态加工壁板网格，然后再成形。该工艺方案可以大幅降低机械加工的难度，且加工效率高。因此，整体壁板结构零件制造工艺多采用此工艺方案。

2. 化学铣切

航空航天工业中广泛应用的大型薄壁零件（如飞机机翼前缘、机身壁板、变厚度蒙皮、液体火箭推进剂箱体、箱底瓜瓣、截锥形裙部、过渡段壁板、液体火箭发动机推力室等），多以厚板为坯料，然后加工成具有复杂曲面，表面具有凹坑、网格、筋条的薄壁件。对于这类零件，如果首先采用机械加工方法去除废重、铣出加强筋，则下一步曲面成形非常困难；如果先成形，由于曲面复杂，则下一步机械加工比较困难。化学铣切工艺最适于加工这类零件。只要腐蚀槽足够大，可以容纳工件，不论曲面形状如何复杂，材料硬度多么大都能进行化学铣切加工。

化学铣切是将金属坯料浸没在化学腐蚀溶液中，利用溶液的腐蚀作用去除表面金属的工艺方法。化学铣切已经成为现代航空航天工业中广泛应用的一种特种加工工艺。化学铣切工艺过程是，将金属零件清洗除油，在表面涂覆能够抵抗腐蚀溶液作用的可剥性保护涂料，经室温或高温固化后进行刻形。将涂覆于需要铣切加工部位的保护涂料剥去，然后把零件浸入腐蚀溶液，对裸露的表面进行腐蚀加工。加工深度、速率和表面质量靠调整腐蚀溶液的成分、浓度，工作温度和零件浸没的时间来控制。化学铣切的缺点是，化学铣切出来的筋条根部总有一个半径与腐蚀加工深度大体相当的圆角，腐蚀深度越大，圆角也越大，因而增加了壁板的质量。为此，化学铣切的深度一般限制在10mm以下。化学铣切凹凸槽零件时，溶液要不断搅动，以避免气泡堆积在零件凹槽的边缘，造成边缘不平整或形状发生改变。由于化学侵作用向各个方向蔓延，腐蚀溶液在向深度腐蚀的同时还要向侧面腐蚀，因此只能加工宽度大于两倍深度的沟槽，而不适用于圆孔状的加工。此外，化学铣切往往会在腐蚀加工面上再现或扩大坯料表面原有的划痕、凹坑等缺陷。化学铣切的产品尺寸精度较低，一般不适合用于加工配合尺寸的产品或部件。化学铣切是飞机制造和宇航工业上一种重要的，不可缺少的加工方法，特别是对成形零件的加工既可靠又有效。运载火箭是最早采用整体壁板结构的航天器之一，运载火箭的贮箱均采用整体壁板结构。

二、整体壁板的成形

大型整体壁板的成形技术主要有压弯、滚弯成形和喷丸成形。

(一) 压弯、滚弯成形

单曲度整体壁板在加工出筋条后通常用三轴滚床滚弯成形，或增量压弯成形。一般成形前在筋条间填入塑料垫块，防止成形后整体壁板表面产生波纹和折痕。壁厚小、易于成形的圆柱面和圆锥面壁板可采用滚弯成形方法。厚壁板、部分变截面壁板、变形复杂的壁板，则可以采用增量压弯成形方法。增量压弯成形由专用压力机构驱动压头在整体壁板表面上按一定的轨迹分段逐点进行局部三点弯曲变形，通过逐次的变形累积使整个壁板表面成形为所需的曲率。若压头部分采用多点柔性组合，则可以大幅扩大增量压弯成形的适用范围。

采用增量压弯工艺成形具有如下优点：

(1) 变形力大，适用范围广，可成形各种壁板结构；

(2) 模具的通用性强，对产品外形尺寸的适应性强；

(3) 由于是局部增量成形，所需设备吨位小。

(二) 喷丸成形

双曲度整体壁板大多采用喷丸成形，有时也可用拉形方法成形。喷丸成形技术是利用高速弹丸流撞击金属板的表面，使受喷表面及其下层金属材料受挤压产生塑性变形而向四周延伸，表面面积扩大，从而逐步使板材发生向受喷面凸起的弯曲变形，并达到所需外形的一种成形方法。经过喷丸成形以后的壁板，表面积变大，同时带动内层材料产生弹性拉伸。卸载后内外层材料的相互牵制作用使表面产生残余压应力，从而提高了疲劳强度和抗应力腐蚀能力。

喷丸有成形和强化两个目的。如果喷丸的目的是强化，应在得到压应力表层的同时尽量避免产生变形。如果喷丸的目的是变形，则可以有选择地进行喷丸。凡需要变形大的部位可以多喷，其他部位可以少喷或不喷，也可两者兼而有之。通常情况下，喷丸成形前的零件完全处于自由状态，喷丸成形所引起的零件变形量与喷丸强度、弹丸覆盖率和零件厚度有关。影响喷丸强度的因素主要有弹丸材料，弹丸热处理状态和弹丸直径，以及弹丸速度和喷射角度等。影响弹丸覆盖率的因素主要有喷丸时间和受喷零件的材料性能。因此，针对一定的喷丸设备和弹丸，采用最大覆盖率喷丸成形特定材料和厚度的零件时，所获得的变形量是一定的，该变形量反映了相应条件下的喷丸成形极限。喷丸成形从单曲度机翼壁板发展到各种复杂的双曲

度零件。不仅用于整体壁板，也用于大尺寸等厚度的钣金件成形。喷丸成形效果与被喷零件的纵横向刚度比、外廓尺寸、送进方向有关。控制喷丸变形的方法有两种。一种方法是对零件施加弹性预变形，即在对零件喷丸之前，通过特定的工装夹具对零件施加预定的载荷，从而使零件预先产生一定的弹性变形，然后再对受拉表面进行喷丸成形，在喷丸过程中，零件内的弹性预应力和喷丸产生的压应力相叠加，促使变形向需要的方向发展。

控制喷丸变形的另一种方法是控制喷丸部位，机翼蒙皮具有一定的上反角，喷丸时第一步先喷出单曲度的翼型，然后翻面再局部喷图中涂黑的小块面积，放出材料，使之产生弯曲。喷丸时先喷外表面，形成单曲度，再在剖面中性层以下涂橡皮屏蔽层，单喷筋条上面部分，于是产生马鞍形。

现代飞机的机翼、水平尾翼和垂直尾翼等大型翼面蒙皮壁板，一般由大型铝合金板材数控加工后，再进行数控喷丸达到最后的形状和强化效果。喷丸工艺由喷丸机完成，叶轮式喷丸机工作时利用叶轮转动的离心力将弹丸甩出。特点是生产率高，动力消耗少，功率大，工艺参数比较稳定，但操作不灵活。喷丸室内装有喷嘴装有工件的工作台可在滚棒上做送进运动。当储弹箱的闸门打开时，弹丸靠自重流入喷嘴，喷打工件后的弹丸落入回收斗，再掉入弹丸发送罐。关闭插板开关并打开气阀气压把发送罐中的弹丸经输弹管送到分离器中，弹丸落到底部，再经闸门落回储弹箱。

（三）其他成形方法

整体壁板的成形除以上的压弯和喷丸成形外，还可以采用以下成形方法：

（1）模内淬火成形。将机械加工完毕的壁板毛坯加热到淬火温度后，放到凸凹模内热压成形，同时在模内通入冷却水完成淬火。由于只能用于小尺寸壁板成形，模具制造复杂，成本高，机动性差，未得到推广，近年来只用于钛合金壁板的成形。

（2）爆炸成形。利用炸药作为能源释放出的能量产生高温高压气团，通过水等介质产生冲击波，迫使毛料向模腔运动而成形。将雷管引爆后，在3000℃以上的高温和高压（10万大气压以上）下猛烈推动介质产生冲击波，使毛料以较高的速度向模腔运动而成形。爆炸成形只需要凹模。成形壁板时模体用铝锌合金铸成，零件用橡皮条密封，压紧后抽真空，一次爆炸即可符合要求。

爆炸成形技术已有近百年的历史，目前爆炸成形已经可以完成多种多样的工艺加工，应用领域也不断扩展。例如，运载火箭上各种形状的大型铝制舱壁、压力容器上的圆盖、锅炉的顶板热交换器中的凸状通风板以及铝制大型反射器等，都可采用爆炸成形技术成形。

(3) 蠕变时效成形。蠕变时效成形技术是在20世纪50年代初期为成形整体壁板零件发展起来的一项技术，即利用金属的蠕变特性，将成形与时效同步进行的一种成形方法。其基本的成形过程是将机械加工淬火后的金属零件坯料通过一定的加载方式固定在具有一定外形型面的工装上使之产生一定的弹性变形，然后将零件和工装一起放入热压罐内，在零件材料的人工时效温度内保温一段时间，材料在此过程中受到蠕变、应力松弛和时效机制的作用，在保温结束并去掉工装的夹持后，所施加到零件上的弹性变形将转变为永久塑性变形，使零件在完成时效强化的同时获得所需外形。

与喷丸成形技术相比，时效成形技术具有如下优点：

①时效成形零件的内部残余应力几乎被完全释放，成形后零件的尺寸稳定性好，抗应力腐蚀能力高。

②所成形零件表面质量高，外形光滑，各零件之间外形一致性好，可有效提高装配质量。

③成形效率高、工艺重复性好。采用模具来保证外形精度，避免了以经验为主的人工校形所带来的外形差异。

④成形和材料时效强化同时完成，可以有效缩短零件制造周期和降低成本。随着对时效成形技术研究的深入，逐渐形成了诸如多级时效应力松弛成形工艺、振动时效成形等工艺技术，提高了成形的效率，降低了回弹，并提高了成形后壁板材料的综合性能。

第四节　先进加工成形技术

一、梁框类零件的加工

在飞机产品中，结构件的数控加工在零件加工中占有很大的比例，在新一代战斗机中，80%以上属于数控加工件。这些数控加工件中涉及的零件主要有框、梁、肋、壁板、接头和蜂窝结构等，其中框、梁、肋、壁板和接头是各种机型最典型的飞机结构件，具有加工周期长、数量大和技术难度高等特点。例如，壁板、梁、框、座舱盖骨架等结构件需要与构成飞机气动外形的流线型曲面、各种异形切面、结合槽口、交点孔组合成复杂的实体，这类零件大多数包括平面腹板，外形或内形具有曲线形的表面，且曲线的外形有时带有变斜角，以及大量的凹凸型面。在数控机床投入使用之前这类零件通常采用靠模铣床加工，但由于靠模及夹具加工复杂，周期

长，这种加工方法已经逐渐被淘汰。随着数控技术的发展，变斜角框类零件大多采用数控加工方式进行加工。

数控加工的硬件设备包括数控装置、机床、驱动装置3部分，数控装置是数控机床的核心，包括硬件及相应的软件，用于输入数字化的零件程序，并完成输入信息的存储、数据的变换、插补运算以及实现各种控制功能。机床是数控加工设备的主体，包括床身、立柱、主轴、进给机构等机械部件，用于完成各种切削加工的机械部件。驱动装置是数控机床执行机构的驱动部件，包括主轴驱动单元、进给单元、主轴电机及进给电机等。在数控装置的控制下通过电气或电液伺服系统实现主轴和进给驱动。当几个进给联动时，可以完成定位、直线、平面曲线和空间曲线的加工。

数控技术的软件需要计算机语言进行编写，主要分为ATL语言和NC语言。ATL语言由CAM软件产生，是用来描述刀具运行轨迹的一种说明性语言，并且可在CAM软件里逐行进行加工仿真模拟。NC语言由后置处理器产生，是实际输入机床的加工语言。NC程序也可以直接在数控机床上编写，主要有G代码（加工代码）、M代码（辅助功能）、T代码（刀具）、S代码（主轴转速）、F代码（切屑速度）等。数控加工技术是综合利用了计算机技术、自动控制、精密测量和机床结构于一体的新成就。数控加工把加工零件的全过程以数字代码的形式记载在控制介质上，然后将控制介质内容输入机床的数控装置，由数控装置自动控制机床各运动部位的动作顺序、运动速度、位移量及各种辅助功能（主轴转速、冷却液开关换刀、工件和机床部件的松开、夹紧）等，以实现加工过程自动化。

随着数控技术的发展，四坐标和五坐标数控机床越来越多地被使用。铣刀不仅在直线方向上移动，还可摆动，铣出比较平坦且带有变斜角的外形。当零件外形的曲度较大时，采用铣刀在一个方向上摆动很难保证加工，必须使用五坐标机床。利用铣刀在两个坐标平面上摆动，使铣切加工面始终与零件的外形线法平面保持一致。

数控加工具有如下特点：

(1) 加工精度高，具有稳定的加工质量；

(2) 可进行多坐标的联动，能加工形状复杂的零件；

(3) 加工零件改变时，一般只需要更改数控程序，可节省生产准备时间；

(4) 机床本身精度高，刚性大，生产率高（一般为普通机床的3～5倍）；

(5) 机床自动化程度高，可以降低劳动强度。

采用高速切削后，金属切除率大幅提高，是低速切削的3～5倍，切削力大幅下降，仅是低速切削的20%～30%，工件温升低，热膨胀减小，切削振动明显减小，在常规低速切削中备受困惑的一系列问题（如加工变形、热变形、刀具使用寿命短等）得到了解决，加工效率和零件表面质量及尺寸精度显著提高，因此，非常适合于加工尺寸大、刚度小、加工量大以及精度要求高的飞机结构零件。

飞机中典型的整体数控加工零件包括：

①整体壁板：这种壁板具有外形尺寸大、壁板变厚度、非等截面、成形后底面壁薄、筋条高、结构网络化、加工完成后材料去除率大、易发生变形等特点，且加工难度较高。

②天窗、座舱骨架：这类零件结构上属于多曲面、变截面、薄壁类零件，零件加工后极易发生变形。由于零件具有双曲线外形，骨架结构大部分为变截面、变角度的扭曲框架和接头，其结构复杂性用传统加工手段根本无法成形，只有采用五坐标高速数控加工技术才能完成。

③风窗骨架：通风窗骨架是一种全曲面、薄壁口框类零件，加工过程中具有毛料厚度大、耳片多、易变形、加工后材料去除率大等特点。

④主起落架接头：这类零件属于槽腔结构，加工难度大，复杂性高，毛料为自由锻状态，加工时去除量大。

二、激光快速成型技术

激光快速成型（Laser Rapid Prototyping，LRP）是将 CAD、CAM、CNC 激光、精密伺服驱动和新材料等先进技术集成的一种全新制造技术，也是设计制造一体化技术的具体体现。与传统制造方法相比激光快速成型技术具有零件的复制性、互换性高；制造工艺与制造零件的几何形状无关；加工周期短、成本低，与一般制造相比费用能降低 50%，加工周期缩短 70% 以上等特点。激光快速成型技术主要包括立体光固化成型技术、选择性激光烧结技术、激光熔覆成型技术、激光薄片叠层制造技术等。

(一) 立体光固化成型原理

立体光固化成型技术（Stereo Lithography Apparatus，SLA）工艺也称光造型或立体光刻，是基于液态光敏树脂的光聚合原理工作的。这种液态材料在一定波长和强度的紫外光照射下能迅速发生光聚合反应，分子量急剧增大，材料也就从液态转变成固态。液槽中盛满液态光固化树脂，激光束在偏转镜作用下，能在液态表面上扫描，扫描的轨迹及光线的有无均由计算机控制，光点打到的地方，液体就固化。成形开始时，工作平台在液面下一个确定的深度，聚焦后的光斑在液面上按计算机的指令逐点扫描，即逐点固化。当一层扫描完成后，未被照射的地方仍是液态树脂。然后升降台沿“Z”向带动平台下降一层高度，已成形的层面上又布满一层树脂，刮板将黏度较大的树脂液面刮平，然后再进行下一层的扫描，新固化的一层牢固地黏

在前一层上，如此重复直到整个零件制造完毕，得到一个三维实体模型。

（二）激光快速成型技术的特点

激光快速成型技术可以在无须准备任何模具、刀具和工装卡具的情况下，直接接受产品设计（CAD）数据，通过该数据直接驱动快速制造系统生产出任意复杂形状的三维物理实体。尤其是航空航天领域中许多零件都是经过精密铸造来制造的（如发动机中的一些零件），如果采用高精度的木模制作，工艺成本极高且制作时间也很长。若采用 SLA 工艺，就可以直接由 CAD 数字模型制作熔模铸造的母模，其成本仅为传统加工成本的 1/5 ~ 1/3，制作周期缩短 1/5 ~ 1/10。一般数小时之内，就可以由 CAD 数字模型得到成本较低、结构十分复杂的用于熔模铸造的 SLA 快速原型母模。得到零件树脂原型后，再以此零件树脂原型为熔模进行熔模精密铸造，依次进行制壳、焙烧、浇铸、脱壳、铸件后处理等工序，最终就可以得到精密的零件金属铸件。

SLA 工艺方法是目前快速成形技术领域中研究得最多的方法，也是技术上最为成熟的方法。SLA 工艺成形的零件精度较高，加工精度一般可达到 0.1mm，原材料利用率近 100%。可以大幅缩短新产品开发周期、降低开发成本，提高开发质量。SLA 技术也有一定的缺点，比如，随着时间推移，树脂会吸收空气中的水分，导致软薄部分的弯曲和卷翘；紫外激光管的寿命仅 2000 ~ 3000 小时，价格较昂贵；同时需对整个截面进行扫描固化，成形时间较长，因此制作成本相对较高；可选择的材料种类有限，必须是光敏树脂；光敏树脂对环境有污染，使皮肤过敏；需要设计工件的支撑结构以便确保在成形过程中制作的每一个结构部位都能可靠定位等。因此，在使用过程中需要加以考虑。

三、3D 打印技术

3D 打印技术和立体光固化成型技术一样都属于增材制造技术。3D 打印是一种以数字模型文件为基础，运用粉末状金属或塑料等可黏合材料，通过逐层打印的方式来构造零件的技术。由于航空航天零件强度要求较高，因此采用粉末状金属材料的激光金属 3D 打印技术得到了迅速发展。

激光金属 3D 打印技术集成了计算机辅助设计、计算机辅助制造、粉末冶金、激光加工等多项技术。其基本原理是计算机辅助设计生成三维实体模型，高功率激光产生熔池，粉末被送入熔池中凝固形成沉积层，在计算机控制下激光束和加工工作台按预设方式运动，层层堆积熔铸形成立体部件。通过选择合适的激光加工工艺窗口，可以对成形组织进行选择和控制，最终获得优于锻件的力学性能。激光 3D 打印技术可以用于起落架等复杂零件的制造和模具制造与修复、涡轮叶片修复以及工件的快速原型制造等。

四、数字化设计制造技术

（一）数字化设计与制造的概念

1. 数字化设计的概念

数字化设计就是通过数字化的手段来改造传统的产品设计方法，旨在建立一套基于计算机技术和网络信息技术，支持产品开发与生产全过程的设计方法。数字化设计的内涵是支持企业的产品开发全过程，支持企业的产品创新设计，支持产品相关数据管理，支持企业产品开发流程的控制和优化等，归纳起来就是产品建模是基础，优化设计是主体，数控技术是工具，数据管理是核心。传统的设计与数字化设计相比从设计工具、设计理念，设计模式等方面都发生了深刻的变化，从手工绘图到计算机绘图，从纸上作业到无纸作业，从串行设计到并行设计，从单独设计到协同设计，都体现了数字化设计技术的进步与发展。

2. 数字化制造的概念

数字化制造是指对制造过程进行数字化描述并在数字空间中完成产品的制造过程，是计算机数字技术，网络信息技术与制造技术不断融合，发展和应用的结果。数字化制造技术本质上是产品设计制造信息的数字化，是将产品的结构特征、材料特征，制造特征和功能特征统一起来，应用数字技术对设计制造所涉及的所有对象和活动进行表达，处理和控制，从而在数字空间中完成产品制造过程，即制造对象，状态与过程的数字化表征、制造信息的可靠获取及其传递，以及不同层面的数字化模型与仿真。从控制论的角度来看，数字制造系统的输入是用户需求和产品的反馈信息，根据原材料、零件图样、工艺信息、生产指令、机床、设备和工具等种种数字信息，经过设计，计算、优化、仿真，原型制造、加工，检验、运输和装配等多个环节，其输出则是达到用户性能要求的产品。由此可见，数字制造系统是一个涉及多种过程、多种行为和多种对象的复杂系统。数字化设计与制造不仅贯穿企业产品开发的全过程，而且涉及企业的设备布置，物流、生产计划，成本分析等多个方面。数字化设计与制造技术的应用可以大大提高企业的产品开发能力，缩短产品研制周期，降低开发成本，实现最佳设计目标和企业间的协作，使企业能在最短时间内组织全球范围的设计制造资源，开发、制造新产品。

（二）数字化设计与制造的内容

数字化设计与制造技术集成了现代设计制造过程中的多项先进技术，包括三维

建模、装配分析、优化设计，虚拟设计与制造、系统集成、产品信息管理和网络通信等，是一项多学科的综合技术。主要涉及4项内容。

1. CAD/CAE/CAPP/CAM/PDM

CAD/CAE/CAPP/CAM分别是计算机辅助设计、计算机辅助工程分析、计算机辅助工艺过程设计和计算机辅助制造的英文缩写，它们是制造业信息化中数字化设计与制造技术的基础，是实现计算机辅助产品开发的主要工具。PDM技术集成并管理与产品有关的信息、过程以及人与组织，实现分布环境中的数据共享，为异构计算机环境提供了集成应用平台，从而支持CAD/CAE/CAPP/CAM系统过程的实现。

2. 数字化三维实体建模

在以往的产品设计和制造过程中，用以表示产品几何形状和加工要求的是二维工程图。计算机绘图只是对传统的手工绘制工程图的简单模仿，物体的三维形体仍是用各个视图和切面图的二维图形来描述，设计、工艺人员仍要用形象思维方式将几个视图、剖视图、局部视图等联系起来，才能形成产品的三维真实概念。随着计算机处理能力的不断提高，直接建立物体的三维几何模型已成为产品设计、制造的发展方向。

在计算机集成制造的环境下，需要将产品的有关设计、制造、管理信息尽量完整地包含在产品的数字化定义中，以便提高生产过程中各个环节的自动化和智能化处理水平。实体模型可提供三维形体的最完整的几何、拓扑信息和特征信息，在此基础上，可以实现有限元分析中的网格自动划分，加工和装配工艺过程的自动设计，数控加工刀具轨迹的自动生成和校验、加工过程和机器人操作的动态仿真、空间布置和运动机构的干涉检查、视景识别的几何模型建立人机工程的环境模拟等过程。因此，三维实体模型将成为产品智能化、集成化、标准化CAD/CAM系统的几何描述核心。

3. 模拟仿真和虚拟制造

综合利用建模、分析、仿真以及虚拟现实等技术和工具，在网络支持下，采用群组协同工作，通过模型来模拟和预估产品功能、性能、可装配性、可加工性等各方面可能存在的问题，实现产品设计、制造的本质过程，包括产品的设计、工艺规划、加工制造、性能分析、质量检验，并进行过程管理与控制等。

飞机部件装配过程不仅涉及数量巨大的零部件，其内部结构又十分紧凑，装配工装极其复杂，而且装配的工艺过程和人机工程紧密相关，特别是对于大型飞机而言，重则数吨的部件在实际装配过程中无论运输，定位、调整和移动都很困难，若此时发现任何装配问题或错误，返工修改所要付出的代价之大、成本之高、周期之长是任何公司都难以接受的。为此，飞机制造公司普遍采用数字化仿真技术，在数字化环境中模拟实际的飞机装配过程，借以发现问题，并在飞机产品并行设计过程中一一解决。

4. 并行设计与异地协同设计

并行设计以并行工程模式替代传统的串行式产品开发模式，使得在产品开发的早期阶段就能很好地考虑后续活动的需求，以提高产品开发的一次成功率。在因特网 / 企业内部网的环境中，进行产品定义与建模、产品分析与设计、产品数据管理以及产品数据交换等，异地、协同设计系统在网络设计环境下为多人、异地实施产品协同开发提供了支持工具。

第五章　机械运动

第一节　质点运动学

一、描述质点运动的基本物理概念和物理量

(一) 参考系和坐标系

为了描述物体的运动，必须选择另一物体作为参考标准，这个被选作标准的物体称为参考系，同一个运动在不同的参考系下描述，其描述结果是不同的。例如，在匀速前进的车厢中的自由落体，相对于车厢是直线运动，相对于地面却是抛物线运动，相对于太阳或其他天体，运动情况的描述更为复杂，物体的运动形式随参考系不同而描述结果不同的性质称为运动的相对性。

在运动学中参考系的选取是任意的一个物体对一个参考系是静止的，但总能找到一个参考系，此物体对该参考系是运动的。另外，物体是由分子、原子等粒子组成，这些粒子不停地运动着，从这个角度说，自然界中所有的物体都在不停地运动，绝对静止的物体是不存在的，这就是运动的绝对性，参考系的选择主要取决于所研究的具体问题和问题的性质。例如，要研究物体在地面上的运动，最好选择地球作为参考系，研究星际火箭的运动时，火箭刚发射，主要研究它相对于地面的运动，所以把地面选作参考系；但是当火箭进入绕太阳运行的轨道时，就可选太阳作为参考系。在运动学中，如果不特别说明，一般都是选择地球作为参考系。为了定量描述质点的位置及其运动，必须在参考系上建立一个坐标系，通常采取直角坐标系常用的坐标系还有极坐标系、球面坐标系、柱面坐标系、自然坐标系等。

(二) 质点

任何物体都有一定的大小和形状，一般来说，物体在运动时，内部各点的位置变化是各不相同的，因此要精确描述物体的运动，并不是一件简单的事，为使问题简化，可以采取抽象的方法：当物体的线度和形状在所研究的现象中不起作用，或所起的作用忽略不计时，可以近似地把物体看作一个只有质量而没有大小和形状的

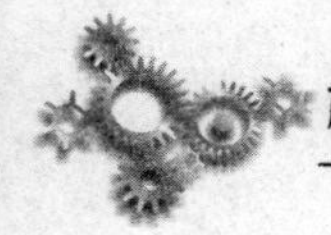

理想物体，称为质点。

一个物体是否可以抽象为质点，应根据问题的性质而定，例如，研究地球绕太阳的公转时，由于地球的直径比地球公转轨道的直径要小得多，因此地球上的各点相对于太阳的运动可视为是相同的，就可以忽略地球的线度和形状，把地球当作一个质点，但是研究地球的自转时，如果把地球看作一个质点，显然就没有实际意义了。

为了研究物体的运动，需要对复杂的物体运动进行科学合理的抽象，提出物理模型，以便突出主要矛盾，化繁为简，以利于解决问题，这种抽象方法是很有实际意义的，质点就是一个物体的理想模型，今后学到的刚体、理想气体、理想流体等均是物体的理想模型，因为一般物体可以看作由无数个质点组成，从质点运动的分析入手，采用叠加的方法就有可能了解整个物体的运动规律，所以研究质点的运动规律，是研究一般物体运动的基础。

(三) 时间和时刻

任何物体的运动都是在时间和空间中进行的，运动不能脱离空间，也不能脱离时间，时间本身具有单方向性的特点，“光阴一去不复返”这句话，正是说明了时间的单方向性。瞬时速度和瞬时速率是两个既有区别又有联系的概念，瞬时速率描写质点运动得快慢，只有大小，无方向，是标量；而瞬时速度描写了质点运动快慢和方向，不仅有大小，而且有方向，是矢量，但两者的大小是相等的，一般说匀速圆周运动，匀速曲线运动，实际上都省略了一个“率”字，都是匀速率 (速率的大小不变) 运动，由于匀速曲线运动中运动的方向随时都在变化，所以属于变速运动。

(四) 加速度

加速度是描述质点速度变化快慢程度的物理量，由于速度是矢量，所以无论质点的速度大小或是方向发生变化，都意味着质点有加速度。瞬时加速度的方向与同一时刻速度的方向一般不一致，在直线运动中，加速度的方向与速度方向相同或相反，加速度的方向与速度方向相同时速率增加，如自由落体运动；加速度的方向与速度方向相反时速率减小，如竖直上抛运动，而在曲线运动中，加速度的方向与速度方向并不一致，如斜抛运动中速度方向在抛物线轨迹的切向，而加速度的方向始终在竖直向下的方向上。

二、典型的质点运动

（一）直线运动

直线运动中，质点运动的轨迹是直线，在这种情况下，将坐标系的一个坐标轴建立在该直线轨迹上，就能够使数学处理大幅简化。因为当一个坐标轴建立在该运动直线上时，所有描写运动物理量的其他坐标分量都为零而不需要做任何计算和处理，只有一个坐标分量需要计算和处理，通常情况下，如果质点在水平方向做直线运动，就将 x 轴建立在运动直线上，这时描述运动的物理量都只有 x 分量，如果质点在竖直方向做直线运动时，就将 y 轴建立在该运动直线上，这时描述运动的物理量只有 y 分量，在直线运动中，位移、速度、加速度矢量都在一条直线上，所以在研究直线运动时有关的物理量都可以用标量表示，用正、负号表示它们的方向。

（二）抛体运动

从地面上某点向空中抛出一个物体，它在空中的运动称为抛体运动，这次研究的抛体运动忽略空气阻力，也就是说，物体在空中运动时只受重力作用，它的加速度是重力加速度，根据初始条件不同，把抛体运动分为平抛运动、斜抛运动（又分为斜上抛、斜下抛）、竖直上抛运动、竖直下抛运动等，前两种是平面曲线运动，后两种是直线运动。

（三）圆周运动

圆周运动是运动学研究的重要运动形式之一。圆周运动可以用不同的坐标系研究，在自然坐标系下引入切向加速度和法向加速度，在曲线运动中，加速度矢量除沿笛卡儿直角坐标轴进行分解外，还可沿轨道切线方向和法线方向（指向曲率中心）分解，这种方法称为自然坐标法，这里所说的切向和法向坐标轴，在轨道的不同位置其方向是不同的。在自然坐标系中，当把加速度分解为两个分量时，在轨道上不同的点，切向和法向的指向往往是各不相同的，这一点应该引起注意，把质点的加速度分解为切向加速度和法向加速度是自然坐标描述的主要特点，这样做的好处是两个分量的物理意义十分清晰：切向加速度描述质点速度大小变化得快慢，而法向加速度则描述质点速度方向变化得快慢。一般曲线运动的轨迹不是一个圆周，但轨道上任何一点附近的一段极小的线元都可以看成某个圆的一段圆弧，这个圆称为轨道在该点的曲率圆，曲率圆的中心称为曲率中心，半径称为曲率半径，曲率半径的倒数称为曲率。质点的圆周运动常用平面极坐标系和自然坐标系描述，在极坐标中，用角坐标、角速度和角加速度等物理量来描述圆周运动，称为角量描述，而在自然坐标中，用路程、速率、切向加速度以及法向加速度等来描述圆周运动，称为线量描述。

第二节 质点动力学

一、牛顿运动定律

(一) 牛顿第一定律

任何物体将保持静止或做匀速直线运动，直到其他物体对它的作用力迫使其改变这种状态为止，称为牛顿第一定律。牛顿第一定律表明：第一，物体都有保持运动状态不变的特性，这种特性称为物体的惯性。所以，牛顿第一定律又称惯性定律，物体的质量越大其惯性越大，质量越小其惯性越小，质量是物体惯性大小的量度。第二，要使物体的运动状态发生变化，一定要有其他物体对它的作用，这种作用称为力。力是改变运动状态即产生加速度的原因，而不是维持物体运动状态的因素，这是牛顿的一个重大发现。在牛顿之前人们一直认为力是起维持物体运动状态的作用。

(二) 牛顿第二定律

物体受到外力作用时，物体所产生的加速度的大小与作用在此物体上的合外力的大小成正比，与物体的质量成反比；加速度的方向与合外力的方向相同，称为牛顿第二定律。

(三) 牛顿第三定律

物体之间的作用力与反作用力在同一条直线上，大小相等，方向相反，作用在不同的物体上。牛顿第三定律在逻辑上是牛顿第一、第二定律的延伸，在第一、第二定律中都使用了力的概念，但什么是力，力有什么特点都没有具体介绍，牛顿第三定律就是来补充力的特点和规律的定律。

由牛顿第三定律知道，作用力与反作用力之间有如下的特点：

(1) 作用力与反作用力大小相等，方向相反，力线是在同一直线上的。

(2) 作用力与反作用力不能抵消，因为它们是作用在不同的物体上的。

(3) 作用力与反作用力是同时出现、同时消失的；作用力与反作用力的类型也是相同的。

(4) 根据牛顿第三定律，可以将力定义为：力就是物体间的相互作用，这种相互作用分别称为作用力与反作用力。

(四) 力学中常见的力

1. 重力

重力是地球表面附近的物体受到地球作用的万有引力，若近似地将地球视为一个半径 R，质量 M 的均匀分布的球体，质量为 m 的物体做质点处理，则当物体距离地球表面一定高度时，所受地球的引力大小。

2. 弹力

两个物体相互接触，由于挤压或者拉伸等原因彼此发生相对形变，物体具有消除形变恢复原来形状的趋势而产生的一种力称为弹性力。例如，弹簧的弹性力，物体的压力、绳子的张力等都是弹性力。

(1) 弹簧的弹性力，弹簧受到拉伸或压缩时产生弹性力，这种力总是力图使弹簧恢复原来的形状，称为回复力，假设弹簧被拉伸或被压缩，则在弹性限度内，弹性力与弹簧的形变成正比，弹性力的方向始终与弹簧位移的方向相反，指向弹簧恢复原长的方向。

(2) 正压力是两个物体彼此接触产生了挤压而形成的，由于物体有恢复挤压形成的形变的趋势，从而形成正压力，正压力的方向沿着接触面的法线方向，即与接触面垂直，大小视挤压的程度而决定，取决于物体所处的整个力学环境。

(3) 当绳子两端受力使绳发生形变时，绳上互相紧靠的质量元间彼此拉扯，从而形成相互作用力，通常称为张力，由牛顿第二定律可以证明，对于一段忽略绳的质量 (称为轻绳) 的直线绳，其上各点的张力相等。

3. 摩擦力

两个物体相互接触并同时具有相对运动或者相对运动的趋势，则沿它们接触的表面将产生阻碍相对运动或相对运动趋势的阻力，称为摩擦力，摩擦力有静摩擦力、滑动摩擦力以及滚动摩擦力等，这里只简单讨论静摩擦力与滑动摩擦力。

(1) 静摩擦力是两个彼此接触的物体相对静止，但具有相对运动的趋势时出现的静摩擦力的方向沿着表面的切线方向，与相对运动的趋势相反，阻碍相对运动的发生，静摩擦力的大小需要根据受力情况来确定，若物体在外力作用下，相对运动趋势逐渐增大，静摩擦力也随之增大，当增大到刚要开始相对滑动时，这时的静摩擦力为最大，称为最大静摩擦力，因此，静摩擦力是有一个变化范围的 (在零到最大静摩擦力之间变化)。

（2）滑动摩擦力是两个彼此接触的物体相对滑动时，在两物体接触处出现的相互作用的摩擦力，滑动摩擦力的方向也是沿着表面的公切线方向，与物体相对运动的方向相反。

静摩擦和滑动摩擦指发生在固体之间的摩擦，固体和流体（气体或液体）之间也有摩擦作用，当物体在气体或液体中进行相对运动时，气体或液体要对运动物体施加摩擦阻力，如跳伞运动员从高空下落时要受到空气的阻力的作用，船只在江河湖海中航行受水的阻力，都是这一类实例，此时的阻力既与流体的密度、黏滞性等性质有关，又与物体的形状和相对运动速度有关。

（五）牛顿运动定律的应用

牛顿运动定律被广泛地应用于科学研究和生产技术中，也大量地体现在人们的日常生活中，这里所指的应用主要涉及用牛顿运动定律解题，也就是对实际问题中抽象出的理想模型进行分析及计算，牛顿运动定律求解动力学问题，包括3个方面：

（1）已知质点的运动情况，求其他物体施于该质点上的作用力。

（2）已知其他物体施于该质点上的作用力及初始条件，求质点的运动情况。

（3）已知质点的运动及所受力的某些情况，求该质点运动与受力的未知方面情况。

（六）惯性参考系和非惯性参考系

为了描述物体的机械运动，需要选择适当的参考系，实验表明，在有些参考系中，牛顿运动定律是适用的，而在另一些参考系中，牛顿运动定律却并不适用，凡是牛顿运动定律适用的参考系叫作惯性系，而牛顿运动定律不适用的参考系则叫作非惯性系。设想我们已经找到一个惯性系，在这个惯性系内，有一个所受合外力等于零的物体，相对于这个惯性系是静止的，现在，另有一个参考系，它相对于前一个惯性系做匀速直线运动，则在后一个参考系内的观察者看来，该物体所受合外力仍等于零。不过相对于自己在做匀速直线运动，这两种说法虽然不同，但都和牛顿运动定律相符合，因此，一切相对于惯性系做匀速直线运动的参考系也都是惯性系，如果惯性系存在的话，就不只是一个，而是有无数个，在这些惯性系内，所有力学现象都符合牛顿运动定律。

在动力学中，牛顿运动定律并非对所有参考系都适用，例如，在火车内的一个光滑水平桌面上放一个小球，当火车相对于地面匀速直线前进时，小球相对桌面静止；相对地面，小球随火车一起做匀速直线运动，这时，无论以桌面还是地面为参考系，牛顿运动定律都是适用的，这是因为小球在水平方向不受外力作用，它保持

静止或匀速直线运动状态，但当火车突然以加速度相对地面加速向前运动时，小球相对桌面以加速度向后运动，相对地面，小球仍然保持原来的运动状态，由于小球没受外力作用，如果选地面为参考系，牛顿第二定律是适用的；但是若选桌面为参考系，小球在水平方向上仍然没有外力作用而具有加速度，故牛顿运动定律在以桌面为参考系时就不适用了。显然，牛顿运动定律不是对所有的参考系都适用。可见，当火车以加速度运动时，火车（桌面）是非惯性系，一个参考系是不是惯性系，只能根据实验观测来加以判断。实验和观测表明：研究行星的运动时，可选择太阳为参考系，这是个很精确的惯性系，在研究地面上物体的运动时，可以把地面近似地看作惯性系。

（七）惯性力

为了在非惯性参考系中应用牛顿运动定律处理问题，人们引入一个假想的力，称为惯性力，这个力的大小等于物体的质量与非惯性参考系的加速度的乘积，方向与非惯性参考系的加速度相反。

引入惯性力概念后，就可以对上述例子作出解释。以转盘为参考系，小球上应另加一个惯性力，该惯性力与向心力大小相等方向相反，即它和真实的人手拉力恰好平衡，因此小球在转盘这个非惯性系中保持静止。这正是牛顿定律所要求的，在做匀角速转动的非惯性系内，质点所受到的一个方向与固定轴垂直且沿着位置矢量向外的惯性力称为惯性离心力。惯性离心力和使小球转动的向心力（人手拉力）都作用在小球上，所以它们不可能是作用力与反作用力的关系。把向心力的反作用力称为离心力，离心力是小球对人手的作用力，离心力和惯性离心力不能混为一谈。惯性力是假想力，或者称为虚拟力，它与真实的力最大的区别在于它不是因物体之间相互作用而产生，它没有施力者，也不存在反作用力。牛顿第三定律对于惯性力并不适用，如果只在惯性系中讨论力学问题就没有惯性力的概念，惯性力在技术上有着广泛的应用，导弹和潜艇的惯性导航系统中安装的加速计就是利用系统在加速移动时作用于物体上的惯性力的大小来确定系统的加速度的。

（八）加速度计

加速度计是利用质量块的惯性力测量物体运动加速度的仪表，又称加速度传感器。加速度是物体运动速度的变化率，不能直接测量，为了获得较高的灵敏度，通常利用测量质量块随被测物体做加速运动时所表现出的惯性力来确定其加速度。根据牛顿第二定律，质点受的合外力等于质点的质量乘以加速度。在质量不变的情况下，测量惯性力就可以获得加速度值。常见的滑线电位器加速度计的构件如下：外壳、参考质量、敏感元件信号输出器等。它所依据的原理是，参考质量由弹簧与壳体相连，它和壳体的相对位移反映出加速度分量的大小，这个信号通过电位器以电压量输出；参考质量由弹性细杆与壳体固连，加速度引起的动载荷使杆变形，用应变电阻丝感应变形的大小，其输出量是正比于加速度分量大小的电信号。

加速度计有各种原理和实现方式，如在飞行器上，有按陀螺原理设计的陀螺加速度仪等。加速度计的种类繁多，分类方法也有多种，按用途可大致分为振动加速度计和单方向加速度计。常用的振动加速度计有应变式加速度计和压电式加速度计等，用于单方向加速度测量的有振弦式加速度计和摆式加速度计等。

二、冲量和动量

在很多力学问题中，我们只讨论运动物体一段时间内的某些变化而不需要考虑物体在每个时刻的运动，这时我们就会使用到力在这段时间内的积累，即冲量，与冲量对应的描写质点运动状态的物理量是动量。

(一) 冲量

1. 恒力的冲量

恒力的冲量就等于力矢量与力作用的时间的乘积。

2. 平均冲力

冲力是一种作用时间极短变化范围很大的力，在工业应用中，常用到平均冲力的概念。

(二) 动量

动量是一个描述物体运动状态的物理量，把物体的质量与其速度的乘积称为动量。

(三) 质点动量定理

由牛顿第二定律和冲量定义可以推导出质点动量定理。质点的动量定理反映了力的持续作用与物体机械运动状态变化之间的关系，物体做机械运动时，质量较大的物体运动状态变化较为困难一些，质量较小的物体运动状态变化相对要容易一些。例如，要使速度相同的火车和汽车都停下来，显然火车较之于汽车要困难得多；而在两个质量相同的物体之间比较，如两辆质量相同的汽车，要使高速行驶的汽车停下来就比使低速行驶的汽车停下来要困难。这说明人们在研究力的作用效果及物体机械运动状态变化时，应同时考虑物体的质量和运动速度两个因素，为此引入了动量的概念，它是物体机械运动的一种量度。

（四）质点组动量定理

由若干个质点组成的系统简称为质点组（质点系），质点组中各质点受到的系统外的物体的作用力称为外力，质点组中各质点彼此之间的相互作用力称为内力。即在某段时间内，质点组受到的合外力的冲量等于质点组总动量的增量，称为质点组动量定理。质点组动量定理表明，质点组动量的变化只取决于系统所受的合外力，与内力的作用没有关系，合外力的冲量越大，系统总动量的变化就越大。同时也需注意，在质点组里，各质点受到的内力及内力的冲量并不等于零，内力的冲量将改变各质点的动量，但是，对内力及内力的冲量求矢量和一定等于零，因此内力并不改变质点组的总动量，只起着质点组内各质点之间彼此交换动量的作用。

（五）动量守恒定律

从质点组动量定理可知，如果质点系所受的合外力（或合外力的冲量）为零，质点组的总动量将保持不变。真实系统通常与外界或多或少地存在着某些作用，当外力远远小于质点组内力，或者外力不太大而作用时间很短促，以致形成的冲量很小的时候，外力对质点组总动量的相对影响就比较小，此时可以忽略外力的效果，质点组总动量近似地守恒。例如，在空中爆炸的炸弹，各碎片间的作用力是内力，内力很强，外力是重力，相比之下，重力远远小于爆炸时的内力，因而重力可以忽略不计，炸弹系统动量守恒，在近似条件下应用动量守恒定律，极大地扩展了动量守恒定律解决实际问题的范围。

动量守恒的条件一个方向上满足时，动量在该方向上也是守恒的，即合外力在哪一个坐标轴上的分量为零，质点系总动量在该方向上的分量就是一个守恒量。我们从牛顿运动定律出发推导出了动量守恒定律，事实上，动量守恒定律远比牛顿运动定律适用范围广。牛顿运动定律只适用宏观，而动量守恒定律对宏观、微观均适用，它更广泛，更深刻，更能揭示物质世界的一般性规律。动量守恒定律在很多力学问题的分析与求解过程中都有广泛的应用，应用动量守恒定律的关键是能够准确判断动量守恒的条件是否得到了满足，因此，熟练掌握并理解动量守恒的条件是最为重要的。另外，也要注意判断是否有动量的分量守恒，应用动量定理或动量守恒定律解题的基本思路和研究方法：明确物理过程，确定研究对象；对选取的研究对象进行受力分析；确定体系的终态和初态的动量；选取适当的惯性系。根据定理列出方程并求解，解题时应注意几个定理的区别与适用范围：对于动量变化的过程，可用动量定理或动量守恒定律解决，首先选择一个系统作为研究对象，如果过程中该系统所受合外力为零，用动量守恒定律求解；合外力不为零时，可选用动量定理求解。

（六）火箭推进原理

要发射航天器，必须使航天器具有非常大的发射速度。在人类漫长的航天征途中，人们在寻求这种发射装置的过程中，中国古代发明的火箭功不可没。现代航天也离不开火箭，现代火箭是指一种靠发动机喷射气体产生反冲力向前推进的飞行器，是实现卫星上天和航天飞行的运载工具，故又称为运载火箭。火箭的工作原理就是动量守恒定律，火箭发动机点火以后，当火箭推进剂（液体的或固体的燃烧剂加氧化剂）在发动机的燃烧室里燃烧，产生大量高压燃气，高压燃气从发动机喷管高速喷出，从尾部喷出的气体具有很大的动量（也就是对火箭的反作用力），根据动量守恒定律，火箭就获得等值反向的动量，因而发生连续的反冲现象。随着推进剂的消耗，火箭质量不断减小，加速度不断增大，当推进剂燃尽时，火箭即以获得的速度沿着预定的空间轨道飞行，这犹如一个扎紧的充满空气的气球，一旦松开，空气就从气球内往外喷，气球则沿反方向飞出一样。

要把航天器发射上天成为人造卫星，火箭获得速度必须大于第一宇宙速度。理论计算表明，单级火箭永远达不到这个速度，也就是说，单级火箭并不能把航天器发射上天。运载火箭通常为多级火箭或称“火箭列车”，运载火箭一般由2~4级单级火箭组成，它是由一个一个的单级火箭经串联、并联或串并联（捆绑式）组合而成的飞行整体。串联式三级火箭的每一级都包括箭体结构、推进系统和飞行控制系统。末级有仪器舱，内装制导与控制系统、遥测系统和发射场安全系统，这些系统有一些组件分置在各级适当的位置，有效载荷装在仪器舱上面，外面套有整流罩，整流罩是一种硬壳式结构，其作用是在大气层飞行段保护有效载荷，飞出大气层后就可抛掉。整流罩往往沿纵向分成两半，由弹簧或无污染炸药所产生分离力而分开，整流罩直径一般等于火箭直径，在有效载荷尺寸较大时，也可大于火箭直径，形成灯泡形的头部外形。运载火箭的工作过程是，第一级火箭点火发动后，整个火箭起飞，等到该级燃料燃烧完后，便自动脱落，依此类推。

三、功和能

牛顿运动定律阐明了力及其对物体所产生的瞬时效应，即产生加速度；或者说，物体的运动状态在力作用的瞬时具有相应的变化率。可是，在该瞬时物体具有加速度，不等于物体的运动状态（速度）已发生了变化，因而，要使物体的运动状态发生有限的变化，需要在力的持续作用下经历一个过程。这就是说，物体运动状态能否

改变，取决于力和位移的标积。我们把外力对物体作用一段距离而产生的效果，称为力对物体的空间累积效应，描写这个累积效应的物理量就是功，外力对物体做功，物体运动的能量必然要发生相应的变化。质点组外力与非保守力做功之和等于质点组机械能的增量，称为功能原理，也称机械能定理。质点系的动能定理、势能定理和功能原理从不同的角度反映了力的功与系统能量变化的关系，在具体应用时应根据不同的研究对象和力学环境选择使用。例如，在不区别保守力和非保守力做功的情况下应选用质点系的动能定理，此时不考虑势能，而一旦计入了势能，就只能采用质点组的功能原理，此时保守力的功已经被势能的变化代替，将不再出现在式子中，如果是将单个质点作为研究对象，那么一切作用力都是外力，显然只能应用质点的动能定理了。

功是一个过程量，能是一个状态量，动能定理说明了合外力的功是动能变化的量度；势能定理说明保守力的功是势能变化的量度；功能原理说明质点组外力与非保守力做功之和是质点组机械能变化的量度。它们都表明：一个系统的某种能量的变化与某些力的功相联系。因此可以说，在一定的条件下，功是系统能量变化的一种量度功能原理指明，系统的机械能的增量等于外力的功与非保守内力的功之和，外力的功导致系统与外界进行能量交换，在外力不对系统做功或外力的总功始终等于零的条件下（这样的系统称为封闭系统），系统的机械能的变化完全取决于非保守内力的功，如果非保守内力的功大于零，则系统的机械能增加；若非保守内力的功小于零，则系统的机械能减少。例如，子弹射入沙箱、两球的非弹性碰撞、桩进入地基等都是因为系统受到摩擦及空气阻力使系统的机械能减少了。一个封闭系统，由于非保守内力做正功而使机械能增加的例子也是很多的，不过没有摩擦力做负功那么单纯和明确而已。例如，汽车发动以后，部分机件运动起来了，并已发出声响，这个系统的机械能是由于汽缸内爆发的气体的压力做了正功。

人们在长期实践和科学研究中认识到，自然界除了机械能，还有与热运动相联系的内能、与电磁现象相联系的电磁能、与化学反应相联系的化学能以及与原子核的结构相联系的核能等。在一个系统的机械能增加或减少的同时，必定伴随着其他形式的能量的相应的减少或增加。非保守力做功就是机械能与其他形式的能相互转化的过程，例如，一辆汽车行驶，发动机经高压气体做正功，使内能转化为汽车的机械能，而汽车所遇到的各种摩擦力做负功，又使汽车的机械能转化为内能，电动机通过磁力做功，使电磁能转化为机械能。人的生命过程和劳动过程，从能量的角度讲，就是化学能向机械能和内能的不停转化。人们通过长期大量的实验，总结出了各种形式的能量相互转化的关系：对一个封闭系统，它所具有的各种形式的能量的总和是守恒的，即封闭系统中能量之间可以相互转化或转移，但总能量保持不变，

这就是普遍的能量守恒和转化定律，它是自然界普遍遵守的又一个基本规律。

碰撞泛指强烈而短暂的相互作用过程，如撞击、锻压爆炸、投掷、喷射等都可以视为广义的碰撞，作用时间的短暂是碰撞的特征。若将发生碰撞的所有物体看作一个系统，由于作用时间短暂，外力的冲量一般可以忽略不计，因此动量守恒是一般碰撞过程的共同特点。碰撞在微观世界里也是极为常见的现象，分子、原子、粒子的碰撞是极频繁的，正负电子对的湮没、原子核的衰变等都是广义的碰撞过程，科研工作者还常常人为地制造一些碰撞过程，如用 X 射线或者高速运动的电子射入原子，观察原子的激发、电离等现象；用 g 射线或者高能中子轰击原子核，诱发原子核的裂变或衰变等。研究微观粒子的碰撞是研究物质微观结构的重要手段之一，特别值得一提的是，在著名的康普顿散射实验（见量子物理有关内容）中，将 X 射线与电子的相互作用过程处理为碰撞过程，由实验直接证明了动量守恒定律在微观领域中也是成立的，从而将动量守恒定律推广到了物质世界各个领域。

在碰撞过程中常常发生物体的形变，并伴随着相应的能量转化，按照形变和能量转化的特征，碰撞可以分为以下 3 类。

（1）完全弹性碰撞。碰撞过程中物体之间的作用力是弹性力，碰撞完成之后物体的形变完全恢复，没有能量的损耗，也没有机械能向其他形式的能量的转化，机械能守恒。又由于碰撞前后没有弹性势能的改变，机械能守恒在这里表现为系统碰撞前后的总动能不变。完全弹性碰撞是一种理想情况，有一类实际的物理过程，如两个弹性较好的物体的相撞，理想气体分子的碰撞等可以近似地按完全弹性碰撞处理。

（2）非完全弹性碰撞。大量的实际碰撞过程属于这一类，碰撞之后物体的一部分形变不能完全恢复，同时伴随有部分机械能向其他形式的能量，如热能的转化，机械能不守恒。工厂中，气锤锻打工件就是典型的非完全弹性碰撞。

（3）完全非弹性碰撞。碰撞之后物体的形变完全得不到恢复，常常表现为各个参与碰撞的物体在碰撞后合并在一起以同一速度运动，例如，黏性的泥团溅落到车轮上与车轮一起运动，子弹射向木块并嵌入其中等都是典型的完全非弹性碰撞，完全非弹性碰撞机械能不守恒。

第三节　刚体力学

质点运动学和质点动力学研究的运动物体是质点，即将物体看成没有大小和形状，仅具有整个物体的质量和确定的空间位置的点，质点是一种理想化的物质模型。然而在实际问题中，很多物体的大小和形状是不能被忽略的，物体运动是与它的形状有关的，这时物体就不能看成质点了，其运动规律的讨论就必须考虑形状的因素。例如，研究轮盘的转动、星球的自转等就不能把这些运动物体作为质点，此时物体的大小和形状在运动中起着重要的作用。考虑形状的一般物体的运动规律是一个非常复杂的问题，为了抓住主要矛盾并使研究简化，物理学中建立了另一个理想化的物质模型——刚体。如果一个物体中任意的两个质点之间的距离在运动中始终保持不变，则称其为刚体。也就是说，刚体是一个在任何外力作用下都不会发生形变（或其形变可以忽略）但有形状的物体。

一、刚体定轴转动运动学

（一）刚体运动及其分类

刚体的运动是多种形式的，但最基本、最简单的运动是平动和转动，它是研究刚体其他复杂运动的基础，刚体任意的运动形式都可以看成平动和转动的叠加。

1. 刚体的平动

在刚体运动过程中，如果刚体内部任意两个质点之间的连线始终保持平行，这种运动称为平动，例如，火车车厢的运动、沿着斜面滑动的木块，电梯的上下运动等。平动物体上任意两点之间的连线始终保持平行移动，刚体上每个质点的位移、速度和加速度相同，所以研究刚体的平动，只需要研究某一个质点，如质心的运动，这一个质点的运动规律就代表了刚体所有质点的运动规律，也即刚体的运动规律。刚体平动可以使用质点模型，刚体平动的运动学和动力学属于质点运动学和动力学，用前面质点力学中的知识去分析和处理它们。

2. 刚体的转动

刚体运动时，如果刚体上所有的质点均绕同一直线做圆周运动，称刚体在转动，该直线称为转轴，如火车车轮的运动、飞机螺旋桨的运动都是转动。如果转轴是固定不动的，则称为定轴转动，垂直于固定轴的平面称为转动平面，转动是否是定轴的，取决于参考系的选择，如以地面为参考系，车床齿轮的运动属于定轴转动。

（二）描述刚体定轴转动的物理量

刚体定轴转动常用角动量描述，定轴转动刚体上的任一质点都绕一个固定轴做圆周运动，质点做圆周运动的圆心称为质点的转心，质点对于转心的位置矢量称为质点的矢径，位置矢量扫过的平面称为转动平面，转动平面与转轴垂直。显然，角

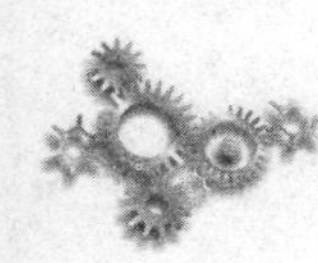

加速度矢量的方向与角速度矢量的变化和方向有关，若角速度在增加，角加速度矢量的方向与角速度矢量的方向相同；反之，若角速度在减小，角加速度矢量的方向与角速度矢量的方向相反。定轴转动显著的特点是，转动过程中刚体上所有质点的角位移、角速度和角加速度相同，称为刚体转动的角位移、角速度和角加速度。

（三）质心

刚体可以看成由很多质点构成的质点系，每个质点都有确定的质量和确定的空间位置，而由这些众多的质点构成的整体具有一个确定的质量中心，简称质心，用C表示，质心所处的几何位置是由质点系中质量的分布来确定的。

质心与重心从物理概念上讲是不同的，重心为重力合力作用线通过的那一点；质心是质点系运动中的一个特殊的几何点，当物体脱离地球的引力范围时，重心将失去意义，但质心仍然存在。一般来讲质心与重心是不重合的，当物体的线度与它们到地心距离相比很小时，质心与重心才重合，此时可通过求刚体所受重力的作用点（重心）来求出质心。

由于刚体上各质点的相对位置保持恒定，因而刚体的质心与各质点间距离保持不变，即刚体的质心相对于刚体有一个固定的位置，但质心不一定在刚体上，质量分布均匀且形状对称的刚体其质心在对称面上或对称轴上；若有对称的几何中心，质心就在几何中心。

对于大部分构成的刚体，可先求出每一部分的质心；其次将各部分的质量分别集中于其质心，得一质点组；然后利用质心公式求出整体的质心。

二、定轴转动定律

（一）力矩

具有固定转轴的刚体，在外力作用下可能发生转动，也可能不发生转动。例如，开、关门窗时，作用力与转轴平行或通过转轴，那么无论用多大的力也不能把门窗打开。所以改变物体的转动状态，不仅与力的大小有关，而且与力的作用点以及作用力的方向有关。描述刚体转动状态变化快慢的物理量是力矩。

（二）刚体的转动惯量

平动物体有惯性，转动物体也是具有惯性的。例如，飞轮高速转动后要使其停下来就必须施加外力矩，静止的飞轮要转动起来也必须施加外力矩的作用，这说明转动确实具有惯性，转动惯量是描述定轴转动的刚体的转动惯性的大小。

应用刚体定轴转动定律解题与应用牛顿运动定律解题相似，牛顿运动定律解题的关键是受力分析，而对于转动定律的应用，则不仅要进行受力分析，还要进行力矩分析，力矩分析后用转动定律列出刚体定轴转动定律方程，但是在实际问题中常常涉及与牛顿运动定律的综合。列方程时，对刚体用转动定律列出方程，对质点用牛顿第二定律列出方程，还要找出质点与刚体的联系，常常是线量与角量的关系式，然后联立求解。

三、刚体定轴转动中的功和能

力矩对空间的积累作用规律（功和能）部分内容有：在定轴转动的刚体上若有力作用，这个力将形成力矩，力对刚体做功也表现为力矩做功，先由力对刚体做功推导出力矩做功的公式，然后可以推导出合外力矩做功与转动动能的关系——刚体定轴转动动能定理，最后，给出刚体的重力势能公式，刚体的功能原理和机械能守恒定律。

（一）力矩的功

在定轴转动的刚体上若有力作用，刚体转动过程中，力对刚体做功也表现为力矩对刚体做功。

（二）力矩的功率

功率等于力矩和刚体角速度的乘积，当力矩与角速度同向时功率为正，反之为负，力矩的功率实际上就是力的功率。

（三）刚体定轴转动的动能

定轴转动刚体的动能定义为组成刚体的各质点动能之和。

（四）刚体定轴转动的动能定理

刚体作为一个质点系，应遵从质点系动能定理，即外力的总功与内力总功之和等于系统动能的增量，在刚体定轴转动中，我们把力的功称为力矩的功，则质点系动能定理应表述为外力矩的总功与内力矩的总功之和等于系统动能的增量。但转动动能定理却表明，刚体动能的增量仅与合外力矩的功有关，按功能原理的理解也即仅与外力，矩的总功有关，这意味着内力矩对刚体的总功应该为零，这一点可以这样来理解：由于刚体的内力矩是成对出现的，并且作用点之间没有相对位移，所以每对内力矩的总功为零，故全部内力矩的总功当然应该为零。

(五) 刚体的重力势能

刚体没有形变，所以没有内部的弹性势能，刚体的重力势能为组成刚体各个质元的重力势能之和，用重心的概念，刚体的重力势能应当等于刚体的全部质量集中在重心处的质点的重力势能。

四、角动量守恒定律

由角动量定理可知，若定轴转动刚体所受到的合外力矩为零，则刚体对轴的角动量是一个恒量。这一规律称为刚体定轴转动的角动量守恒定律，实验表明，角动量守恒定律不仅对定轴转动的刚体和共轴刚体组成的系统成立，甚至对有形变的物体以及任意质点系也成立。

滑冰运动员站在冰上旋转，当把手臂和腿伸展开时转得较慢，而当把手臂和腿收回靠近身体时则转得较快，这就是角动量守恒定律的表现，冰的摩擦力矩很小可忽略不计，所以人对转轴的角动量定恒，当他的手臂和腿伸开时转动惯量大故角速度较小，而收回后转动惯量变小故角速度变大。

太阳系的行星做椭圆轨道运动时，受到指向太阳中心的引力作用，行星对这个固定点的力矩为零，行星相对太阳的角动量守恒，这就是说行星在椭圆轨道的不同位置上运动的速度不同，近日点速率最大，动量最大，远日点速率最小，动量最小，地球的卫星绕地球的运动、原子核中电子的运动、航天器绕地球的运动等也是遵循角动量守恒定律的。

五、陀螺仪与惯性导航

绕一个支点高速转动的刚体称为陀螺，通常所说的陀螺是特指对称陀螺，它是一个质量均匀分布的、具有轴对称形状的刚体，其几何对称轴就是它的自转轴。

在一定的初始条件和一定的外力矩的作用下，陀螺会在不停自转的同时，还绕着另一个固定的转轴不停地旋转，这就是陀螺的旋进，又称为回转效应。陀螺旋进是日常生活中常见的现象，许多人小时候都玩过的陀螺就是一例，回转罗盘、定向指示仪、炮弹的翻转、地球在太阳引力矩作用下的旋进等都是陀螺。

人们利用陀螺的力学性质所制成的各种功能的陀螺装置称为陀螺仪，它在科学、技术等领域有着广泛的应用。陀螺仪一般由转子、内外环和基座组成，通过轴承安装在内环上的转子做高速旋转运动，内环通过轴承与外环相连，外环又通过轴承与运动物体相连。转子相对于基座具有 3 个运动自由度，但转子实际上只能绕内环轴和外环轴转动，转子可自由转向任意方向，陀螺仪的转子一般就是电动机的转

子。为了保证陀螺仪的性能良好，转子的角动量要尽可能大，为此电动机的转子放在定子的外部。此外，为使转子的转速不变而用同步电机作为陀螺电机，在控制系统中的陀螺仪应有输出姿态角信号的角度传感器，陀螺仪的两个输出轴内环轴和外环轴上均装有这种元件。为使陀螺仪工作于某种特定状态，如要求陀螺仪保持水平基准，在内环轴和外环轴上应装力矩器，以便对陀螺仪加以约束或修正。

一个旋转物体的旋转轴所指的方向在不受外力影响时，是不会改变的，人们根据这个道理，用它来保持方向，制造出来的仪器就称为陀螺仪。当我们使转子高速旋转后，对它不再作用外力矩，出于角动量守恒，其转轴方向保持恒定不变，即使把支架做任何转动，也不影响转子的转动方向。安装在飞机、导弹、飞船上的这种回转仪就能指出这些船和飞行器的航向相对于空间某个一定的方向，从而起到导航的作用。我们骑自行车其实也是利用了这个原理，轮子转得越快越不容易倒，因为车轴有一股保持水平的力量，陀螺仪在工作时要给它一个力，使它快速旋转起来，一般能达到每分钟几十万转，可以工作很长时间，然后用多种方法读取轴所指示的方向，并自动将数据信号传给控制系统。陀螺仪有两个重要特性：一是定轴性。高速旋转的转子具有力图保持其旋转轴在惯性空间内的方向稳定不变的特性，转子角动量矢量是转子绕自转轴的转动惯量和自转角速度的乘积，定轴性是指角动量矢量力图保持指向不变；二是进动性。在外力矩作用下，旋转的转子力图使其旋转轴沿最短的路径趋向外力矩的作用方向，陀螺仪转子在重力作用下不从支点掉下，而以角速度绕垂线不断转动，这就是进动。

传统的惯性陀螺仪主要是指机械式的陀螺仪，机械式的陀螺仪对工艺结构的要求很高，结构复杂，它的精度受到了很多方面的制约。由于光纤陀螺仪具有结构紧凑、灵敏度高、工作可靠等优点，所以光纤陀螺仪在很多的领域已经完全取代了传统的机械式的陀螺仪，成为现代导航仪器中的关键部件。现代光纤陀螺仪包括干涉式光纤陀螺仪和谐振式光纤陀螺仪两种，它们都是根据塞格尼克的理论发展起来的。塞格尼克理论的要点是，当光束在一个环形的通道中前进时，如果环形通道本身具有一个转动速度，那么光线沿着通道转动的方向前进所需要的时间要比沿着这个通道转动相反的方向前进所需要的时间要多，也就是说当光学环路转动时，在不同的前进方向上，光学环路的光程相对于环路在静止时的光程都会产生变化。利用这种光程的变化，如果使不同方向上前进的光之间产生干涉来测量环路的转动速度，这样就可以制造出干涉式光纤陀螺仪，如果利用这种环路光程的变化来实现在环路中不断循环的光之间的干涉，也就是通过调整光纤环路的光的谐振频率进而测量环路的转动速度，就可以制造出谐振式的光纤陀螺仪。干涉式光纤陀螺仪在实现干涉时的光程差小，所以它所要求的光源可以有较大的频谱宽度，而谐振式的光纤陀螺仪在实现干涉时，它的光程差较大，所以它所要求的光源必须有很好的单色性。

和光纤陀螺仪同时发展的除了环式激光陀螺仪，还有现代集成式的振动陀螺仪。集成式的振动陀螺仪具有更高的集成度，体积更小，也是现代陀螺仪的一个重要的发展方向。现代陀螺仪是一种能够精确地确定运动物体的方位的仪器，它是现代航空、航海、航天和国防工业中广泛使用的一种惯性导航仪器，它的发展对一个国家的工业、国防和其他高科技的发展具有十分重要的战略意义。

第四节　相对论基础

一、经典力学时空观

空间的量度与参考系的选取无关，空间是独立存在、与运动无关且永恒不变、绝对静止的。时间也与参考系的选取无关，时间与物质的运动无关，它永恒地、均匀地流逝着。对某一个参考系，两件事是同时发生的，那么，对另一参考系也是同时的，如某事件持续的时间，不论从哪个参考系看，都是相同的，即同时性，时间间隔都与参考系无关，是绝对的，这就是经典力学的时空观，也称绝对时空观。空间和时间独立存在，空间和时间是分离的，这就是牛顿谈到的绝对空间和绝对时间。牛顿认为，绝对空间就其性质来说与此外的任何事物无关，总是相似的、不可移动的；绝对、真实以及数学的时间本身，从其性质来说，均匀流逝与此外的任何事物无关。

经典力学的时空观是在低速运动情况下总结出的规律，它与高速运动情况下的近代物理实验结果相矛盾。而爱因斯坦创立的狭义相对论，以新的时空观取代了经典力学的时空观。

二、狭义相对论的基本假设与洛伦兹变换

力学相对性原理早在伽利略和牛顿时期就已经有了，电磁学的发展最初也是希望纳入牛顿力学的框架，但在解释运动物体的电磁过程（如迈克耳孙—莫雷实验结果）时却遇到了困难，这就出现了一个问题：适用于力学的相对性原理是否适用于电磁学？物理学家发现，麦克斯韦方程遇到的一个重大理论问题是与牛顿力学所遵从的相对性原理不一致，即麦克斯韦方程组在伽利略变换下并不是保持不变形式。

荷兰物理学家洛伦兹为了使麦克斯韦方程组在某个坐标变换下保持不变形式，推导出了一套著名的洛伦兹坐标变换公式，为了解释迈克耳孙实验还提出了收缩假

说，使经典物理学保全形式上的完美。但是，洛伦兹提出上述变换式时并未怀疑到伽利略变换有问题，并保留“以太”的看法，然而洛伦兹的工作已经大大修改了许多传统的观念，例如，运动的尺子变短等。

爱因斯坦非常关注物理学界的前沿动态，认真地研究了迈克耳孙—莫雷实验和洛伦兹的工作，形成了自己独特的见解。爱因斯坦坚信电磁理论是完全正确的，他相信世界的统一性和逻辑的一致性，相对性原理已经在力学中被广泛应用，但在电磁学中却无法成立，对于物理学这两个理论体系在逻辑上的不一致，爱因斯坦提出了怀疑。他认为，相对论原理应该普遍成立，因此电磁理论对于各个惯性系应该具有同样的形式，但在这里出现了光速的问题，光速是不变的量还是可变的量成为相对性原理是否普遍成立的首要问题。他经过认真思考后大胆地提出，要正确解释迈克耳孙—莫雷实验，必须认为光速在任何参考系中是不变的，这就是狭义相对论的第一个假设：真空的光速与光源或接收器的运动无关，在各个方向都等于一个恒量c，也就是说，在相对于光源做匀速直线运动的一切惯性参考系中，所测得的真空的光速都相同，这个假设称为光速不变原理。

另外，牛顿力学方程经过伽利略变换后其形式保持不变，而麦克斯韦方程组在伽利略变换下并不是保持不变形式，他认为伽利略变换有问题，于是他把伽利略变换加以推广，或者说把力学相对性原理加以推广，提出狭义相对论的第二个假设：在所有惯性系中，物理定律是相同的，即所有惯性系都是等价的，这个假设称为狭义相对性原理。这意味着，用任何物理实验都不能确定某一惯性系相对另一惯性系是否运动以及运动速度大小，对运动的描述只有相对意义，绝对静止的参考系是不存在的。

爱因斯坦抛弃了“以太”假设，根据实验事实概括出狭义相对论的两个假设，从两个假设出发推导出了洛伦兹变换，建立了全新的时间和空间理论，在新的时空理论基础上给运动物体的电动力学以完整的形式。“以太”概念不再是必要的，“以太漂移”问题也不再存在，迈克耳孙—莫雷实验结果正是一次成功的实验，“以太漂移”根本就是虚幻的。

由洛伦兹变换可以看到，当物体运动速度远远小于光速时，洛伦兹变换转化为伽利略变换，可见，伽利略变换是洛伦兹变换在低速情况下的近似。在低速情况下，牛顿力学仍然能精确地反映物体的运动规律，牛顿力学应是相对论力学在低速情况下的近似，这成为后来爱因斯坦建立相对论动力学的基本出发点。

爱因斯坦从两个假设出发推导出了洛伦兹变换，他认为，真正反映自然界时空变换关系规律的是洛伦兹变换，他给洛伦兹变换赋予了新的物理含义，所以把洛伦兹变换又称为洛伦兹—爱因斯坦变换。

第五节　机械振动

一、简谐振动

从振动的形式来看，有连续振动和非连续（脉冲）振动，有周期振动和非周期振动等，其中最简单，最基本的是简谐振动。简谐振动的规律简单而和谐，可以证明，一切复杂的振动都可以看成若干个简谐振动的合成，简谐振动是讨论所有振动的基础。

如果一个物体对于平衡位置的位移（或角位移）按余弦函数（或正弦函数）的规律随时间变化，物体的这种运动称简谐振动，简称谐振动，弹簧振子的无阻尼振动就是简谐振动。

（1）如果两个互相垂直的简谐振动的频率只有微小差异，则可以近似把它们的振动频率看作相同，而两个振动的周相差就不是定值，随着时间 t 而缓慢地变化，合成运动的轨迹将不断地由直线逐渐变成椭圆，又由椭圆逐渐变成直线，并重复进行，利用示波器可以清楚地观察到这种变化。

（2）如果这两个分振动的频率相差较大，在一般情况下合成的运动很复杂且轨迹不稳定，但如果它们的频率成整数比时，会有周期性、稳定、封闭的合成运动轨迹，称这样的轨迹为李萨如图形。

二、阻尼振动、受迫振动、共振

（一）阻尼振动

简谐振动是一种理想化运动，是一种无阻尼的自由振动，它在无限长的时间过程中总能量保持不变，然而任何真实物理系统的振动，都会存在阻力。随着时间的推移，振动能量最终在振动过程中被耗尽，振动停下来，我们把在回复力和阻力作用下，因能量耗散而衰减的振动称为阻尼振动。阻尼振动能量的耗散通常有两种方式：一种是在摩擦阻尼中耗散，由于介质对振动物体的摩擦阻力使振动系统的能量逐渐转变为热运动的能量，称为摩擦阻尼；另一种是由于振动激发起波动，使系统的能量逐渐向四周辐射出去，转变为波动的能量，称为辐射阻尼，例如，振动着的音叉，振动能量就转变为声波的能量而辐射到周围空间，最终音叉就停止振动。因振动能量与振幅平方成正比，所以阻尼振动又称为减幅振动。摩擦阻尼和辐射阻尼对振动系统的作用虽然不同，但由于能量的减小而对振动的影响效果是相同的，所以在振动研究中，常把辐射阻尼看成某种等效的摩擦阻尼来处理。下面我们仅考虑摩擦阻尼这一种简单情况，引进耗散阻力来修改无阻尼自由振动方程，当振动物体的速度不太大时，阻力将正比于速度。

在此情况下，质点随着时间 t 的增大而趋向于平衡位置，但是质点的运动完全是非周期的，它已经不再具有来回往复的特点，处于临界阻尼状态的振动系统受到一个突然的冲击作用而偏离平衡状态时，退回到零点所需的时间是最小的。这个事实对于设计冲击电流计一类的记录仪器是很重要的，如电表的设计就是利用了临界阻尼状态，当有稳定电流流过时，电表的动线圈就会平滑地移向一个新的平衡位置，而不致振动过了头，所以当人们接上电表或闭合电键之后，就会尽快地得到一个稳定的读数。

当一个过阻尼系统突然受到一个冲力作用而偏离平衡位置后，它将十分缓慢地回到平衡位置，而不会在平衡位置附近来回振动，此运动过程只有一个位移极大值，一个弹簧振子在黏滞系数很大的液体中可产生这种运动。

(二) 受迫振动

弹簧振子和单摆在振动过程中，维持振动的回复力来自振动系统自身内部的弹力或重力而不是系统外部的作用力，这种振动称为自由振动。任何振动系统都有自己的固有周期和频率。由于摩擦阻力是不可避免的，自由振动实际上必然是振幅逐渐减小的阻尼振动，最终是要停下来的，那么，怎样才能得到持续的周期性振动呢?

要得到持续的周期性振动，可以用周期性变化的外力 (称为策动力或驱动力) 作用于振动物体来实现，物体在周期性外力作用下的振动，称为受迫振动，例如，秋千的摆动、声带的振动、柴油机和蒸汽机的活塞的振动，就是在周期性外力的作用下进行的。当驱动力的角频率为某一值时，振幅达到最大值，通过求极值的方法，可求出振幅达到最大时的角频率和对应的最大振幅。在弱阻尼的情况下，驱动力的角频率等于振动系统的固有角频率时，振幅达到最大值，把这种振幅达到最大值的现象称为共振。

(三) 共振现象及其应用

1. 共振现象

任何物体产生振动后，由于其本身的构成、大小、形状等物理特性，原先以多种频率开始的振动，渐渐会固定在某一频率上振动，这个频率称为该物体的固有频率。当人们从外界再给这个物体加上一个策动力时，如果策动力的频率与该物体的固有频率正好相同，物体振动的振幅达到最大，这种现象称为共振。共振在声学中亦称“共鸣”，它指的是物体因共振而发声的现象，如两个频率相同的音叉靠近，其中一个振动发声时，另一个也会发声。在电学中，振荡电路的共振现象称为“谐振”。一般来说一个系统有多个共振频率，在这些频率上振动比较容易，在其他频率上振动比较困难。物体产生共振时，由于它能从外界的策动源处取得最多的能量，往往会产生一些意想不到的结果，产生共振的重要条件之一，就是要有弹性，而且一件物体受外来的频率作用时，它的频率要与后者的频率相同或基本相近，从总体上看，宇宙的大多数物质是有弹性的，大到行星小到原子，几乎都能以一个或多个固有频率来振动。

共振技术普遍应用于机械、化学、力学、电磁学、光学及分子，原子物理学、工程技术等几乎所有的科技领域，例如，音响设备中扬声器纸盆的振动，各种弦乐器中音腔在共鸣箱中的振动等利用了“力学共振”；电磁波的接收和发射利用了“电磁共振”；激光的产生利用了“光学共振”；医疗技术中则有已经非常普及的“核磁共振”等；21世纪初正在蓬勃发展的信息技术、基因科学、纳米材料、航天高科学技术，更是大量运用到共振技术，而且随着科学的发展，可以预见，共振将会对社会产生更加巨大的作用。

2. 共振应用实例

（1）共振现象也可以说是一种宇宙间最普遍和最频繁的自然现象之一，所以在某种程度上甚至可以说，是共振产生了宇宙和世间万物，没有共振就没有世界。

天体物理学家普遍认为，宇宙的起源是由于“大爆炸”，而促使这次大爆炸产生的根本原因之一便是共振。当宇宙还处于混沌的奇点时，里面就开始产生了振荡。最初，这种振荡是非常微弱的，当振荡的频率越来越高、越来越强，就引起了共振，最后，在共振和膨胀的共同作用下，导致了一阵惊天动地的轰然巨响，宇宙在瞬间急剧膨胀、扩张，然后，就产生了日月星辰。于是，在地球上便有了日月经天、江河行地，也有了植物蓬勃生长、动物飞翔腾跃。

共振不仅创造出了宏观的宇宙，而且微观物质世界的产生，也与共振有着密不可分的关系，从电磁波谱看，微观世界中的原子核、电子、光子等物质运动的能量都是以波动的形式传递的。宇宙诞生初期的化学元素，也可以说是通过共振合成和产生的。有一些非常微小粒子在共振的作用之下，在一百万亿分之一秒的瞬间，互相结合起来，于是新的化学元素便产生了。因为宇宙中这些粒子的生成与共振有着如此密切的关系，所以粒子物理学家经常把粒子称为“共振体”。

（2）共振是宇宙间一切物质运动的一种普遍规律，共振也是普遍存在于人及其他的生物中，人的呼吸、心跳、血液循环等都有其固有频率，人的大脑进行思维活动时产生的脑电波也会发生共振现象，我们喉咙间发出的每个颤动，都是因为与空

气产生了共振，形成了一个个音节，构成一句句语言。

共振现象在其他动物身上也同样普遍地存在着，例如，蝉儿发出的“知了、知了”声，蟋蟀和蝈蝈发出的叫声，都是借助了共振的原理，靠摩擦身体的某一部位与空气产生共鸣而发声。

现在瘦身技术越来越受到人们的青睐，共振溶脂是目前流行的溶脂减肥技术，采用共振原理，在电脑模糊程序控制下，产生和脂肪细胞固有频率相同的共振波，这种共振波选择性地破碎脂肪细胞，使其呈液态，而不与皮肤、血管以及神经组织发生共振，因而不损伤脂肪周围组织。医生在手术前会根据人体的美学标准为患者进行全方位的设计，在吸脂的同时进行身体塑性，精心雕琢身体的每个部位，以达到患者满意的减肥瘦身效果。

(3) 我们知道，紫外线是太阳发出的一种射线，人类及各种生物若遭受过量的紫外照射线会使生物的机能遭到严重的破坏，而大气层中的臭氧层，借助共振的威力，阻止了紫外线的长驱直入。当紫外线经过大气层时，臭氧层的振动频率恰恰能与紫外线产生共振，因而就使这种振动吸收了大部分的紫外线，保证了我们不至于被射线伤害。紫外线虽然经过臭氧层的堵截围追，但仍有少部分紫外线能够成功地突破大气层，到达地球表面。这部分紫外线经过地球吸收后，能量减少，变为红外线，扩散回大气中。而红外线的热量，又恰好能和二氧化碳产生共振，被共振吸收在大气层中，使地球维持在适当的温度，给地球生命创造出一个冷热适宜的生长环境。

我们所熟知的植物的光合作用，亦是叶绿素与某些可见光共振，才能吸收阳光，产生氧气与养分。所以没有共振，植物便不能生长，人类和许多动物也就因此会失去食物的来源。

(4) 唐朝的时候，洛阳的一座寺院里发生一件怪事，寺院的房间里有一口铜铸的磬，没人敲它，却常常自己“嗡嗡”地响起来，查其原因，发现这口磬和饭堂的一口大钟在发声时，每秒钟的振动次数——频率正好相同。每当小和尚敲响大钟时，大钟的振动使得周围的空气也随着振动起来，当声波传到老和尚房内的磬上时，由于磬的频率跟声波频率相同，磬也跟着振动起来，发出了“嗡嗡”的响声。这就是发生振动的共振现象，也称共鸣。共鸣的用处也非常多，如胡琴、扬琴、琵琶、提琴、钢琴等乐器都有各种形状、大小不一的共鸣箱，当你兴致勃勃地弹奏这些乐器时，琴弦的振动通过共鸣箱中空气的共鸣，使发出来的琴声不仅响亮，而且音乐丰满，悠扬动听。专家研究认为，音乐的频率、节奏和有规律的声波振动，是一种物理能量，而适度的物理能量会引起人体组织细胞发生和谐共振现象，这种声波引起的共振现象，会直接影响人们的脑电波、心率、呼吸节奏等，使细胞体产生轻度共振，使人有一种舒适、安逸感。音律的变化使人的身体有一种充实、流畅的感觉。

(5) 工程技术中的共振。随着科技的发展和对共振研究的更加深入，共振在我们的社会和生活中“振荡”得更为频繁和紧密了，例如，无线电中的电谐振等，就是使系统固有频率与驱动力的频率相同，发生共振；我们在建筑工地经常可以看到，建筑工人在浇灌混凝土的墙壁或地板时，为了提高质量，总是一边灌混凝土，一边用振荡器进行振荡，使混凝土之间由于振荡的作用而变得更紧密、更结实。此外，粉碎机、测振仪、电振泵、测速仪等，也都是利用共振现象进行工作的。

有一种共振性的消声器，由开有许多小孔的孔板和空腔所构成，当传来的噪声频率与共振器的固有频率相同时，就会跟小孔内空气柱产生剧烈共振，这样，声音能在共振时转变为热能，使相当一部分噪声被吸收。收音机的调谐也是利用共振来接收某一频率的电台广播，生活中常用的微波炉的加热原理也是利用共振加热的。

粒子加速器也运用了共振原理。在粒子物理中，每种能量都有对应的频率，反之亦然，这是很自然的物质互补原理，既有波又有粒子的特性，物质因为具有波的性质，也就有了频率，粒子加速器就是运用了这样的共振原理，把许多小小的“波纹”叠加起来，结果变成很大的“波峰”，可把电子或质子推到近乎光速，在高速的相撞下产生新粒子。

综上所述，共振现象也可以说是一种宇宙间最普遍和最频繁的自然现象之一，所以在某种程度上甚至可以说，是共振产生了宇宙和世间万物，没有共振就没有世界。

第六节　机械波

振动的传播称为波动，简称波，常见的波有机械波、电磁波和物质波。机械振动在媒质中的传播称为机械波，如声波、水波、地震波等；变化的电场磁场在空间的传播称为电磁波，如无线电波、光波等；微观粒子运动时具有的波称为物质波，虽然各类波的本质不同，各有其特殊的性质和规律，但是具有许多共同的特征和规律，如都能产生反射、折射、干涉和衍射等。

一、机械波的产生和传播

(一) 机械波产生的条件

要产生机械波，首先要有一个振动的物体，即波源，此外，还得有能够随波源而

振动的介质，称为弹性介质，故机械波又称为弹性波。形成机械波必须要求介质有弹性，没有弹性或完全刚性的介质内是不能形成机械波的。在弹性介质中，各质点间是以弹性力互相联系的，媒质中一个质点的振动会引起邻近质点的振动，邻近质点的振动又会引起较远质点的振动，这样，振动就以一定的速度由近及远地向各个方向传播出去，形成弹性波。由此可见，波源和弹性介质是机械波产生的两个必要条件，如人发声时，人的声带就会发生振动，声带就是波源，空气就是传递声音的媒质。

（二）机械波的传播

我们以绳中产生的波为例，设有一个水平拉直的柔软的细绳，让其一端垂直于绳子的方向上下振动，可看到振动将沿着绳子向另一端传播，这种振动方向与波的传播方向垂直的波称为横波。

绳子的左端是一个波源，它在做简谐振动，波源带动绳子，就有波不断从左端生成，并向前传播，在传播过程中，媒质中各质点均在各自的平衡位置附近振动，质点本身并不迁移，若把细绳看成许多质点组成，第一行表示振动就要从左端开始的状态，质点都均匀地分布在各自的平衡位置上。

对于机械波来说，波的传播过程也就是波形推进的过程；各质点振动的周期与波源相同；振动的相位是从波源开始由近及远依次落后，波的传播实质上是相位的传播。

如果在波动中，质点的振动方向和波的传播方向相互平行，这种波称为纵波。将一根弹簧水平放置，扰动弹簧的左端使其沿水平方向左右振动，就可以看到这种振动状态沿着弹簧向右传播，纵波的图像是疏密相间的图形，在空气中传播的声波也是纵波。

（三）描写波的特征物理量

1. 波速

波的传播实际上是振动状态即相位的传播，因而，波速实际上指的是相位的传播速度，称为相速度，简称相速，也是介质中波源的振动在单位时间内传递的距离。波速取决于波所处介质的弹性，即介质特性决定了波速，在液体和气体中不可能发生切变，所以不可能传播横波（液体表面的波是由重力和表面张力引起，包含纵波和横波两种成分），在液体和气体中只能传播纵波。

2. 振幅（波幅）

波在形成后，各个质元振动的振幅称为波的振幅或波幅，介质中各处的波幅一般是不相等的。

（四）波长、频率和周期

简谐波传播时，其图像是周期性的，我们把波的同一传播线上两个相邻的同相点之间的距离称为波的波长，两个相邻的同相点之间的这一段波，称为一个完整波，因而波长也是一个完整波的长度，波长描述波的空间周期性。在横波的情况下，波长也就是两相邻波峰之间或两相邻波谷之间的距离；而在纵波情形下，波长等于两相邻密部的中心之间的距离或两相邻疏部中心之间的距离。

一个完整波通过介质中一点所需的时间，称为波的周期，一个完整波通过这一点的过程中，该处的质点将进行一次全振动，所以波的周期就是该质点的振动周期，也是波动中介质的所有质点振动的周期。周期的倒数称为波的频率，频率表示单位时间通过介质中一点的完整波的数目，或波动中介质质点的振动频率。

（五）波阵面和波射线

把波动过程中，介质中振动相位相同的点连成的面称为波阵面，简称波面，把波面中走在最前面的那个波面称为波前。由于波面上各点的相位相同，所以波面是同相面，波面是平面的波称为平面波，波面是球面的波称为球面波，描述波的传播方向的有向曲线称为波射线简称波线。在各向同性的介质中，波线总是与波面垂直，且指向振动相位降落的方向，所以，平面波的波线是垂直于波阵面的平行直线，球面波的波线是以波源为中心沿半径方向的直线。

二、平面简谐波的波动

在波动中，每一个质点都在进行振动，对一个波的完整的描述，应该是给出波动中各质点的振动方程，这种方程称为波动方程，简谐波（余弦波或正弦波）是最基本的波，特别是平面简谐波，它的规律更为简单。我们先讨论平面简谐波在理想的无吸收的均匀无限大介质中传播时的波动方程。

平面简谐波传播时，介质中各质点的振动频率相同，对于在无吸收的均匀介质中传播的平面波，各质点的振幅也相等，因而介质中各质点的振动仅相位不同，表现为相位沿波的传播方向依次落后，根据波阵面的定义，在任一时刻处在同一波阵面上的各点有相同的相位，因而有相同的位移。因此，只要知道了任意一条波线上波的传播规律，就可以知道整个平面波的传播规律。

三、波的能量

在行波传播过程中动能和势能是同相的，也就是说体积元所具有的动能和势能

同时达到最大值，同时为零，总能量是时间和位置的函数，就某一时刻而言，各体积元的能量随位置做周期性变化；就某一体积元而言，不同时刻所具有的能量不同，随时间做周期性变化。这正说明了在波动过程中，任一体积元都在不断地从前一体积元接收能量，而向后一体积元释放能量。因此对于局部媒质而言，由于它要和外界发生能量的交换，故局部能量是不守恒的，这一点和简谐振动中的能量是不同的。在波动中，波到达的地方，质元开始振动并拥有能量。可见能量是随着波动在介质中传播的，把单位时间内通过介质中某面积的能量称为通过该面积的能流。通过与波动传播方向垂直的单位面积的能流，称为能流密度，即能流密度为单位时间通过与波动传播方向垂直的单位面积的波能量。

四、声波、超声波、次声波

（一）声波

19 世纪的早期，人们通过一些实验，终于弄清楚人类所发声的频率局限于一定的范围，人类不仅自身发不出频率特低或频率特高的声音，而且也听不见这些声音。频率低于 20Hz 的声音，人们听不见，称为次声；频率高于 20000Hz 的声音，人们也听不见，称为超声；频率在 20 ~ 20000Hz 的声波能引起人的听觉，称为可闻声波，简称声波。描写声波的强弱常用声压和声强两个物理量，媒质中有声波传播时的压力与无声波时的静压力之间有一差值，这一差值称为声压，声波是疏密波，在稀疏区域，实际压力小于原来静压力、声压为负值；在稠密区域，实际压力大于原来静压力，声压为正值，显然，由于媒质中各点的声振动是周期性变化，声压也在做周期性变化。

由上式可知，声强与频率的平方和振幅的平方成正比，声波的频率高，它的声强大，而且高频声波易于聚焦，可以在焦点处获得极大的声强。目前用聚焦的方法，获得超声波的最大声强已达 $10^{8}W/m^{-2}$ 比炮声的声强要高约 10^{8} 倍，这样大的声强可以使人震耳欲聋。引起人的听觉的声波，不仅有一定的频率范围，还有一定的声强范围，能够引起人的听觉的声强范围在 10^{-12} ~ $1W/m^{-12}$ 声强太小不能引起听觉；声强太大，将引起痛觉。

声强级的单位是贝耳（Bel），贝耳这一单位太大，通常用分贝（dB）作单位，1Bel=10dB。声音响度是人对声音强度的主观感觉，它与声强级有一定的关系，声强级越大，人感觉越响，炮声的声强级约为 120dB，通常谈话的声音约为 60dB。

声波可以由振动的弦线（如提琴弦线、人的声带等）振动的空气柱（如风琴管、单簧管等）振动的板与振动的膜（如鼓、扬声器等）产生，近似周期性或者少数几个近似周期性的波合成的声波，当强度不太大时引起愉快悦耳的乐声；波形不是周期性的或者由一些个数很多的周期波合成的声波，听起来是噪声。

(二) 超声波

超声是很普通的声音，只是它的频率高一些，由于人耳的生理结构，对于这种高频的"声音"听不见。但是超声的高频率却给超声带来一些附加的、派生的性能，带来一些超常的本领。例如，超声容易形成窄小的声束，能够发出一束声，而且可以规定这束声的发射方向，这样，就很容易判断，哪个方向有回声，则哪个方向就有障碍物，所以，白鳍豚利用发射的超声来探路、觅食和避敌。另外，自然界中的蝙蝠、老鼠、蝗虫等动物也跟超声有缘，都能发射和利用超声。例如，蝙蝠 (蝙蝠是利用超声技巧非常高超的动物) 的超声定位原理被广泛应用于现代雷达中。超声波一般用具有磁致伸缩或压电效应的晶体的振动产生，超声波具有以下特征:

(1) 超声波频率高，波长短，容易聚成细波束，具有很好的直线定向传播的特性。如果发射的超声频率越高，方向性就越好，导向能力越强，如蝙蝠可发射 80kHz 的超声，它的耳朵可接收到从 0.1mm 的金属丝反射回来的波。

(2) 高频的超声波，具有较大的功率，近代超声技术能够产生几千瓦的功率，如用聚焦超声波的方法，可以在液体中产生声强达 $120kW/cm^{-2}$ 的大幅度超声波。另外，利用声聚焦透镜，还能在局部得到更大功率的超声束，这种超声振动的作用力很大，可用来对硬性材料进行超声加工。

(3) 超声波与目标或障碍物相遇时，衍射作用小，反射波束扩散也小，便于接收超声波以探测目标。

(4) 超声波是一种弹性振动的机械波，可进入任何弹性介质材料，不论气体、液体或固体 (包括人体) 而且不受材料的导电性、导热性、透光性等的影响，这些特点，使超声波检测被广泛应用。

(5) 超声波在物体中的传播与介质材料的弹性密切相关，超声波在传播过程中遇到介质弹性情况发生变化时，则在界面处会产生波的反射和透射。医学上所用的 B 超正是通过测量这种反射的超声波来了解人体内脏器官的病变情况，具有无损伤、断层检测的优点。

(6) 超声波在固体、液体中传播时衰减较慢，超声波在空气中衰减较快，而在固体液体中衰减较慢，如 5kHz 的超声波透过约 5cm 的空气后声强衰减 1%，而透过 1m 多的钢才能衰减 1%，可见高频超声波很难透过气体，但极易透过固体，这正好与电磁波相反。因此在海洋中应用超声波最为适宜，常用它探测水下目标，如侦察潜艇、海底暗礁和寻找鱼群等。

（三）次声波

次声波又称为亚声波，一般指频率在 10^{-4}～20Hz 的机械波人耳听不到。在大自然的许多活动中，常可接收到次声波的信息，例如，火山爆发、地震、陨石落地、大气湍流、雷暴、磁暴等自然活动中，都有次声波的发生。次声波可以把自然信息传播得很远，所经历的时间也很长，次声波的频率低，衰减极小。只有远距离传播的特点，在大地中传播几千米后，吸收还不到万分之几分贝。次声波的研究和应用受到越来越多的重视，已经成为研究地球、海洋、大气等大规模运动的有力工具。

五、惠更斯原理

机械波的传播依赖于介质中各质点之间的相互作用，距离波源近的质点的振动将引起邻近的较远的质点振动，较远质点的振动又会引起邻近的更远的质点振动。这表明波动中的相互作用是通过各质点的直接接触来实现的。按照这个观点，波传播的时候，介质中任何一点后面的波，都可以看成由这些点对其后各点的作用而产生的，即介质中任何一点相对于其后面的点来说，都可以看成波的源。例如，我们可以在水面上激起一列平行波，在波的前方设置一个障碍物，障碍物上留有一个小孔，这时，我们可以清楚地看到，水波将激起小孔中水面的振动，而小孔水面的振动又会在障碍物的后面激起波，显然，对于障碍物后面的波来说，小孔就是波源，波是从小孔发出来的。

惠更斯总结了上述现象，提出了波的传播规律：在波的传播过程中，波阵面（波前）上的每一点都可以看成发射子波的波源，在其后的任一时刻，这些子波的包迹就成为新的波阵面，这就是惠更斯原理。惠更斯原理适用于任何波动过程，无论是机械波或是电磁波，根据这一原理所提供的方法，只要知道某一时刻的波阵面，就可用几何作图方法来确定下一时刻的波阵面。在各向同性介质中，只要知道了波阵面的形状，就可以按照波射线与波阵面垂直的规律，做出波射线来，因而惠更斯原理解决了波的传播方向问题。

六、波的叠加、波的干涉、驻波

如果有几列波在空间相遇，那么每一列波都将独立地保持自己原有的特性（频率、波长、振动方向、传播方向），并不会因其他波的存在而改变，这称为波传播的独立性。而任一点的振动为各列波单独在该点引起振动的合振动，这一规律称为波的叠加原理。波的叠加原理实际上是运动叠加原理在波动中的表现，在几个人同时讲话时，我们能够听到每个人的声音，这就是声波的独立性的例子；天空中同时有许多无线电波在传播，我们能接收到某一电台的广播，这是电磁波传播的独立性的例子。一般来说，任意的几列简谐波在空间相遇时，叠加的情形是很复杂的，它们可以合成多种形式的波动，我们只讨论两列频率相同、振动方向相同、相位差恒定的简谐波的叠加，这种波的叠加会使空间某些点处的振动始终加强，而另一些点处的振动始终减弱，呈现规律性分布，这种现象称为干涉现象，能产生干涉现象的波称为相干波；相应的波源称为相干波源，同频率、同振动方向，相位差恒定称为相干条件。

驻波是一种特殊的干涉现象，在日常生活和工程技术中都经常发生，在小提琴或笛子发出稳定的音调时，在琴弦上或笛腔中是声音的驻波在振荡；在激光器发光时，工作物质中是光的驻波在振荡，驻波中的每一点都在振动，但它们的振幅不同，有的点振幅达到极大，称为波腹，有的点振幅为零，称为波节。波腹和波节均等间距排列，按波节的位置可以把驻波分成若干段，如果把驻波用摄像机拍下来再慢放出来，可以看到驻波各质点的振动相位的特点。每一段内质点振动的振幅虽然不同，但它们的相位相同，它们同时到达各自的正最大的位置，然后同时沿同一方向经过平衡位置，并同时到达负最大的位置。相邻的两段质点的振动相位相反，一段的质点到达正最大位置时；另一段的质点却到达负最大位置，并同时沿相反的方向经过平衡位置。在驻波的图像上，完全看不见行波的相位传播的特点，驻波是两列同振幅、同频率、反方向传播的相干波的叠加结果。

当介质中各质点的位移达到最大值时，其速度为零，即动能为零，这时介质的形变最大，驻波上质元的全部能量都是势能，由于在波节附近的相对形变最大，所以势能最大；而在波腹附近的相对形变为零，所以势能为零，此时驻波的能量以势能的形式集中在波节附近。当驻波上所有质点同时到达平衡位置时，介质的形变为零，所以势能为零，驻波的全部能量都是动能，这时在波腹处的质点的速度最大，动能最大；而在波节处质点的速度为零，动能为零，此时驻波的能量以动能的形式集中在波腹附近。

由此可见，介质在振动过程中，驻波的动能和势能不断地转换，在转换过程中，能量不断地由波腹附近转移到波节附近，再由波节附近转移到波腹附近，也就是说在驻波中能流是来回振荡的，没有能量的定向传播。当波在介质中传播并在界面反射时，在两种介质的分界面处究竟出现波节还是波腹，取决于两种介质的性质及入射角的大小。两种介质相比较，介质的特性阻抗较大的介质称为波密介质，特性阻抗较小的介质称为波疏介质。在实验中发现，在波垂直入射界面的情况下，如果波是从波疏介质入射到波密介质界面而反射，反射点将出现波节；如果波是从波密介质入射到波疏介质界面，反射点将出现波腹，也就是说，由波疏介质入射到波密介质界面并反射时，才发生半波损失，即发生相位的突变；由波密介质入射到波疏介质时，入射点和反射点的相位是相同的，没有半波损失。

在实际应用中，常用波在两个反射壁之间来回反射形成驻波，例如，在前面弦振动实验中，弦线的两端拉紧固定，拨动弦线时，波经两端反射，形成两列反向传播的波，叠加后就能形成驻波，由于在两固定端必须是波节，因而要形成稳定的驻波。

第六章　AutoCAD 绘图

第一节　AutoCAD 的入门知识

一、AutoCAD 软件简介

AutoCAD，即 Auto Computer Aided Design 英语第一个字母的简称，是美国 Autodesk（欧特克）有限公司（简称“欧特克”或“Autodesk”）的通用计算机辅助设计软件。其在机械、电子、航天、船舶、轻工业、化工、石油和地质等诸多工程领域已得到广泛的应用。AutoCAD 是一个施工一体化、功能丰富、面向未来的世界领先设计软件，为全球工程领域的专业设计师们创立更加高效和富有灵活性以及互联性的新一代设计标准，标志着工程设计师们共享设计信息资源的传统方式有了重大突破，AutoCAD 已完成向互联网应用体系的全面升级，也极大地提高了工程设计效率与设计水平。AutoCAD 的第一个版本 -AutoCAD R1.0 版本是 1982 年 12 月发布的，至今已进行了多次更新换代，其版本是按年编号，几乎每年推出新版本，版本更新发展迅速。其中比较经典的几个版本是 AutoCAD R12、AutoCAD R14、AutoCAD2000、AutoCAD2004、AutoCAD 2010、AutoCAD 2012、AutoCAD 2016，这几个经典版本每次功能都有较为显著的变化，可以看作不同阶段的里程碑。若要随时获得有关 Autodesk 公司及其软件产品的具体信息，可以访问其英文网站或访问其中文网站。AutoCAD 持续改进，不断创新，从二维绘图、工作效率、可用性、自动化、三维设计、三维模型出图等各方面推陈出新，不断进步，已经从当初的简单绘图平台发展成了综合的设计平台。

二、AutoCAD 快速安装方法

（1）软件光盘插入计算机的光盘驱动器中。在文件夹中，单击其中的安装图标“setup.exe”或“ install.exe”即开始进行安装。将出现安装初始化提示，然后进入安装。单击“安装（在此计算机上安装）”，在 AutoCAD 安装中，要求计算机安装“.NETFramework4.0”，选择要安装更新该产品。然后选择您所在的国家 / 地区，选择接受许可协议中“我接受（A）”，单击“下一步”。注意用户必须接受协议才能继

续安装，如果不同意许可协议的条款并希望终止安装，请单击“取消”。

（2）在弹出“用户和信息产品”页面上，输入用户信息、序列号和产品密钥等。从对话框底部的链接中查看“隐私保护政策”。查看完后，单击“下一步”。注意在此处输入的信息是永久性的，显示在计算机上的“帮助”菜单中。由于以后无法更改此信息（除非卸载产品），因此请确保输入的信息正确无误。

（3）选择语言或接受默认语言为中文。进入开始安装提示页，若不修改，按系统默认典型安装，一般安装在系统 C: \ 盘。若修改，单击“配置”更改相应配置（例如安装类型、安装可选工具或更改安装路径），然后按提示单击“配置完成”返回安装页面。单击“安装”开始安装 AutoCAD。

（4）安装进行中，系统自动安装所需要的文件（产品），时间可能稍长，安装速度与计算机硬件配置水平有关系。

（5）安装完成后，启动 AutoCAD 将弹出“产品许可激活”。输入激活码后，完成安装，就可以使用。否则是试用版本，有 30 天时间限制（30days trial）。

三、AutoCAD 使用快速入门起步

AutoCAD 新版的操作界面风格与 Window 系统和 OFFICE 等软件基本一致，使用更为直观方便，比较符合人体视觉要求。熟悉其绘图环境和掌握基本操作方法，是学习使用 AutoCAD 的基础。

（一）进入 AutoCAD 绘图操作界面

安装了 AutoCAD 以后，单击其快捷图标即可进入 AutoCAD 绘图操作界面，进入的 AutoCAD 初始界面在新版本中是默认的“草图与注释”绘图空间模式及“欢迎”对话框。AutoCAD 提供的操作界面非常友好，与 Windows 风格一致，功能也更强大。初次启动 CAD 时可以使用系统默认的相关参数即可。该模式界面操作区域显示默认状态为黑色，可以将其修改为白色等其他颜色界面（具体修改方法参见后面相关详细论述）。

进入的 AutoCAD 初始界面在新版本中是默认的“草图与注释”绘图空间模式，与以传统版本的布局样式有所不同，对以前的使用者可能有点不习惯；可以点击左上角或右下角“切换工作空间”按钮，在弹出的菜单中选择“AutoCAD 经典”模式，即可得到与以前版本一样的操作界面。工作空间是由分组组织的菜单、工具栏、选项板和功能区控制面板组成的集合，使用户可以在专门的、面向任务的绘图环境中工作；使用工作空间时，只会显示与任务相关的菜单、工具栏和选项板（注：箭头表示操作前后顺序，以后表述同此）。若操作界面上出现的一些默认工具面板一时还使

用不到，可以先将其逐一关闭。若需使用，再通过“工具”下拉菜单中的“选项板”将其打开即可。

（二）AutoCAD 绘图环境基本设置

1. 操作区域背景显示颜色设置

点击“工具”下拉菜单，选择其中的“选项”，在弹出的“选项”对话框中，点击“显示”栏，再点击“颜色”按钮，弹出的“图形窗口颜色”对话框中即可设置操作区域背景显示颜色，点击“应用并关闭”按钮返回前一对话框，最后点击“确定”按钮即可完成设置。背景颜色根据个人绘图习惯设置，一般为白色或黑色。

2. 自动保存和备份文件设置

AutoCAD 提供了图形文件自动保存和备份功能（创建备份副本），这有助于确保图形数据的安全，出现问题时，用户可以恢复图形备份文件。

备份文件设置方法是，在“选项”对话框的“打开和保存”选项卡中，可以指定在保存图形时创建备份文件。执行此操作后，每次保存图形时，图形的早期版本将保存为具有相同名称并带有扩展名 .bak 的文件，该备份文件与图形文件位于同一个文件夹中。通过将 Windows 资源管理器中的 .bak 文件重命名为带有 .dwg 扩展名的文件，可以恢复为备份版本。自动保存即是以指定的时间间隔自动保存当前操作图形。启用了“自动保存”选项，将以指定的时间间隔保存图形。默认情况下，系统为自动保存的文件临时指定名称为“filename_a_b_nnnn.sv$”。

其中，filename 为当前图形名，a 为在同一工作任务中打开同一图形实例的次数，b 为在不同工作任务中打开同一图形实例的次数，nnnn 为随机数字。这些临时文件在图形正常关闭时自动删除。出现程序故障或电压故障时，不会删除这些文件。要从自动保存的文件恢复图形的早期版本，请通过使用扩展名 *.dwg 代替扩展名 *.sv$ 来重命名文件，然后再关闭程序。

3. 图形文件密码设置

图形文件密码设置，是向图形添加密码并保存图形后，只有输入密码，才能打开图形文件。注意密码设置只适用于当前图形。

依次单击工具下拉菜单选择“选项”。在“选项”对话框的“打开和保存”选项卡中，单击“安全选项”。在“安全选项”对话框的“密码”选项卡中，输入密码，然后单击“确定”。接着在“确认密码”对话框中，输入使用的密码再单击“确定”。保存图形文件后，密码生效。要打开使用该图形文件，需输入密码。如果密码丢失，将无法重新获得图形文件和密码，因此在向图形添加密码之前，应该创建一个不带密码保护的备份。

4. 图形单位设置

开始绘图前，必须基于要绘制的图形确定一个图形单位代表的实际大小，创建的所有对象都是根据图形单位进行测量的。然后据此约定创建实际大小的图形。例如，一个图形单位的距离通常表示实际单位的 1mm（毫米）、1cm（厘米）、1in（英寸）或 1ft（英尺）。

图形单位设置方法是单击“格式”下拉菜单选择“单位”。在弹出的“图形单位”对话框即可进行设置长度、角度和插入比例等相关单位和精度数值，其中：

(1) 长度的类型一般设置为小数，长度精度数值为 0。设置测量单位的当前格式。该值包括“建筑”“小数”“工程”“分数”和“科学”。其中，“工程”和“建筑”格式提供英尺和英寸显示并假定每个图形单位表示 1 英寸，其他格式可表示任何真实世界单位，如 m（米）、mm（毫米）等。

(2) 角度的类型一般采用十进制度数，也可以采用其他类型。十进制度数以十进制数表示，百分度附带一个小写 g 后缀，弧度附带一个小写 r 后缀。度 / 分 / 秒格式用（°　）表示度，用（‘）表示分，用（“）表示秒。以顺时针方向计算正的角度值，默认的正角度方向是逆时针方向。当提示用户输入角度时，可以点击所需方向或输入角度，而不必考虑“顺时针”设置。

(3) 插入比例是控制插入当前图形中的块和图形的测量单位。如果块或图形创建时使用的单位与该选项指定的单位不同，则在插入这些块或图形时，将对其按比例缩放。插入比例是源块或图形使用的单位与目标图形使用的单位之比。如果插入块时不按指定单位缩放，则选择“无单位”。

(4) 光源是用于指定光源强度的单位，不常用，可以使用默认值即可。

(5) 方向控制。主要是设置零角度的方向作为基准角度。

5. 不同图形单位转换

如果按某一度量衡系统（英制或公制）创建图形，然后希望转换到另一系统，则需要使用“SCALE”功能命令按适当的转换系数缩放模型几何体，以获得准确的距离和标注。

例如，要将创建的图形的单位从 in（英寸）转换为 cm（厘米），可以按 2.54 的因子缩放模型几何体。要将图形单位从厘米转换为英寸，则比例因子为 1/2.54 或大约 0.3937。

6. 图形界限设置

图形界限设置实质是指设置并控制栅格显示的界限，并非设置绘图区域边界。一般来说，AutoCAD 的绘图区域是无限的，可以任意绘制图形，不受边界的约束。图形界限设置方法是单击“格式”下拉菜单选择“图形界限”，或在命令提示下输入

limits。然后指定界限的左下角点和右上角点即完成设置。该图形界限具体仅是一个图形辅助绘图点阵显示范围。

7. 控制主栅格线的频率

栅格是点或线的矩阵，遍布指定为栅格界限的整个区域。使用栅格类似于在图形下放置一张坐标纸。利用栅格可以对齐对象并直观显示对象之间的距离，可以将栅格显示为点矩阵或线矩阵。对于所有视觉样式，栅格均显示为线，仅在当前视觉样式设定为“二维线框”时栅格才显示为点。默认情况下，在二维和三维环境中工作时都会显示线栅格。打印图纸时不打印栅格。如果栅格以线而非点显示，则颜色较深的线（称为主栅格线）将间隔显示。在以小数单位或英尺和英寸绘图时，主栅格线对于快速测量距离尤其有用。可以在“草图设置”对话框中控制主栅格线的频率。

8. 文件自动保存格式设置

在对图形进行处理时，应当经常进行保存。图形文件的文件扩展名为 .dwg，除非更改保存图形文件所使用的默认文件格式，否则将使用最新的图形文件格式保存图形。AutoCAD 默认文件格式是“AutoCAD2016 图形（*.dwg）”，这个格式版本较高，若使用低于 AutoCAD2016 版本的软件如 AutoCAD2004 版本，图形文件不能打开。因此可以将图形文件设置为稍低版本格式，如“AutoCAD2000 图形（*.dwg）”。

具体设置方法是：单击“格式”下拉菜单选择“选项”命令，在弹出的“选项”对话框的“打开和保存”栏，对其中“文件保存”下方“另存为”进行选择即可设置为不同的格式，然后点击“确定”按钮，AutoCAD 图形保存默认文件格式将改变为所设置的格式。

9. 绘图比例设置

在进行 CAD 绘图时，一般是按 1∶1 进行绘制，即实际尺寸是多少，绘图绘制为多少，例如，轴距为 6000mm，在绘图时绘制 6000。所需绘图比例通过打印输出时，在打印比例设定所需要的比例大小。对于详图或节点大样图，可以先将其放大相同的倍数后再进行绘制，例如，细部为 6mm，在绘图时可以放大 10 倍，绘制为 60mm，然后在打印时按相应比例控制输出即可。

10. 当前文字样式设置

在图形中输入文字时，当前的文字样式决定输入文字的字体、字号、角度、方向和其他文字特征，图形中的所有文字都具有与之相关联的文字样式。输入文字时，程序将使用当前文字样式。当前文字样式用于设置字体、字号、倾斜角度、方向和其他文字特征。如果要使用其他文字样式来创建文字，可以将其他文字样式置于当前。

设置方法是单击“格式”下拉菜单选择“文字样式”命令，在弹出“文字样式”对话框中进行设置，包括样式、字体、字高等，然后点击“置为当前”按钮，再依次点击“应用”“关闭”按钮即可。

11. 当前标注样式设置

标注样式是标注设置的命名集合，可用来控制标注的外观，如箭头样式、文字位置和尺寸公差等。可以通过更改设置控制标注的外观，同时为了便于使用、维护标注标准，可以将这些设置存储在标注样式中。在进行尺寸标注时，所标注将使用当前标注样式中的设置；如果要修改标注样式中的设置，则图形中的所有标注将自动使用更新后的样式。

设置方法是：单击“格式”下拉菜单选择“标注样式”命令，在弹出“标注样式”对话框中点击“修改”按钮弹出“修改标注样式”进行设置，依次点击相应的栏，包括线、符号和箭头、文字、主单位等，根据图幅大小设置合适的数值，然后点击“确定”按钮返回上一窗口，再依次点击“置为当前”“关闭”按钮即可。

12. 绘图捕捉设置

使用对象捕捉可指定对象上的精确位置。例如，使用对象捕捉可以绘制到圆心或多段线中点的直线。不论何时提示输入点，都可以指定对象捕捉。默认情况下，当光标移到对象的对象捕捉位置时，将显示标记和工具提示。

绘图捕捉设置方法如下。

(1) 依次单击工具（T）菜单、草图设置（F）；在“草图设置”对话框中的“对象捕捉”选项卡上，选择要使用的对象捕捉；最后单击“确定”即可。

(2) 也可以在屏幕下侧点击“对象捕捉”按钮，再在弹出的快捷菜单中选择设置。

13. 线宽设置

线宽是指定给图形对象以及某些类型的文字的宽度值。使用线宽，可以用粗线和细线清楚地表现出各种不同线条，以及细节上的不同，也通过为不同的图层指定不同的线宽，可以轻松得到不同的图形线条效果。一般情况下，需要选择状态栏上的“显示 / 隐藏线宽”按钮进行开启，否则一般在屏幕上将不显示线宽。

线宽设置方法是：单击“格式”下拉菜单选择“线宽”命令，在弹出“线宽设置”对话框中通过相关按钮进行设置。若勾取“显示线宽”选项后，屏幕将显示线条宽度，包括各种相关线条。具有线宽的对象将以指定线宽值的精确宽度打印。

需要说明的是，在模型空间中，线宽以像素为单位显示，并且在缩放时不发生变化。因此，在模型空间中精确表示对象的宽度时不应该使用线宽。例如，如果要绘制一个实际宽度为 0.5mm 的对象，不能使用线宽，而应用宽度为 0.5mm 的多段线表示对象。

指定图层线宽的方法是：依次单击“工具”下拉菜单选择“选项板”，然后选择“图层”面板，弹出图层特性管理器，单击与该图层关联的线宽；在“线宽”对话框的列表中选择线宽；最后单击“确定”关闭各个对话框。

14. 坐标系可见性和位置设置

屏幕中的坐标系可以显示或关闭不显示。打开或关闭UCS图标显示的方法是依次单击视图（V）→显示（L）→UCS图标（U）→开（O），复选标记指示图标是开还是关。

UCS坐标系一般将在UCS原点或当前视口的左下角显示UCS图标，要在这两者之间位置进行切换，可以通过依次单击“视图→显示UCS坐标→原点”即可切换。如果图标显示在当前UCS的原点处，则图标中有一个加号（+）。如果图标显示在视口的左下角，则图标中没有加号。

四、AutoCAD绘图文件操作基本方法

(一) 建立新CAD图形文件

启动AutoCAD后，可以通过如下方式创建一个新的AutoCAD图形文件。“文件”下拉菜单：选择“文件”下拉菜单的“新建”命令选项。在“命令”命令行下输入NEW（或new）或N（或n），不区分大小写。使用标准工具栏：单击左上“新建”或标准工具栏中的“新建”命令图标按钮。直接使用“Ctrl+N”快捷键。执行上述操作后，将弹出“选择样板”对话框，可以选取“acad”文件或使用默认样板文件直接点击“打开”按钮即可。

(二) 打开已有CAD图形

启动AutoCAD后，可以通过如下几种方式打开一个已有的AutoCAD图形文件。打开“文件”下拉菜单，选择“打开”命令选项。使用标准工具栏：单击标准工具栏中的“打开”命令图标。在“命令”命令行提示下输入OPEN或open。直接使用“Ctrl+O”快捷键。执行上述操作后，将弹出“选择文件”对话框，在“查找范围”中点击选取文件所在位置，然后选中要打开的图形文件，最后点击“打开”按钮即可。

(三) 保存CAD图形

启动AutoCAD后，可以通过如下方式保存绘制好的AutoCAD图形文件。点击“文件”下拉菜单选择其中的“保存”命令选项。使用标准工具栏：单击标准工具栏中的“保存”命令图标。在“命令”命令行下输入SAVE或save。直接使用“Ctrl+S”快捷键。执行上述操作后，将弹出“图形另存为”对话框，在“保存于”中单击选取要保存的文件位置，然后输入图形文件名称，最后单击“保存”按钮即可。对于非

首次保存的图形，CAD 不再提示上述内容，而是直接保存图形。若以另外一个名字保存图形文件，可以通过单击“文件”下拉菜单的选择“另存为”命令选项。

（四）关闭 CAD 图形

启动 AutoCAD 后，可以通过如下几种方式的关闭图形文件。在“文件”下拉菜单的选择“关闭”命令选项。

在“命令”命令行下输入 CLOSE 或 close。

点击图形右上角的“×”。

执行“关闭”命令后，若该图形没有存盘，AutoCAD 将弹出警告“是否将改动保存到串 **.dwg?”，提醒需不需要保存图形文件。选择“是（Y）”，将保存当前图形并关闭它，选择“否（N）”将不保存图形直接关闭它，选择“取消（Cancel）”表示取消关闭当前图形的操作。

（五）退出 AutoCAD 软件

可以通过如下方法实现退出 AutoCAD：从“文件”下拉菜单中选择“退出”命令选项。在“命令”命令行下输入 EXIT 或 exit 后回车。在“命令”命令行下输入 QUIT（退出）或 quit 后回车。点击图形右上角最上边的“×”。

（六）同时打开多个 CAD 图形文件

AutoCAD 支持同时打开多个图形文件，若需在不同图形文件窗口之间切换，可以打开“窗口”下拉菜单，选择需要打开的文件名称即可。

五、常用 AutoCAD 绘图辅助控制功能

（一）CAD 绘图动态输入控制

“动态输入”在光标附近提供了一个命令界面，以帮助用户专注于绘图区域。动态输入有 3 个组件：指针输入、标注输入和动态提示。打开动态输入时，工具提示将在光标旁边显示信息，该信息会随光标移动动态更新。当某命令处于活动状态时，工具提示将为用户提供输入的位置。在输入字段中输入值并按“TAB”键后，该字段将显示一个锁定图标，并且光标会受用户输入的值约束。随后可以在第二个输入字段中输入值。另外，如果用户输入值然后按“Enter”键，则第二个输入字段将被忽略，且该值将被视为直接距离输入。单击底部状态栏上的动态输入按钮图标以打开和关闭动态输入，也可以按下“F12”键可以临时关闭 / 启动动态输入。对动态显

示可以通过设置进行控制。在底部状态栏上的动态输入按钮图标上单击鼠标右键，然后单击“设置”以控制在启用“动态输入”时每个部件所显示的内容，可以设置指针输入、标注输入、动态提示等事项内容。

(二) 正交模式控制

约束光标在水平方向或垂直方向移动。在正交模式下，光标移动限制在水平或垂直方向上（相对于当前UCS坐标系，将平行于UCS的X轴的方向定义为水平方向，将平行于Y轴的方向定义为垂直方向）。

在绘图和编辑过程中，可以随时打开或关闭“正交”。输入坐标或指定对象捕捉时将忽略“正交”模式。要临时打开或关闭“正交”模式，应按住临时替代键“Shift”（使用临时替代键时，无法使用直接距离输入方法）。要控制正交模式，单击底部状态栏上的“正交模式”按钮图标以启动和关闭正交模式，也可以按下“F8”键临时关闭/启动“正交模式”。

(三) 绘图对象捕捉追踪控制

对象捕捉追踪是指可以按照指定的角度或按照与其他对象的特定关系绘制对象，自动追踪包括两个追踪选项：极轴追踪和对象捕捉追踪。需要注意必须设置对象捕捉，才能从对象的捕捉点进行追踪。例如，在以下插图中，启用了“端点”对象捕捉：单击直线的起点a开始绘制直线；将光标移动到另一条直线的端点处获取该点；然后沿水平对齐路径移动光标，定位要绘制的直线的端点c。可以通过点击底部状态栏上的“极轴”或“对象追踪”按钮打开或关闭自动追踪，也可以按下“F11”键临时关闭/启动“对象追踪”。

(四) 二维对象绘图捕捉方法（精确定位方法）

二维对象捕捉方式有端点、中点、圆心等多种，在绘制图形时一定要掌握，可以精确定位绘图位置。捕捉方式可以用于绘制图形时准确定位，使得所绘制图形快速定位于相应的位置点。

(1) 端点捕捉是指捕捉到圆弧、椭圆弧、直线、多行、多段线线段、样条曲线、面域或射线最近的端点，或捕捉宽线、实体或三维面域的最近角点。

(2) 中点捕捉是指捕捉到圆弧、椭圆、椭圆弧、直线、多行、多段线线段、面域、实体、样条曲线或参照线的中点。

(3) 中心点捕捉是指捕捉到圆弧、圆、椭圆或椭圆弧的中心点。

(4) 交点捕捉是指捕捉到圆弧、圆、椭圆、椭圆弧、直线、多行、多段线、射

线、面域、样条曲线或参照线的交点。延伸捕捉当光标经过对象的端点时，显示临时延长线或圆弧，以便用户在延长线或圆弧上指定点。“延伸交点”不能用作执行对象捕捉模式。“交点”和“延伸交点”不能和三维实体的边或角点一起使用。外观交点捕捉是指不在同一平面但在当前视图中看起来可能相交的两个对象的视觉交点。“延伸外观交点”不能用作执行对象捕捉模式。“外观交点”和“延伸外观交点”不能和三维实体的边或角点一起使用。

(5) 象限捕捉是指捕捉到圆弧、圆、椭圆或椭圆弧的象限点。

(6) 垂足捕捉是指捕捉圆弧、圆、椭圆、椭圆弧、直线、多线、多段线、射线、面域、实体、样条曲线或构造线的垂足。

(7) 当正在绘制的对象需要捕捉多个垂足时，将自动打开“递延垂足”捕捉模式。可以用直线、圆弧、圆、多段线、射线、参照线、多行或三维实体的边作为绘制垂直线的基础对象。可以用“递延垂足”在这些对象之间绘制垂直线。当靶框经过“递延垂足”捕捉点时，将显示 AutoSnap 工具提示和标记。

(8) 切点捕捉是指捕捉到圆弧、圆、椭圆、椭圆弧或样条曲线的切点。当正在绘制的对象需要捕捉多个垂足时，将自动打开“递延垂足”捕捉模式。可以使用“递延切点”来绘制与圆弧、多段线圆弧或圆相切的直线或构造线。当靶框经过“递延切点”捕捉点时，将显示标记和 AutoSnap 工具提示。当用自选项结合“切点”捕捉模式来绘制除开始于圆弧或圆的直线以外的对象时，第一个绘制的点是与在绘图区域最后选定的点相关的圆弧或圆的切点。

(9) 最近点捕捉是指捕捉到圆弧、圆、椭圆、椭圆弧、直线、多行、点、多段线、射线、样条曲线或参照线距离当前光标位置的最近点。

(五) 控制重叠图形显示次序

重叠对象（如文字、宽多段线和实体填充多边形）通常按其创建次序显示，新创建的对象显示在现有对象前面。可以使用 DRAWORDER 改变所有对象的绘图次序（显示和打印次序），使用 TEXTTOFRONT 可以更改图形中所有文字和标注的绘图次序。依次单击图形对象，然后点击右键，弹出快捷菜单，选择绘图次序，根据需要选择“置于对象之上”和“置于对象之下”等相应选项。

六、AutoCAD 绘图快速操作方法

(一) 全屏显示方法

“全屏显示”是指屏幕上仅显示菜单栏、“模型”选项卡和布局选项卡（位于图形

底部)、状态栏和命令行。“全屏显示”按钮位于应用程序状态栏的右下角，使用鼠标直接点击该按钮图标即可实现开启或关闭“全屏显示”，或打开“视图”下拉菜单选择“全屏显示”即可。

(二) 视图控制方法

视图控制只是对图形在屏幕上显示的位置进行改变控制，并不更改图形中对象的位置和大小等。可以通过以下方法移动或缩放视图。缩放屏幕视图范围：前后转动鼠标中间的轮子即可；或者不选定任何对象，在绘图区域单击鼠标右键，在弹出的快捷菜单中选择“缩放”，然后拖动鼠标即可进行。

平移屏幕视图范围：不选定任何对象，在绘图区域单击鼠标右键，在弹出的快捷菜单中选择“平移”，然后拖动鼠标即可进行。

在“命令”命令性提示下输入“ZOOM 或 Z”(缩放视图)、“PAN 或 P”(平移视图)。

点击“标准”工具栏上的“实时缩放”或“实时平移”按钮，也可以点击底部状态栏上的“缩放”“平移”。要随时停止平移视图或缩放视图，请按“Enter”键或“Esc”键。

(三) 键盘 F1～F12 功能键使用方法

AutoCAD 系统设置了键盘上的 F1～F12 功能键，其各自功能作用如下。

(1) F1 键：按下“F1”键，AutoCAD 提供帮助窗口，可以查询功能命令、操作指南等帮助说明文字。

(2) F2 键：按下“F2”键，AutoCAD 弹出显示命令文本窗口，可以查看操作命令历史记录过程。

(3) F3 键：开启、关闭对象捕捉功能。按下“F3”键，AutoCAD 控制绘图对象捕捉进行切换，再按一下“F3”关闭对象捕捉功能，再按一下，启动对象捕捉功能。

(4) F4 键：开启、关闭三维对象捕捉功能。

(5) F5 键：按下“F5”键，AutoCAD 提供切换等轴测平面不同视图，包括等轴测平面俯视、等轴测平面右视、等轴测平面左视。在绘制等轴测图时使用。

(6) F6 键：按下“F6”键，AutoCAD 控制开启或关闭动态 UCS 坐标系。在绘制三维图形使用 UCS。

(7) F7 键：按下“F7”键，AutoCAD 控制显示或隐藏栅格线。

(8) F8 键：按下“F8”键，AutoCAD 控制绘图时图形线条是否为水平 / 垂直方向或倾斜方向，称为正交模式控制。

（9）F9 键：按下“F9”键，AutoCAD 控制绘图时通过指定栅格距离大小设置进行捕捉。与“F3”键不同，“F9”控制捕捉位置是不可见矩形栅格距离位置，以限制光标仅在指定的 X 和 Y 间隔内移动。打开或关闭此种捕捉模式，可以通过单击状态栏上的“捕捉模式”“F9”键，或使用 SNAPMODE 系统变量，来打开或关闭捕捉模式。

（10）F10：按下“F10”键，AutoCAD 控制开启或关闭极轴追踪模式（极轴追踪是指光标将按指定的极轴距离增量进行移动）。

（11）F11：按下“F11”键，AutoCAD 控制开启或关闭对象捕捉追踪模式。

（12）F12：按下“F12”键，AutoCAD 控制开启或关闭动态输入模式。

七、AutoCAD 图形坐标系

在“命令”命令性提示下输入点时，可以使用定点设备指定点，也可以在“命令”命令行提示下输入坐标值。打开动态输入时，可以在光标旁边的工具提示中输入坐标值。可以按照笛卡尔坐标（X，Y）或极坐标输入二维坐标。笛卡尔坐标系有三个轴，即 X 轴、Y 轴和 Z 轴。输入坐标值时，需要指示沿 X 轴、Y 轴和 Z 轴相对于坐标系原点（0，0，0）点的距离（以单位表示）及其方向（正或负）。在二维中，在 XY 平面（也称为工作平面）上指定点。工作平面类似于平铺的网格纸。笛卡尔坐标的 X 值指定水平距离，Y 值指定垂直距离。原点（0，0）表示两轴相交的位置。极坐标使用距离和角度来定位点。使用笛卡尔坐标和极坐标，均可以基于原点（0，0）输入绝对坐标，或基于上一指定点输入相对坐标。输入相对坐标的另一种方法是：通过移动光标指定方向，然后直接输入距离，此方法称为直接距离输入。可以用科学、小数、工程、建筑或分数格式输入坐标。可以使用百分度、弧度、勘测单位或度 / 分 / 秒输入角度。UNITS 命令控制单位的格式。

AutoCAD 图形的位置是由坐标系来确定的，AutoCAD 环境下使用两个坐标系，即世界坐标系、用户坐标系。

一般地，AutoCAD 以屏幕的左下角为坐标原点 O（0，0，0），X 轴为水平轴，向右为正；Y 轴为垂直轴，向上为正；Z 轴则根据右手定则确定，垂直于 XOY 平面，指向使用者。这样的坐标系称为世界坐标系（World Coordinate System），简称 WCS，有时又称通用坐标系，世界坐标系是固定不变的。AutoCAD 允许根据绘图时的不同需要，建立自己专用的坐标系，即用户坐标系（User Coordinate System），简称 UCS，用户坐标系主要在三维绘图时使用。如果图标显示在当前 UCS 的原点处，则图标中有一个加号（+）。如果图标显示在视口的左下角，则图标中没有加号。

八、图层常用操作

为便于对图形中不同元素对象进行控制，AutoCAD 提供了图层（Layer）功能，即不同的透明存储层，可以存储图形中不同元素对象。每个图层都有一些相关联的属性，包括图层名、颜色、线型、线宽和打印样式等。图层是绘制图形时最为有效的图形对象管理手段和方式，极大地方便了图形的操作。此外，图层的建立、编辑和修改也简洁明了，操作极为便利。

(一) 建立新图层

通过如下方式建立 AutoCAD 新图层。

在“命令”命令提示下输入 LAYER 命令。打开“格式”下拉菜单，选择“图层”命令。单击图层工具栏上的图层特性管理器图标。执行上述操作后，系统将弹出“图层特性管理器”对话框。单击其中的“新建图层”按钮，在当前图层选项区域下将以“图层 1. 图层 2……”的名称建立相应的图层，即为新的图层，该图层的各项参数采用系统默认值。然后单击“图层特性管理器”对话框右上角按钮关闭或自动隐藏。每一个图形都有 1 个 0 层，其名称不可更改，且不能删除该图层。其他所建立的图层各项参数是可以修改的，包括名称、颜色等属性参数。

(二) 图层相关参数的修改

可以对 AutoCAD 图层如下的属性参数进行编辑与修改。

1. 图层名称

图层的取名原则应简单易记，与图层中的图形对象紧密关联。图层名称的修改很简单，按前述方法打开“图层特性管理器”对话框，点击要修改的图层名称后按箭头键“→”，该图层的名称出现一个矩形框，变为可修改，可以进行修改。也可以点击右键，在弹出的菜单中选择“重命名图层”即可修改。AutoCAD 系统对图层名称有一定的限制条件，不能采用“<、1、?、=、*、:”等符号作为图层名，其长度约 255 个字符。

2. 设置为当前图层

当前图层是指正在进行图形绘制的图层，即当前工作层，所绘制的图线将存放在当前图层中。因此，要绘制某类图形对象元素时，最好先将该类图形对象元素所在的图层设置为当前图层。按前述方法打开“图层特性管理器”对话框，单击要设置为当前图层的图层，再单击“置为当前”按钮，该图层即为当前工作图层。

3. 图层颜色

AutoCAD 系统默认图层的颜色为白色或黑色，也可以根据绘图的需要修改图层的颜色。先按前面所述的方法启动“图层特性管理器”对话框，然后单击颜色栏下要改变颜色的图层所对应的图标，系统将弹出“选择颜色”对话框，在该对话框中用光标拾取颜色，最后单击“确定”按钮，该图层上的图形元素对象颜色即以此作为其色彩。

4. 删除图层和隐藏图层

先按前面所述的方法启动“图层特性管理器”对话框，然后在弹出“图层特性管理器”对话框中，单击要删除的图层，再单击“删除”按钮，最后单击按钮确定，该图层即被删除。只有图层为空图层时，即图层中无任何图形对象元素时，才能对其进行删除操作。此外“0”“defpoints”图层不能被删除。隐藏图层操作是指将该图层上的所有图形对象元素隐藏起来，不在屏幕中显示，但图形对象元素仍然保存在图形文件中。要隐藏图层，先按前面所述的方法启动“图层特性管理器”对话框，然后单击“开”栏下要隐藏的图层所对应的电灯泡图标，该图标将填充满颜色即关闭隐藏。该图层上的图形元素对象不再在屏幕中显示出来，要重新显示该图层图形对象，只需单击该对应图标，使其变空即可。

5. 冻结与锁定图层

冻结图层是指将该图层设置为既不在屏幕上显示，也不能对其进行删除等编辑操作的状态。锁定图层与冻结图层不同之处在于该锁定后的图层仍然在屏幕上显示。注意当前图层不能进行冻结操作。其操作与隐藏图层相似。先按前面所述的方法启动，然后单击冻结 / 锁定栏下要冻结 / 锁定的图层所对应的锁头图标，该图标将发生改变（颜色或形状改变）。冻结后图层上的图形元素对象不再在屏幕中显示，而锁定后图层上的图形元素对象继续在屏幕中显示但不能删除。要重新显示该图层图形对象，只需单击该对应图标，使图标发生改变即可。

九、AutoCAD 图形常用选择方法

在进行绘图时，需要经常选择图形对象进行操作。AutoCAD 提供了多种图形选择方法，其中最为常用的方法如下所述。

（一）使用拾取框光标

矩形拾取框光标放在要选择对象的位置时，将亮显对象，单击鼠标左键即可选择图形对象。按住“Shift”键并再次选择对象，可以将其从当前选择集中删除。

(二) 使用矩形窗口选择图形

矩形窗口选择图形是指从第一点向对角点拖动光标的方向将确定选择的对象。使用“窗口选择”选择对象时，通常整个对象都要包含在矩形选择区域中才能选中。

(1) 窗口选择。从左向右拖动光标，以仅选择完全位于矩形区域中的对象（自左向右方向，即从第 1 点至第 2 点方向进行选择）。

(2) 窗交选择。从左向右拖动光标，以选择矩形窗口包围的或相交的对象（自右向左方向，即从第 1 点至第 2 点方向进行选择）。

十、常用 AutoCAD 绘图快速操作技巧方法

(一) 图形线型快速修改

AutoCAD 图形线型是由虚线、点和空格组成的重复图案，显示为直线或曲线。可以通过图层将线型指定给对象，也可以不依赖图层而明确指定线型。在工程开始时加载工程所需的线型，以便在需要时使用。

(1) 加载线型的步骤如下。

①依次单击“常用”选项卡→“特性”面板→“线型”。

②在“线型”下拉列表中，单击“其他”。然后，在“线型管理器”对话框中，单击“加载”。在“加载或重载线型”对话框中，选择一种线型，单击“确定”。

③如果未列出所需线型，请单击“文件”。在“选择线型文件”对话框中，选择一个要列出其线型的 LIN 文件，然后单击该文件。此对话框将显示存储在选定的 LIN 文件中的线型定义。选择一种线型，单击“确定”。

可以按住“Ctrl”键来选择多个线型，或者按住“Shift”键来选择一个范围内的线型。

④单击“确定”。

(2) 所有对象都是使用当前线型（显示在“特性”工具栏上的“线型”控件中）创建的，也可以使用“线型”控件设定当前的线型。如果将当前线型设定为“BYLAYER”，则将使用指定给当前图层的线型来创建对象。如果将当前线型设定为“BYBLOCK”，则将对象编组到块中之前，将使用“CONTINUOUS”线型来创建对象。将块插入图形中时，此类对象将采用当前线型设置。如果不希望当前线型成为指定给当前图层的线型，则可以明确指定其他线型。AutoCAD 软件中某些对象（文字、点、视口、图案填充和块）不显示线型。

为全部新图形对象设定线型的步骤如下：依次单击“常用”选项卡→“特性”面

板→“线型”。在“线型”下拉列表中，单击“其他”。然后，在“线型管理器”对话框中，单击“加载”。可以按住“Ctrl”键来选择多个线型，或者按住“Shift”键来选择一个范围内的线型。在“线型管理器”对话框中，执行以下操作之一：选择一个线型并选择“当前”，以该线型绘制所有的新对象。选择“BYLAYER”以便用指定给当前图层的线型来绘制新对象。选择“BYBLOCK”以便用当前线型来绘制新对象，直到将这些对象编组为块。将块插入图形中时，块中的对象将采用当前线型设置。单击“确定”。

更改指定给图层的线型的步骤如下：依次单击“常用”选项卡→“图层”面板→“图层特性”。在图层特性管理器中，选择要更改的线型名称。在“选择线型”对话框中，选择所需的线型，单击“确定”。再次单击“确定”。更改图形对象的线型方法，选择要更改其线型的对象，依次单击“常用”选项卡→“选项板”面板→“特性”。在特性选项板上，单击“线型”控件，选择要指定给对象的线型。可以通过以下三种方案更改对象的线型：将对象重新指定给具有不同线型的其他图层。如果将对象的线型设定为“BYLAYER”，并将该对象重新指定给其他图层，则该对象将采用新图层的线型。更改指定给该对象所在图层的线型。如果将对象的线型设定为“BYLAYER”，则该对象将采用其所在图层的线型。如果更改了指定给图层的线型，则该图层上指定了“BYLAYER”线型的所有对象都将自动更新。为对象指定一种线型以替代图层的线型。可以明确指定每个对象的线型。如果要用其他线型来替代对象由图层决定的线型，应将现有对象的线型从“BYLAYER”更改为特定的线型（如DASHED）。

（3）通过全局更改或分别更改每个对象的线型比例因子，可以以不同的比例使用同一种线型。默认情况下，全局线型和独立线型的比例均设定为1.0。比例越小，每个绘图单位中生成的重复图案数越多。例如，设定为0.5时，每个图形单位在线型定义中显示两个重复图案。不能显示一个完整线型图案的短直线段显示为连续线段。对于太短，甚至不能显示一条虚线的直线，可以使用更小的线型比例。

“全局比例因子”的值控制LTSCALE系统变量，该系统变量可以全局更改新建对象和现有对象的线型比例。“当前对象缩放比例”的值控制CELTSCALE系统变量，该系统变量可以设定新建对象的线型比例。用LTSCALE的值与CELTSCALE的值相乘可以获得显示的线型比例，可以轻松地分别更改或全局更改图形中的线型比例。在布局中，可以通过PSLTSCALE调节各个视口中的线型比例。

（二）快速准确定位复制方法

要将图形准确复制到指定位置，可以使用“带基点复制”的功能方法，即将选定的对象与指定的基点一起复制到剪贴板，然后将图形准确粘贴到指定位置。操作方法如下。菜单方法：打开下拉菜单编辑（E）→带基点复制（B）。快捷菜单方法：终止所有活动命令，在绘图区域中单击鼠标右键，然后从剪贴板中选择“带基点复制”。

(三) 图形面积和长度快速计算方法

1. 使用 AREA 功能命令

计算对象或所定义区域的面积和周长，可以使用 AREA 命令。操作步骤是在工具（T）下拉菜单→查询（Q）→面积（A）。

（1）“对象（O）”选项可以计算选定对象的面积和周长，可以计算圆、椭圆、样条曲线、多段线、多边形、面域和三维实体的面积。如果选择开放的多段线，将假设从最后一点到第一点绘制了一条直线，然后计算所围区域中的面积。计算周长时，将忽略该直线的长度；计算面积和周长时将使用宽多段线的中心线。

（2）“增加面积（A）”选项打开“加”模式后，继续定义新区域时应保持总面积平衡。可以使用“增加面积”选项计算各个定义区域和对象的面积、周长，以及所有定义区域和对象的总面积，也可以进行选择以指定点，将显示第一个指定的点与光标之间的橡皮线。要加上的面积以绿色亮显，按“Enter”键，AREA 将计算面积和周长，并返回打开“加”模式后通过选择点或对象定义的所有区域的总面积。如果不闭合这个多边形，将假设从最后一点到第一点绘制了一条直线，然后计算所围区域中的面积。计算周长时，该直线的长度也会计算在内。

（3）“减少面积（S）”选项与“增加面积”选项类似，但减少面积和周长。可以使用“减少面积”选项从总面积中减去指定面积，也可以通过点指定要减去的区域，将显示第一个指定的点与光标之间的橡皮线。指定要减去的面积以绿色亮显。

计算由指定点所定义的面积和周长。所有点必须都在与当前用户坐标系（UCS）的 XY 平面平行的平面上。将显示第一个指定的点与光标之间的橡皮线。指定第二个点后，将显示具有绿色填充的直线段和多段线。继续指定点以定义多边形，然后按“Enter”键完成周长定义。如果不闭合这个多边形，将假设从最后一点到第一点绘制了一条直线，然后计算所围区域中的面积。计算周长时，该直线的长度也会计算在内。

2. 使用 PLINE 和 LIST 命令计算面积

可使用 PLINE 创建闭合多段线，也可使用 BOUNDARY 创建闭合多段线或面域。然后选择闭合图形使用 LIST 或“特性”选项板来查找面积，按下“F2”可以看到面积等提示。

（四）当前视图中图形显示精度快速设置

当前视图中图形显示精度设置也即设置当前视口中对象的分辨率，其功能命令是 VIEWRES。VIEWRES 使用短矢量控制圆、圆弧、样条曲线和圆弧式多段线的外观。矢量数目越大，圆或圆弧的外观越平滑。例如，如果创建了一个很小的圆，然后将其放大，它可能显示为一个多边形。使用 VIEWRES 增大缩放百分比并重生成图形，可以更新圆的外观并使其平滑。VIEWRES 设置保存在图形中。要更改新图形的默认值，应指定新图形所基于的样板文件中的 VIEWRES 设置。如果命名（图纸空间）布局首次成为当前设置而且布局中创建了默认视口，此初始视口的显示分辨率将与“模型”选项卡视口的显示分辨率相同。

第二节　基本绘图命令的使用

一、常见机械设计线条 AutoCAD 快速绘制

AutoCAD 中的点、线（包括直线、曲线）等是最基本的图形元素。其中线的绘制包括直线与多段线、射线与构造线、弧线与椭圆弧线、样条曲线与多线等各种形式的线条。

（一）点的绘制

在点、线、面三种类型图形对象中，点无疑是 AutoCAD 中最基本的组成单位元素。点可以作为捕捉对象的节点。点的 AutoCAD 功能命令为 POINT（简写形式为 PO）。其绘制方法是在提示输入点的位置时，直接输入点的坐标或者使用鼠标选择点的位置即可。

启动 POINT 命令可以通过以下三种方式。

（1）打开“绘图”下拉菜单选择命令“点”选项中的“单点”或“多点”命令。

（2）单击“绘图”工具栏上的“点”命令图标。

（3）在“命令”命令行提示下直接输入 POINT 或 PO 命令（不能使用“点”作为命令输入）。打开“格式”下拉菜单选择“点样式”命令选项，就可以选择点的图案形式和图标的大小。点的形状和大小也可以由系统变量 PDMODE 和 PDSIZE 控制，其中变量 PDMODE 用于设置点的显示图案形式（如果 PDMODE 的值为 1，则指定不显示任何图形），变量 PDSIZE 则用来控制图标的大小（如果 PDSIZE 设置为 0，将

按绘图区域高度的5%生成点对象)。正的PDSIZE值指定点图形的绝对尺寸，负的PDSIZE值将解释为视口尺寸的百分比。修改PDMODE和PDSIZE之后，AutoCAD下次重生成图形时改变现有点的外观。重生成图形时将重新计算所有点的尺寸。点的功能一般不单独使用，常常在进行线段等分时作为等分标记使用。最好先选择点的样式，要显示其位置最好不使用“.”的样式，因为该样式不易看到。

(二) 直线与多段线绘制

1. 绘制直线

直线的AutoCAD功能命令为LINE(简写形式为L)，绘制直线可通过直接输入端点坐标(X，Y)或直接在屏幕上使用鼠标点取。可以绘制一系列连续的直线段，但每条直线段都是一个独立的对象，按“Enter”(回车，后面论述同此)键结束命令。

启动LINE命令可以通过以下三种方式。

(1) 打开“绘图”下拉菜单选择“直线”命令选项。

(2) 单击“绘图”工具栏上的“直线”命令图标。

(3) 在“命令”命令行提示下直接输入LINE或L命令(不能使用“直线”作为命令输入)。

要绘制斜线、水平和垂直的直线，可以结合使用“F8”按键。反复按下“F8”键即可进行在斜线与水平或垂直方向之间切换。以在“命令”直接输入LINE或L命令为例，说明直线的绘制方法。特别说明，在绘制图形时，图形的端点定位一般采用在屏幕上捕捉直接点取其位置，或输入相对坐标数值进行定位，通常不使用直接输入其坐标数值(X，Y)或(X，Y，Z)，因为使用坐标数值比较烦琐。

2. 绘制多段线

多段线的AutoCAD功能命令为PLINE(PLINE为Polyline简写形式，简写形式为PL)，绘制多段线同样可通过直接输入端点坐标(X，Y)或直接在屏幕上使用鼠标点取。对于多段线，可以指定线型图案在整条多段线中是位于每条线段的中央，还是连续跨越顶点。

启动PLINE命令可以通过以下三种方式。

(1) 打开“绘图”下拉菜单选择“多段线”命令选项。

(2) 单击“绘图”工具栏上的“多段线”命令图标。

(3) 在“命令”命令行提示下直接输入PLINE或PL命令(不能使用“多段线”作为命令输入)。

绘制时要在斜线、水平和垂直之间进行切换，可以使用“F8”按键。以在“命令”直接输入PLINE或PL命令为例，说明多段线的绘制方法。

（三）射线与构造线绘制

1. 绘制射线

射线指沿着一个方向无限延伸的直线，主要用来定位的辅助绘图线。射线具有一个确定的起点并单向无限延伸。其 AutoCAD 功能命令为 RAY，直接在屏幕上使用鼠标点取。

启动 RAY 命令可以通过以下两种方式。

（1）打开“绘图”下拉菜单选择“射线”命令选项。

（2）在“命令”命令行提示下直接输入 RAY 命令（不能使用“射线”作为命令输入）。AutoCAD 绘制一条射线并继续提示输入通过点以便创建多条射线。起点和通过点定义了射线延伸的方向，射线在此方向上延伸到显示区域的边界。按“Enter”键结束命令。以在“命令”直接输入 RAY 命令为例，说明射线的绘制方法。

2. 绘制构造线

构造线指两端方向是无限长的直线，主要用来定位的辅助绘图线，即用来定位对齐边角点的辅助绘图线。其 AutoCAD 功能命令为 XLINE（简写形式为 XL），可直接在屏幕上使用鼠标点取。

启动 XLINE 命令可以通过以下三种方式。

（1）打开“绘图”下拉菜单选择“构造线”命令选项。

（2）单击“绘图”工具栏上的“构造线”命令图标。

（3）在“命令”命令行提示下直接输入 XLINE 或 XL 命令（不能使用“构造线”作为命令输入）。使用两个通过点指定构造线（无限长线）的位置。以在“命令”直接输入 XLINE 命令为例，说明构造线的绘制方法。

（四）圆弧线与椭圆弧线绘制

1. 绘制圆弧线

圆弧线可以通过输入端点坐标进行绘制，也可以直接在屏幕上使用鼠标点取。其 AutoCAD 功能命令为 ARC（简写形式为 A）。在进行绘制时，如果未指定点就按“Enter”键，AutoCAD 将把最后绘制的直线或圆弧的端点作为起点，并立即提示指定新圆弧的端点。这将创建一条与最后绘制的直线、圆弧或多段线相切的圆弧。

启动 ARC 命令可以通过以下三种方式。

（1）打开“绘图”下拉菜单选择“圆弧”命令选项。

（2）单击“绘图”工具栏上的“圆弧”命令图标。

（3）在“命令”命令行提示下直接输入 ARC 或 A 命令（不能使用“圆弧”作为命

令输入）。

2. 绘制椭圆弧线

椭圆弧线的 AutoCAD 功能命令为 ELLIPSE（简写形式为 EL），与椭圆是一致的，只是在执行 ELLIPSE 命令后再输入 A 进行椭圆弧线绘制。一般根据两个端点定义椭圆弧的第一条轴，第一条轴的角度确定了整个椭圆的角度。第一条轴既可定义椭圆的长轴也可定义短轴。

启动“ELLIPSE”命令可以通过以下三种方式。

(1) 打开“绘图”下拉菜单选择“椭圆”命令选项，再执行子命令选项“圆弧”。

(2) 单击“绘图”工具栏上的“椭圆弧”命令图标。

(3) 在“命令”命令行提示下直接输入 ELLIPSE 或 EL 命令后再输入 A（不能使用“椭圆弧”作为命令输入）。

(五) 样条曲线与多线绘制

1. 绘制样条曲线

样条曲线是一种拟合不同位置点的曲线，其 AutoCAD 功能命令为 SPLINE（简写形式为 SPL）。样条曲线与使用 ARC 命令连续绘制的多段曲线图形不同之处是，样条曲线是一体的，且曲线光滑流畅，而使用 ARC 命令连续绘制的多段曲线图形则是由几段组成的。SPLINE 在指定的允差范围内把光滑的曲线拟合成一系列点。AutoCAD 使用 NURBS（非均匀有理 B 样条曲线）数学方法，其中存储和定义了一类曲线和曲面数据。

启动 SPLINE 命令可以通过以下三种方式。

(1) 打开“绘图”下拉菜单选择“样条曲线”命令选项。

(2) 单击“绘图”工具栏上的“样条曲线”命令图标。

(3) 在“命令”命令行提示下直接输入 SPLINE 或 SPL 命令（不能使用“样条曲线”作为命令输入）。

2. 绘制多线

多线也称多重平行线，指由两条相互平行的直线构成的线型。其 AutoCAD 绘制命令为 MLINE（简写形式为 ML）。其中的比例因子参数 Scale 是控制多线的全局宽度（这个比例不影响线型比例），该比例基于在多线样式定义中建立的宽度。比例因子为“2”，则在绘制多线时，其宽度是样式定义的宽度的两倍。负比例因子将翻转偏移线的次序，即当从左至右绘制多线时，偏移最小的多线绘制在顶部。负比例因子的绝对值也会影响比例。比例因子为“0”将使多线变为单一的直线。

启动 MLINE 命令可以通过以下三种方式。

(1) 打开“绘图”下拉菜单选择“多线”命令选项。

(2) 单击绘图工具栏上的多线命令图标。

(3) 在“命令”命令行提示下直接输入 MLINE 或 ML 命令（不能使用“多线”作为命令输入）。打开“绘图”下拉菜单，选择命令“多线样式”选项，在弹出的对话框中就可以新建多线样式、修改名称、设置特性和加载新的样式等。

(六) 云线（云彩线）绘制

云线是指由连续圆弧组成的线条造型。云线的 AutoCAD 命令是 REVCLOUD，REVCLOUD 在系统注册表中存储上一次使用的圆弧长度，当程序和使用不同比例因子的图形一起使用时，用 DIMSCALE 乘以此值以保持统一。启动命令可以通过以下三种方式。

(1) 打开“绘图”下拉菜单选择“修订云线”命令选项。

(2) 单击“绘图”工具栏上的“修订云线”命令图标。

(3) 在“命令”命令行提示下直接输入 REVCLOUD 命令。

二、常见机械设计平面图形 CAD 快速绘制

AutoCAD 提供了一些可以直接绘制得到的基本的平面图形，包括圆形、矩形、椭圆形和正多边形等基本图形。

(一) 圆形和椭圆形绘制

1. 绘制圆形

常常使用到的 AutoCAD 基本图形是圆形，其 AutoCAD 绘制命令是 CIRCLE（简写形式为 C）。启动 CIRCLE 命令可以通过以下三种方式。

(1) 打开“绘图”下拉菜单选择“圆形”命令选项。

(2) 单击“绘图”工具栏上的“圆形”命令图标。

(3) 在“命令”命令行提示下直接输入 CIRCLE 或 C 命令。

2. 绘制椭圆形

椭圆形的 AutoCAD 绘制命令与椭圆曲线是一致的，均是 ELLIPSE（简写形式为 EL）命令。启动 ELLIPSE 命令可以通过以下三种方式。

(1) 打开“绘图”下拉菜单选择“椭圆形”命令选项。

(2) 单击“绘图”工具栏上的“椭圆形”命令图标。

(3) 在“命令”命令行提示下直接输入 ELLIPSE 或 EL 命令。

(二) 矩形和正方形绘制

1. 绘制矩形

矩形是最为常见的基本图形，其 AutoCAD 绘制命令是 RECTANG 或 RECTANGLE（简写形式为 REC）。当使用指定的点作为对角点创建矩形，矩形的边与当前 UCS 的 X 轴或 Y 轴平行。

启动 RECTANG 命令可以通过以下三种方式。

(1) 打开“绘图”下拉菜单选择“矩形”命令选项。

(2) 单击“绘图”工具栏上的“矩形”命令图标。

(3) 在“命令”命令行提示下直接输入 RECTANG 或 REC 命令。

2. 绘制正方形

绘制正方形可以使用 AutoCAD 的绘制正多边形 POLYGON 或绘制矩形命令绘制 RECTANG。启动命令可以通过以下三种方式。

(1) 打开“绘图”下拉菜单选择“正多边形”或“矩形”命令选项。

(2) 单击“绘图”工具栏上的“正多边形”或“矩形”命令图标。

(3) 在“命令”命令行提示下直接输入 POLYGON 或 RECTANG 命令。

(三) 圆环和螺旋线绘制

1. 绘制圆环

圆环是由宽弧线段组成的闭合多段线构成的。圆环具有内径和外径的图形，可以认为是圆形的一种特例，如果指定内径为零，则圆环成为填充圆，其 AutoCAD 功能命令是 DONUT。圆环内的填充图案取决于 FILL 命令的当前设置。

启动命令可以通过以下两种方式。

(1) 打开“绘图”下拉菜单选择“圆环”命令选项。

(2) 在“命令”命令行提示下直接输入 DONUT 命令。

2. 绘制螺旋

螺旋就是开口的二维或三维螺旋 (可以通过 SWEEP 命令将螺旋用作路径。例如，可以沿着螺旋路径来画圆，以创建弹簧实体模型)。其 AutoCAD 功能命令是 HELIX。螺旋是真实螺旋的样条曲线近似，长度值可能不十分准确。如果指定一个值来同时作为底面半径和顶面半径，将创建圆柱形螺旋。默认情况下，为顶面半径和底面半径设置的值相同。不能指定“0”来同时作为底面半径和顶面半径。如果指定不同的值来作为顶面半径和底面半径，将创建圆锥形螺旋。如果指定的高度值为“0”，则将创建扁平的二维螺旋。启动螺旋命令可以通过以下两种方式。

(1) 打开“绘图”下拉菜单选择“螺旋”命令选项。

(2) 在“命令”命令行提示下直接输入 HELIX 命令。

(四) 正多边形绘制和创建区域覆盖

1. 绘制正多边形

正多边形也称等边多边形，其 AutoCAD 绘制命令是 POLYGON，可以绘制包括正方形、等六边形等图形。当正多边形边数无限大时，其形状逼近圆形。正多边形是一种多段线对象，AutoCAD 以零宽度绘制多段线，并且没有切线信息。可以使用 PEDIT 命令修改这些值。

启动命令可以通过以下三种方式。

(1) 打开“绘图”下拉菜单选择“正多边形”命令选项。

(2) 单击“绘图”工具栏上的“正多边形”命令图标。

(3) 在“命令”命令行提示下直接输入 POLYGON 命令。

2. 创建区域覆盖图形

使用区域覆盖对象可以在现有对象上生成一个空白区域，用于添加注释或详细的屏蔽信息。区域覆盖对象是一块多边形区域，它可以使用当前背景色屏蔽底层的对象。此区域以区域覆盖线框为边框，可以打开此区域进行编辑，也可以关闭此区域进行打印。通过使用一系列点来指定多边形的区域可以创建区域覆盖对象，也可以将闭合多段线转换成区域覆盖对象。

第三节　AutoCAD 的常用修改命令

一、机械设计 CAD 图形常用编辑与修改方法

(一) 删除和复制图形

1. 删除图形

删除编辑功能的 AutoCAD 命令为 ERASE（简写形式为 E）。启动删除命令可以通过以下三种方式。

(1) 打开“修改”下拉菜单选择“删除”命令选项。

(2) 单击“修改”工具栏上的“删除”命令图标。

(3) 在“命令”命令行提示下直接输入 ERASE 或 E 命令。

2. 复制图形

要获得相同的图形对象，可以复制生成。复制编辑功能的AutoCAD命令为COPY（简写形式为CO或CP）。启动复制命令可以通过以下三种方式。

(1) 打开“修改”下拉菜单选择“复制”命令选项。

(2) 单击“修改”工具栏上的“复制”命令图标。

(3) 在“命令”命令行提示下直接输入COPY或CP命令。

复制编辑操作有两种方式，即只复制一个图形对象和复制多个图形对象。

(二) 镜像和偏移图形

1. 镜像图形

镜像编辑功能的AutoCAD命令为MIRROR（简写形式为MI）。镜像生成的图形对象与原图形对象呈某种对称关系（如左右对称、上下对称）。启动MIRROR命令可以通过以下三种方式。

(1) 打开“修改”下拉菜单选择“镜像”命令选项。

(2) 单击“修改”工具栏上的“镜像”命令图标。

(3) 在“命令”命令行提示下直接输入MIRROR或MI命令。

镜像编辑操作有两种方式，即镜像后将源图形对象删除和镜像后将源图形对象保留。

2. 偏移图形

偏移编辑功能主要用来创建平行的图形对象，其命令为OFFSET（简写形式为O）。启动OFFSET命令可以通过以下三种方式。

(1) 打开“修改”下拉菜单选择“偏移”命令选项。

(2) 单击“修改”工具栏上的“偏移”命令图标。

(3) 在“命令”命令行提示下直接输入OFFSET或O命令。

(三) 阵列与移动图形

1. 阵列图形

利用阵列编辑功能可以快速生成多个图形对象，其AutoCAD的命令为ARRAY（简写形式为AR）命令。启动ARRAY命令可以通过以下三种方式。

(1) 打开“修改”下拉菜单选择“阵列”命令选项。

(2) 单击“修改”工具栏上的“阵列”命令图标（可进一步选择“矩形阵列”“环形阵列”“路径阵列”）。

(3) 在“命令”命令行提示下直接输入ARRAY或AR命令。

执行 ARRAY 命令后，AutoCAD 可以按矩形阵列图形对象、路径阵列图形对象或环形阵列图形对象。

2. 移动图形

移动编辑功能的 AutoCAD 命令为 MOVE（简写形式为 M）。启动 MOVE 命令可以通过以下三种方式。

（1）打开“修改”下拉菜单选择“移动”命令选项。

（2）单击“修改”工具栏上的“移动”命令图标。

（3）在“命令”命令行提示下直接输入 MOVE 或 M 命令。

（四）旋转与拉伸图形

1. 旋转图形

旋转编辑功能的 AutoCAD 命令为 ROTATE（简写形式为 RO）。启动 ROTATE 命令可以通过以下三种方式。

（1）打开“修改”下拉菜单选择“旋转”命令选项。

（2）单击“修改”工具栏上的“旋转”命令图标。

（3）在“命令”命令行提示下直接输入 ROTATE 或 RO 命令。

输入旋转角度若为正值（+），则对象逆时针旋转；输入旋转角度若为负值（-），则对象顺时针旋转。

2. 拉伸图形

拉伸编辑功能的 AutoCAD 命令为 STRETCH（简写形式为 S）。启动 STRETCH 命令可以通过以下三种方式。

（1）打开“修改”下拉菜单选择“拉伸”命令选项。

（2）单击“修改”工具栏上的“拉伸”命令图标。

（3）在“命令”命令行提示下直接输入 STRETCH 或 S 命令。

（五）分解与打断图形

1. 分解图形

AutoCAD 提供了将图形对象分解的功能命令 EXPLODE（简写形式为 X）。EXPLODE 命令可以将多段线、多行线、图块、填充图案和标注尺寸等从创建时的状态转换或化解为独立的对象。许多图形无法编辑修改时，可以试一试分解功能命令，或许会有帮助。但图形分解保存退出文件后不能复原。注意若线条是具有一定宽度的多段线，分解后宽度为默认的 0 宽度线条。

启动 EXPLODE 命令可以通过以下三种方式。

(1) 打开“修改”下拉菜单中的“分解”命令。

(2) 单击“修改”工具栏上的“分解”图标按钮。

(3) 在“命令”命令行提示下输入 EXPLODE 或 X 并回车。

2. 打断图形

打断编辑功能的 AutoCAD 命令为 BREAK（简写形式为 BR）。启动 BREAK 命令可以通过以下三种方式。

(1) 打开“修改”下拉菜单选择“打断”命令选项。

(2) 单击“修改”工具栏上的“打断”命令图标。

(3) 在“命令”命令行提示下直接输入 BREAK 或 BR 命令。

(六) 修剪与延伸图形

1. 修剪图形

修剪编辑功能的 AutoCAD 命令为 TRIM（简写形式为 TR）。启动 TRIM 命令可以通过以下三种方式。

(1) 打开“修改”下拉菜单选择“修剪”命令选项。

(2) 单击“修改”工具栏上的“修剪”命令图标。

(3) 在“命令”命令行提示下直接输入 TRIM 或 TR 命令。

2. 延伸图形

延伸编辑功能的 AutoCAD 命令为 EXTEND（简写形式为 EX）。启动 EXTEND 命令可以通过以下三种方式。

(1) 打开“修改”下拉菜单选择“延伸”命令选项。

(2) 单击“修改”工具栏上的“延伸”命令图标。

(3) 在“命令”命令行提示下直接输入 EXTEND 或 EX 命令。

(七) 图形倒角与圆角

1. 图形倒角

倒角编辑功能的 AutoCAD 命令为 CHAMFER（简写形式为 CHA）。启动 CHAMFER 命令可以通过以下三种方式。

(1) 打开“修改”下拉菜单选择“倒角”命令选项。

(2) 单击“修改”工具栏上的“倒角”命令图标。

(3) 在“命令”命令行提示下直接输入 CHAMFER 或 CHA 命令。

若倒直角距离太大，则不能进行倒直角编辑操作。倒角距离可以相同，也可以不相同，根据图形需要设置；当 2 条线段还没有相遇在一起，设置倒角距离为 0，则执行倒直角编辑后将延伸直至二者重合。

2. 图形圆角

倒圆角编辑功能的 AutoCAD 命令为 FILLET（简写形式为 F）。启动 FILLET 命令可以通过以下三种方式。

（1）打开“修改”下拉菜单选择“圆角”命令选项。

（2）单击“修改”工具栏上的“圆角”命令图标。

（3）在“命令”命令行提示下直接输入 FILLET 或 F 命令。

（八）缩放（放大与缩小）图形

放大与缩小（缩放）编辑功能的 AutoCAD 命令均为 SCALE（简写形式为 SC）。启动 SCALE 命令可以通过以下三种方式。

（1）打开“修改”下拉菜单选择“缩放”命令选项。

（2）单击“修改”工具栏上的“缩放”命令图标。

（3）在“命令”命令行提示下直接输入 SCALE 或 SC 命令。

所有图形在同一操作下是等比例进行缩放的。输入缩放比例小于 1（如 0.6），则对象被缩小相应倍数。输入缩放比例大于 1（如 2.6），则对象被放大相应倍数。

（九）拉长图形

拉长编辑功能的 AutoCAD 命令均为 LENGTHEN（简写形式为 LEN），可以将更改指定为百分比、增量或最终长度或角度，使用 LENGTHEN 即使用 TRIM 和 EXTEND 其中之一。此功能命令仅适用于 LINE 或 ARC 绘制的线条，对 PLINE、SPLINE 绘制的线条不能使用。启动 SCALE 命令可以通过以下三种方式。

（1）打开“修改”下拉菜单选择“拉长”命令选项。

（2）单击“修改”工具栏上的“拉长”命令图标。

（3）在“命令”命令行提示下直接输入 LENGTHEN 或 LEN 命令。

所有图形输入数值小于 1，则对象被缩短相应倍数；输入数值大于 1，则对象被拉长相应倍数。

二、图形其他编辑和修改方法

除了复制、偏移、移动和修剪等基本编辑修改功能，AutoCAD 提供了一些特殊的编辑与修改图形方法，包括多段线和样条曲线的编辑、取消和恢复操作步骤、对象属性的编辑等方法。

（一）放弃和重做（取消和恢复）操作

在绘制或编辑图形时，常常会遇到错误或不合适的操作要取消或者想返回到前面的操作步骤状态中。AutoCAD 提供了相关的功能命令，可以实现前面的绘图操作要求。

1. 逐步取消操作（U）

U 命令的功能是取消前一步命令操作及其所产生的结果，同时显示该次操作命令的名称。启动 U 命令可以通过以下几种方式。

(1) 打开“编辑”下拉菜单选择【放弃（U）“***”】命令选项，其中“***”代表前一步操作功能命令。

(2) 单击“标准”工具栏上的“放弃”命令。

(3) 在“命令”命令行提示下直接输入 U 命令。

(4) 使用快捷键“Ctrl” + “Z”

按上述方法执行 U 命令后即可取消前一步命令操作及其所产生的结果，若继续按“Enter”键，则会逐步返回到操作刚打开（开始）时的图形状态。

2. 限次取消操作（UNDO）

UNDO 命令的功能与 U 基本相同，主要区别在于 UNDO 命令可以取消指定数量的前面一组命令操作及其所产生的结果，同时也显示有关操作命令的名称。启动 UNDO 命令可以通过在“命令”命令行提示下直接输入 UNDO 命令。

3. 恢复操作（REDO）

REDO 功能命令允许恢复上一个 U 或 UNDO 所做的取消操作。要恢复上一个 U 或 UNDO 所做的取消操作，必须在该取消操作进行后立即执行，即 REDO 必须在 U 或 UNDO 命令后立即执行。启动 REDO 命令可以通过以下几种方式。

(1) 打开“编辑”下拉菜单选择【重做（R）***】命令选项，其中“***”代表前一步取消的操作功能命令。

(2) 单击“标准”工具栏上的“重做”命令图标。

(3) 在“命令”命令行提示下直接输入 REDO 命令。

(4) 使用快捷键“Ctrl” + “Y”】

（二）对象特性的编辑和特性匹配

1. 编辑对象特性

对象特性是指图形对象所具有的全部特点和特征参数，包括颜色、线型、尺寸大小、角度、质量和重心等一系列性质。属性编辑功能的 AutoCAD 命令为 PROP-

ERTIES（简写形式为 PROPS）。启动 PROPERTIES 命令可以通过以下方式。

（1）打开“修改”下拉菜单选择“特性”命令选项。

（2）单击“标准”工具栏上的“特性”命令图标。

（3）在“命令”命令行提示下直接输入 PROPERTIES 命令。

（4）使用快捷键“Ctrl”＋“1”。

（5）选择图形对象后单击鼠标右键，在屏幕上弹出的快捷菜单中选择特性（Properties）命令选项。

按上述方法执行属性编辑功能命令后，AutoCAD 将弹出 Properties 对话框。在该对话框中，可以单击要修改的属性参数所在行的右侧，直接进行修改或在出现的一个下拉菜单选择需要的参数。可以修改的参数包括颜色、图层、线型、线型比例、线宽、坐标和长度、角度等各项相关指标。

2. 特性匹配

特性匹配是指将所选图形对象的属性复制到另外一个图形对象上，使其具有相同的某些参数特征。特性匹配编辑功能的 AutoCAD 命令为 MATCHPROP（简写形式为 MA）。启动 MATCHPROP 命令可以通过以下三种方式。

（1）打开“修改”下拉菜单选择“特性匹配”命令选项。

（2）单击“标准”工具栏上的“特性匹配”命令图标。

（3）在“命令”命令行提示下直接输入 MATCHPROP 命令。

执行该命令后，光标变为一个刷子形状，使用该刷子即可进行特性匹配，包括改变为相同的线型、颜色、字高、图层等。

（三）多段线和样条曲线的编辑

多段线和样条曲线编辑修改，需使用其专用编辑命令。

1. 多段线编辑修改

多段线专用编辑命令是 PEDIT，启动 PEDIT 编辑命令可以通过以下四种方式。

（1）打开“修改”下拉菜单中的“对象”子菜单，选择其中的“多段线”命令。

（2）单击“修改 II”工具栏上的“编辑多段线”按钮。

（3）在“命令”命令提示行下直接输入命令 PEDIT。

（4）用鼠标选择多段线后，在绘图区域内单击鼠标右键，然后在弹出的快捷菜单上选择多段线命令。

2. 样条曲线编辑修改

样条曲线专用编辑命令是 SPLINEDIT，启动 SPLINEDIT 编辑命令可以通过以下四种方式。

(1) 打开“修改”下拉菜单中的“对象”子菜单，选择其中的“样条曲线”命令。

(2) 单击“修改 II”工具栏上的“编辑样条曲线”按钮。

(3) 在“命令”命令行提示下输入命令 SPLINEDIT。

(4) 用鼠标选择多段线后，在绘图区域内单击鼠标右键，然后在弹出的快捷菜单上选择样条曲线命令。

(四) 多线的编辑

多线专用编辑命令是 MLEDIT，启动 MLEDIT 编辑命令可以通过以下两种方式。

(1) 打开“修改”下拉菜单中的“对象”子菜单，选择其中的“多线”命令。

(2) 在“命令”命令行提示下输入命令 MLEDIT。按上述方法执行 MLEDIT 编辑命令后，AutoCAD 弹出一个多线编辑工具对话框。若单击其中的一个图标，则表示使用该种方式进行多线编辑操作。

(五) 图案的填充与编辑方法

图案的填充功能是指某种有规律的图案填充到其他图形整个或局部区域中，所使用的填充图案一般为 AutoCAD 系统提供，也可以建立新的填充图案。图案主要用来区分工程的部件或表现组成对象的材质，可以使用预定义的填充图案，用当前的线型定义简单直线图案，或者创建更加复杂的填充图案，图案的填充功能 AutoCAD 命令包括 BHATCH、HATCH，二者功能相同。

1. 图案填充功能及使用

启动图案填充功能命令可以通过以下三种方式。

(1) 打开“绘图”下拉菜单中的“图案填充”命令。

(2) 单击“绘图”工具栏上的“图案填充”按钮。

(3) 在“命令”命令行提示下输入命令 BHATCH 或 HATCH。

按上述方法执行图案填充命令后，AutoCAD 弹出一个图案填充和渐变色对话框，在该对话框可以进行定义边界、图案类型、图案比例、图案角度和图案特性以及定制填充图案等参数设置操作。使用该对话框就可以实现对图形进行图案操作。

在进行填充操作时，填充区域的边界必须是封闭的，否则不能进行填充或填充结果错误。以在“命令”命令行提示下直接输入 HATCH 命令，及多边形、椭圆形等图形为例，说明对图形区域进行图案填充的方法。

①在“命令”命令行提示下输入命令 HATCH。

②在图案填充和渐变色对话框中选择“图案填充”选项，再在“类型与图案”栏下，单击图案右侧的三角图标选择填充图形的名称，或单击右侧的省略号 (...) 图标，

弹出“填充图案选项板”对话框，根据图形的直观效果选择要填充图案类型，单击“确定”。

③返回前一步“图案填充和渐变色”对话框，单击右上角边界栏下“添加：拾取点”或“添加：选择对象”图标，AutoCAD 将切换到图形屏幕中，在屏幕上选取图形内部任一位置点或选择图形，该图形边界线将变为虚线，表示该区域已选中，然后按下“Enter”键返回对话框。也可以逐个选择图形对象的边。

(4) 接着在“图案填充和渐变色”对话框中，在“角度和比例”栏下，设置比例、角度等参数，以此控制所填充的图案的密度大小、与水平方向的倾角大小。角度、比例可以直接输入需要的数字。

(5) 设置关联特性参数。在对话框选项栏下，选择勾取关联或不关联。关联或不关联是指所填充的图案与图形边界线的相互关系的一种特性。若拉伸边界线时，所填充的图形随之紧密变化，则属于关联，反之为不关联。

(6) 单击“确定”确认进行填充，完成填充操作。对两个或多个相交图形的区域，无论其如何复杂，均可以使用与上述一样的方法，直接使用鼠标选取要填充图案的区域即可，其他参数设置完全一样。若填充区域内有文字时，再选择该区域进行图案填充，所填充的图案并不穿越文字，文字仍清晰可见。也可以使用“选择对象”分别选取边界线和文字，其图案填充效果一致。

2. 编辑图案填充

编辑图案填充的功能是指修改填充图案的一些特性，包括其造型、比例、角度和颜色等。其 AutoCAD 命令为 HATCHEDIT。

启动 HATCHEDIT 编辑命令可以通过以下三种方式。

(1) 打开“修改”下拉菜单中的“对象”命令选项，在子菜单中选择“图案填充”命令。

(2) 单击“修改 II”工具栏上的“编辑图案填充”按钮。

(3) 在“命令”命令行提示下输入命令 HATCHEDIT。

按上述方法执行 HATCHEDIT 编辑命令后，AutoCAD 要求选择要编辑的填充图案，然后弹出一个对话框，在该对话框可以进行定义边界、图案类型、图案比例、图案角度和图案特性以及定制填充图案等参数修改，其操作方法与进行填充图案操作是一致的。

第四节 AutoCAD 常用注释

一、标注文字

标注文字，是工程设计图纸中不可缺少的一部分，文字与图形一起才能表达完整的设计思想。文字标注包括图形名称、注释、标题和其他图纸说明等。AutoCAD 提供了强大的文字处理功能，如可以设置文字样式、单行标注、多行标注、支持 Windows 字体、兼容中英文字体等。

(一) 文字样式设置

AutoCAD 文字样式是指文字字符和符号的外观形式，即字体。AutoCAD 字体除了可以使用 Windows 操作系统的 TrueType 字体，还有其专用字体 (其扩展名为 *.SHX）。AutoCAD 默认的字体为 TXT.SHX，该种字体全部由直线段构成 (没有弯曲段)，因此存储空间较少，但外观单一不美观。可以通过文字样式（STYLE 命令) 修改当前使用字体。启动 STYLE 命令可以通过以下三种方式。

(1) 打开“格式”下拉菜单选择命令“文字样式”选项。

(2) 单击样式工具栏上的文字样式命令图标。

(3) 在“命令”命令行提示下直接输入 STYLE 或 ST 命令。

按上述方法执行 STYLE 命令后，AutoCAD 弹出文字样式对话框，在该对话框中可以设置相关的参数，包括样式、新建样式、字体、高度和效果等。

其中在字体类型中，带 @ 的字体表示该种字体是水平倒置的。此外，在字体选项栏中可以使用大字体，该种字体是扩展名为 .SHX 的 AutoCAD 专用字体，如 chineset.shx、bigfont.shx 等，大字体前均带一个圆规状的符号。

(二) 单行文字标注方法

单行文字标注是指进行逐行文字输入。单行文字标注功能的 AutoCAD 命令为 TEXT。启动单行文字标注 TEXT 命令可以通过以下两种方式。

(1) 打开“绘图”下拉菜单选择“文字”命令选项，再在子菜单中选择“单行文字”命令。

(2) 在“命令”命令行提示下直接输入 TEXT 命令。

可以使用 TEXT 输入若干行文字，并可进行旋转、对正和大小调整。在“输入文字”提示下输入的文字会同步显示在屏幕中。每行文字是一个独立的对象。要结束一行并开始另一行，可在“输入文字”提示下输入字符后按“Enter”键。要结束

TEXT 命令，可直接按“Enter”键，而不用在“输入文字”提示下输入任何字符。通过对文字应用样式，用户可以使用多种字符图案或字体。这些图案或字体可以在垂直列中拉伸、压缩、倾斜、镜像或排列。

（三）多行文字标注方法

除了使用 TEXT 进行单行文字标注，还可以进行多行文字标注，其 AutoCAD 命令为 MTEXT。启动多行文字标注 MTEXT 命令可以通过以下三种方式。

（1）打开“绘图”下拉菜单选择“文字”命令选项，再在子菜单中选择“多行文字”命令。

（2）单击“绘图”工具栏上的“多行文字命令”图标。

（3）在“命令”命令行提示下直接输入 MTEXT 命令。

激活 MTEXT 命令后，要求在屏幕上指定文字的标注位置，可以使用鼠标直接在屏幕上点取。指定文字的标注位置后，AutoCAD 弹出文字格式对话框，在该对话框中设置字形、字高、颜色等，然后输入文字，输入文字后单击“OK”按钮，文字将在屏幕上显示出来。

二、尺寸标注

尺寸的标注，在工程制图中同样是十分重要的内容。尺寸大小，是进行工程建设定位的主要依据。AutoCAD 提供了多种尺寸标注方法，以适应不同工程制图的需要。AutoCAD 提供的尺寸标注形式，与工程设计实际相一致。一个完整的尺寸一般由尺寸界线、尺寸线、箭头、标注文字构成。通常以一个整体出现。

（一）尺寸样式设置

尺寸标注样式是指尺寸界线、尺寸线、箭头、标注文字等的外观形式。通过设置尺寸标注样式，可以有效地控制图形标注尺寸界线、尺寸线、箭头、标注文字的布局和外观形式。尺寸标注样式设置的 AutoCAD 命令为 DIMSTYLE（简写形式为 DDIM）。启动尺寸标注样式 DIMSTYLE 命令可以通过以下三种方式。

（1）打开“格式”下拉菜单选择“标注样式”命令选项。

（2）单击“标注”工具栏上的“标注样式”命令图标。

（3）在“命令”命令行提示下直接输入 DIMSTYLE 或 DDIM 命令。

激活 DIMSTYLE 命令后，在屏幕上弹出标注样式管理器对话框，通过该对话框，可以对尺寸线、标注文字、箭头、尺寸单位、尺寸位置和方向等尺寸样式进行部分或全部设置和修改。其中，创建新的标注样式是新定义一个标注模式；比较两个已存在的标注样式的参数及特性，二者不同之处显示出来；修改标注样式可以对当前的标注样式进行修改，包括文字位置、箭头和尺寸线长短等各种参数。其中“文字对齐”选项建议点取“与尺寸线对齐”尺寸标注文字是否带小数点，在线性标注选项下的“精度”进行设置。

(二) 尺寸标注方法

AutoCAD 提供了多种尺寸标注方法，包括线性、对齐、坐标、半径、直径、角度等。此外还有快速尺寸标注等其他方式。

(1) 线性尺寸标注的 AutoCAD 功能命令是 DIMLINEAR。启动 DIMLINEAR 命令可以通过以下三种方式。

①打开“标注”下拉菜单，选择其中的“线性”命令选项。

②单击标注工具栏上的“线性”命令功能图标。

③在“命令”命令行提示下输入 DIMLINEAR 并回车。

(2) 对齐尺寸标注是指所标注的尺寸线与图形对象相平行，其 AutoCAD 功能命令是 DIMALIGNED。启动 DIMALIGNED 命令可以通过以下三种方式。

①打开“标注”下拉菜单，选择其中的“对齐”命令选项。

②单击标注工具栏上的对齐命令功能图标。

③在“命令”命令行提示下输入 DIMALIGNED 并回车。

(3) 坐标尺寸标注是指所标注是图形对象的 X 或 Y 坐标，其 AutoCAD 功能命令是 DIMORDINATE。坐标标注沿一条简单的引线显示部件的 X 或 Y 坐标。这些标注也称为基准标注。AutoCAD 使用当前用户坐标系（UCS）确定测量的 X 或 Y 坐标，并且沿与当前 UCS 轴正交的方向绘制引线。按照通行的坐标标注标准，采用绝对坐标值。启动 DIMORDINATE 命令可以通过以下三种方式。

①打开“标注”下拉菜单，选择其中的“坐标”命令选项。

②单击标注工具栏上的“坐标”命令功能图标。

③在“命令”命令行提示下输入 DIMORDINATE 并回车。

(4) 半径标注由一条具有指向圆或圆弧的箭头的半径尺寸线组成。如果 DIMCEN 系统变量未设置为零，AutoCAD 将绘制一个圆心标记。其 AutoCAD 功能命令是 DIMRADIUS。DIMRADIUS 根据圆或圆弧的大小、“新建标注样式”“修改标注样式”和“替代当前样式”对话框中的选项以及光标的位置绘制不同类型的半径标注。对于水平标注文字，如果半径尺寸线的角度大于水平 15°，AutoCAD 将在标注文字前一个箭头长处绘制一条钩线，也称为弯钩或着陆。AutoCAD 测量此半径并显示前面带一个字母 R 的标注文字。

启动 DIMRADIUS 命令可以通过以下三种方式。

①打开“标注”下拉菜单，选择其中的“半径”命令选项。

②单击标注工具栏上的“半径”命令功能图标。

③在“命令”命令行提示下输入 DIMRADIUS 并回车。

（5）直径尺寸标注是根据圆和圆弧的大小、标注样式的选项设置以及光标的位置来绘制不同类型的直径标注。标注样式控制圆心标记和中心线。当尺寸线画在圆弧或圆内部时，AutoCAD 不绘制圆心标记或中心线。其 AutoCAD 功能命令是 DIMDIAMETER。对于水平标注文字，如果直径线的角度大于水平 15° 并且在圆或圆弧的外面，那么 AutoCAD 将在标注文字旁边绘制一条一个箭头长的钩线。启动 DIMDIAMETER 命令可以通过以下三种方式。

①打开“标注”下拉菜单，选择其中的“直径”命令选项。

②单击标注工具栏上的直径命令功能图标。

③在“命令”命令行提示下输入 DIMDIAMETER 并回车。

（6）角度尺寸标注是根据 2 条以上图形对象构成的角度进行标注。其 AutoCAD 功能命令是 DIMANGULAR。启动 DIMANGULAR 命令可以通过以下三种方式。

①打开“标注”下拉菜单，选择其中的“角度”命令选项。

②单击标注工具栏上的角度命令功能图标。

③在“命令”命令行提示下输入 DIMANGULAR 并回车。

（7）基线尺寸标注是指创建自相同基线测量的一系列相关标注，其 AutoCAD 功能命令为 DIMBASELINE。AutoCAD 使用基线增量值偏移每一条新的尺寸线并避免覆盖上一条尺寸线。基线增量值在“新建标注样式”“修改标注样式”和“替代标注样式”对话框的“直线和箭头”选项卡上基线间距指定。如果在当前任务中未创建标注，AutoCAD 将提示用户选择线性标注、坐标标注或角度标注，以用作基线标注的基准。一般情况下，在进行标注前，需使用线性标注、坐标标注或角度标注来确定标注基准线。

启动 DIMBASELINE 命令可以通过以下三种方式。

①打开“标注”下拉菜单，选择其中的“基线”命令选项。

②单击标注工具栏上的基线标注命令功能图标。

③在“命令”命令行提示下输入 DIMBASELINE 并回车。

（8）连续尺寸标注是指绘制一系列相关的尺寸标注，例如，添加到整个尺寸标注系统中的一些短尺寸标注。连续标注也称为链式标注，其 AutoCAD 功能命令为 DIMCONTINUE。创建线性连续标注时，第一条尺寸界线将被禁止，并且文字位置和箭头可能会包含引线。这种情况作为连续标注的替代而出现（DIMSE1 系统变量打开，DIMTMOVE 系统变量为 1 时）。如果在当前任务中未创建标注，AutoCAD 将提示用户选择线性标注、坐标标注或角度标注，以用作连续标注的基准。一般情况下，在进行标注前，需使用线性标注、坐标标注或角度标注来确定标注基准线。

启动 DIMCONTINUE 命令可以通过以下三种方式。

①打开“标注”下拉菜单，选择其中的“连续”命令选项。

②单击标注工具栏上的标注连续命令功能图标。

③在命令行“命令”提示符下输入 DIMCONTINUE 并回车。

（9）形位公差表示特征的形状、轮廓、方向、位置和跳动的允许偏差。可以通过特征控制框来添加形位公差，这些框中包含单个标注的所有公差信息。其中特征控制框至少由两个组件组成，第一个特征控制框包含一个几何特征符号，表示应用公差的几何特征，例如，位置、轮廓、形状、方向或跳动。可以创建带有或不带引线的形位公差，这取决于创建公差时使用的是 TOLERANCE 还是 LEADER。形状公差控制直线度、平面度、圆度和圆柱度；轮廓控制直线和表面，可以使用大多数编辑命令更改特性控制框，可以使用对象捕捉模式对其进行捕捉，还可以使用夹点编辑它们。

第五节　AutoCAD 平面绘图应用

一、设置图层

在正式绘图之前，应该先根据需要设置不同的图层，以便于图形的绘制与修改。依据图层、线型、线宽等设置方法，结合本图需要进行图层的设置，主要包括“粗实线”“细实线”“点画线”等图层。

二、绘制视图中的点画线

将点画线图层设置为当前，运用“直线”“复制”“偏移”等命令在图中合适的位置绘制主视图和左视图中的点画线。

三、绘制粗实线

将“粗实线”层设置为当前，运用“直线”“圆”“圆弧”等命令绘制粗实线，绘制图形过程中可以运用“修剪”“镜像”“复制”等修改命令提升绘图速度，同时注意对象捕捉的使用。

四、绘制剖面符号

左视图中有四处需要绘制剖面线。将细实线图层设置为当前，运用图案填充命令绘制剖面线。

五、标注尺寸

标注前对标注先进行设置。将标注图层设置为当前，用设置好的标注样式对绘制进行标注。

六、绘制边框和标题栏

分别用粗实线和细实线绘制边框和标题栏，用文字命令设定文字格式并标注图中的文字。

第七章　机械传动装置设计

第一节　传动方案的拟定

一、设计齿轮传动装置

(一) 概述

1. 齿轮传动机构的应用和特点

齿轮传动是机械传动中最重要、应用最为广泛的一种传动，如常见的各种减速装置、机床传动系统、仪器、仪表等都有齿轮传动机构。齿轮传动的主要优点是：工作可靠、寿命较长；传动比稳定、传动效率高；可实现平行轴、任意角相交轴、任意角交错轴之间的传动；适用的功率和速度范围广。主要缺点是：加工和安装精度要求较高，制造成本也较高；不适宜于远距离的两轴之间的传动。

2. 齿轮传动的类型

齿轮传动的类型很多，按照一对齿轮轴线的相互位置，齿轮传动可分为平面齿轮传动和空间齿轮传动。

3. 渐开线齿廓

齿轮传动最基本的要求是其瞬时传动比必须恒定不变，否则当主动轮以等速度回转时，从动轮的角速度为变量，从而产生惯性力，影响齿轮的寿命，同时也会引起振动，影响其工作精度。要满足这一基本要求，齿轮的齿廓曲线必须符合一定的条件。符合条件的齿廓曲线有很多，但齿廓曲线的选择应考虑制造、安装和强度等要求。

(二) 渐开线齿廓的切削加工与根切现象

齿轮轮齿的加工方法很多，最常用的是切削加工法，此外还有铸造法、热轧法等。轮齿的切削加工方法按其加工原理可分为成形法和范成法两类。

1. 成形法

成形法是用于齿轮齿槽形状相同的铣刀在铣床上进行加工的方法。加工时，铣

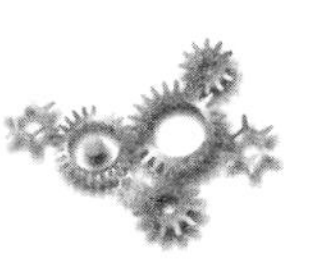

刀绕本身的轴线旋转，铣完第一个齿槽，再铣第二个齿槽，其余以此类推。这种加工方法简单，不需要专用机床，但精度差，而且是逐个齿切削，切削不连续，故生产率低，仅适用于单件生产及精度要求不高的齿轮加工。

2. 范成法

范成法是利用一对齿轮（或齿轮与齿条）互相啮合时其共轭齿廓互为包络线的原理来切齿的。如果把其中一个齿轮（或齿条）做成刀具，就可以切出与它共轭的渐开线齿廓。范成法加工种类很多，有插齿、滚齿、剃齿、磨齿等，其中最常用的是插齿和滚齿，剃齿和磨齿用于精度和表面结构要求较高的场合。齿轮插刀的形状和齿轮相似，其模数和压力角与被加工齿轮相同。加工时，插齿刀沿轮坯轴线方向做上下往复的切削运动；同时，机床的传动系统严格地保证插齿刀与轮坯之间的范成运动。

（三）齿轮传动的失效形式

齿轮传动常见的失效形式有轮齿折断和齿面损伤。齿面损伤又有齿面点蚀、磨损、胶合和塑性变形等。

1. 轮齿折断

轮齿折断一般发生在齿根部位。造成折断的原因有两种：一是因多次重复的弯曲应力和应力集中造成的疲劳折断；二是因短时过载或冲击载荷而造成的过载折断。两种折断均发生在轮齿受拉应力的一侧。齿宽较小的直齿圆柱齿轮，齿根裂纹一般是从齿根沿横向扩展，最后发生全齿的疲劳折断。齿宽较大的直齿圆柱齿轮，一般因制造误差使载荷集中在齿的一端，裂纹扩展可能沿斜向，最后发生齿的局部折断。斜齿圆柱齿轮和人字齿轮常因接触线是倾斜的，其齿根裂纹往往从齿根斜向齿顶的方向扩展，最后发生齿的局部疲劳折断。采用正变位等方法增加齿根圆角半径可减小齿根处的应力集中，能提高轮齿的抗折断能力。降低齿面的粗糙度，对齿根处进行喷丸、辊压等强化处理工艺，均可提高轮齿的抗疲劳折断能力。

2. 齿面点蚀

由于齿面的接触应力是交变的，应力经多次重复后，在节线附近靠近齿根部分的表面，会出现若干小裂纹，封闭在裂纹中的润滑油，在压力作用下，产生楔挤作用而使裂纹扩大，最后导致表层小片状剥落而形成麻点状凹坑，称为齿面疲劳点蚀。点蚀出现的结果，往往产生强烈的振动和噪声，导致齿轮失效。提高齿面硬度和润滑油的黏度，采用正变位传动等，均可减缓或防止点蚀产生。

3. 齿面磨损

当外界的硬屑落入啮合的齿面间，就可能产生磨料磨损。另外，当表面粗糙的硬齿与较软的轮齿相啮合时，由于相对滑动，较软的齿表面易被划伤，也可能产生齿面磨料磨损。磨损后，正确的齿形遭到破坏，齿厚减薄，最后导致轮齿因强度不足而折断。改善润滑、密封条件，在润滑油中加入减磨添加剂，保持润滑油的清洁，提高齿面硬度等，均能提高齿面的抗磨损能力。

4. 齿面胶合

胶合是比较严重的黏着磨损。齿轮在高速重载传动时，因滑动速度高而产生的瞬时高温会使油膜破裂，造成齿面间的黏焊现象，黏焊处被撕脱后，轮齿表面沿滑动方向形成沟痕，这种胶合称为热胶合。在低速重载传动中，不易形成油膜，摩擦热虽不大，但也可能因重载而出现冷焊黏着，这种胶合称为冷胶合。热胶合是高速、重载齿轮传动的主要失效形式。减小模数、降低齿高、采用变位齿轮以减小滑动系数，提高齿面硬度，采用抗胶合能力强的润滑油（极压油）等，均可减缓或防止齿面胶合。

5. 齿面塑性变形

当齿轮材料较软而载荷及摩擦力又很大时，在啮合过程中，齿面表层材料就会沿着摩擦力的方向产生塑性变形从而破坏正确齿形。由于在主动轮齿面节线的两侧，齿顶和齿根的摩擦力方向相背，因此，在节线附近形成凹槽；从动轮则相反，由于摩擦力方向相对，因此在节线附近形成凸脊。这种失效常在低速重载、频繁启动和过载传动中出现。适当提高齿面硬度，采用黏度较大的润滑油，可以减轻或防止齿面塑性流动。

二、设计带传动装置

（一）带传动的工作原理和特点

根据工作原理不同，带传动可分为摩擦带传动和啮合带传动两类。摩擦带传动通常由主动轮、从动轮和张紧在两轮上的挠性传动带组成。带紧套在两个带轮上，借助带与带轮接触面间的压力所产生的摩擦力来传递运动和动力。啮合带传动由主动同步带轮、从动同步带轮和套在两轮上的环形同步带组成，带的工作面制成齿形，与有齿的带轮相啮合实现传动。摩擦带传动的优点：有过载保护作用，有缓冲吸振作用、运行平稳无噪声，适于远距离传动，制造、安装精度要求不高。缺点：弹性滑动使传动比不恒定，张紧力较大，轴上压力较大，结构尺寸较大、不紧凑，打滑，使带寿命较短，带与带轮间摩擦放电。不适宜高温、易燃、易爆的场合。

（二）带传动的类型

摩擦带传动，按带横剖面的形状是矩形、梯形或圆形，可分为平带传动、V 带传动、楔带传动和圆带传动。

（三）带传动的主要失效形式和设计准则

1. 主要失效形式

（1）打滑。当传递的圆周力超过带与带轮接触面之间摩擦力总和的极限时，发生过载打滑，造成传动失效。

（2）疲劳破坏。传动带在变应力的反复作用下，发生裂纹、脱层、松散，直至断裂。

2. 设计准则

保证带传动不发生打滑的前提下，具有一定的疲劳强度和寿命。

第二节 电动机的选择

一、电动机的类型及结构形式

（一）电动机的类型

电动机分交流电动机和直流电动机两种。工业上一般采用三相交流电源，因此一般采用交流电动机。其中以 Y 系列三相鼠笼式异步电动机用得最多，其结构简单、工作可靠、价格低、维护方便，适用于不易燃、不易爆、无腐蚀性气体和无特殊要求的机械，如机床、运输机、搅拌机、农业机械和食品机械等。在经常启动、制动和反转的场合（如起重机），一般要求电动机转动惯量小和过载能力大，此时应选用起重冶金用 YZ 型（笼型）或 YZR（绕线型）三相异步电动机。

（二）电动机的结构形式

电动机的结构形式，按安装位置不同，有卧式和立式两类；按防护方式不同有开启式、防护式、封闭式和防爆式。常用结构形式为卧式封闭型电动机。

二、机械传动的效率

机械在运转时，作用在机械上的驱动力所做的功称为输入功，克服生产阻力所做的功称为输出功。输出功和输入功的比值，反映了输入功在机械中的有效利用程度，称为机械效率。机械在运转过程中会有功率的损耗，所以要计算机械传动的效率。传动装置总效率，应为组成传动装置各部分运动副效率的乘积计算总效率时应

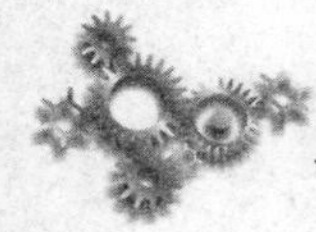

注意以下问题。

(1) 同类型的几对传动副、轴承和联轴器，要分别计入各自的效率。

(2) 所取传动副若包含轴承的效率，则不再计入该对轴承的效率，轴承效率均指一对轴承的效率。

(3) 蜗杆传动效率与蜗杆头数及材料等有关，设计时应先初步估计蜗杆头数，初选效率值，待蜗杆传动参数确定后再精确计算其效率。

(4) 在资料中查出效率为一范围时，一般取中间值，如工作条件差、润滑维护不良时应取低值，反之取高值。

三、电动机容量（功率）的确定

电动机的功率选择得合适与否，对电动机的工作和经济性都有影响。选择的功率小于工作要求，则不能保证工作机正常工作，或使电动机长期过载、发热过大而过早损坏；选择的功率过大则电动机价格高，能力不能充分利用，效率和功率因数都较低，增加电能损耗，造成很大浪费。确定电动机的功率主要由运行时的发热条件限定，在不变或变化很小的载荷下长期连续运转的机械，只要所选电动机的额定功率等于或稍大于电动机的工作功率，电动机在工作时就不会过热，通常不必校验发热和启动力矩。

四、电动机转速的确定

除了选择合适的电动机系列和额定功率外，还要选择适当的电动机转速。额定功率相同的同一类型电动机，有几种不同的转速系列可供选择，如三相异步电动机有四种常用的同步转速，即3000r/min、1500r/min、1000r/min、750r/min（相应的电动机定子绕组的极对数为2、4、6、8）。同步转速是由电源频率与极对数而定的磁场转速，电动机空载时才可能达到同步转速，负载时的转速都低于同步转速。电动机的转速高，极对数少，尺寸和质量小，价格也低，但传动装置的传动比大，从而使传动装置的结构尺寸增大，成本提高；选用低转速的电动机则相反。因此，确定电动机转速时要综合考虑，分析比较电动机及传动装置的性能、尺寸、重量和价格等因素。为合理设计传动装置，根据工作机主动轴转速要求和各传动副的合理传动比范围，可推算出电动机转速的可选范围。

第三节　传动比的分配

一、机械传动装置的总传动比

电动机选定后根据电动机满载转速和工作机转，可确定传动装置的总传动比。

二、机械传动装置的各级传动比

合理分配各级传动比是传动装置总体设计中的一个重要问题。传动比分配得合理，可以减小传动装置的结构尺寸、减轻质量、改善润滑状况等。分配传动比时应考虑以下五点。

(1) 各级传动比都应在合理范围内以符合各种传动形式的工作特点，并使结构比较紧凑。

(2) 应注意使各级传动件尺寸协调，结构匀称合理。由 V 带传动和单级圆柱齿轮减速器组成的传动装置中，V 带传动的传动比不能过大，否则会使大带轮半径大于减速器中心高，使带轮与底座或地面相碰，给安装带来麻烦。

(3) 应使传动装置的外廓尺寸尽可能紧凑。传动装置为二级圆柱齿轮减速器，在总中心距相同而传动比不同时，低速级大齿轮的直径较小而使结构紧凑。

(4) 在卧式二级齿轮减速器中，尽量使各级大齿轮浸油深度合理（低速级大齿轮浸油稍深，高速级大齿轮能浸到油）。也就是希望各级大齿轮直径相近，以避免为了各级齿轮都能浸到油，而使某级大齿轮浸油过深造成搅油损失增加。

(5) 要考虑传动零件之间不会干涉碰撞。由于高速级传动比行过大，使高速级大齿轮直径过大而与低速轴干涉。

第四节　设计实例分析

欲对一带式输送机的传动装置做总体设计，已知输送机所需牵引力 F=2000N，带速 v=1.2m/s，卷筒直径 D=260mm。输送机在常温下两班制单向工作载荷较平稳，结构尺寸无特殊要求和限制。

(1) 分析转动方案：

由已知条件计算出输送机卷筒转速 n_w 为：

$$n_{\mathrm{w}}=\frac{60\times 100v}{\pi D}=\frac{60\times 1000\times 1.2}{\pi\times 260}\mathrm{r/min}=88.15\mathrm{r/min}$$

一般常选用同步转速为1500r/min和1000 r/min的电动机作为原动机，因此总传动比约为11或17，可初步拟定以二级传动为主的传动方案。方案符合要求，且结构简单，制造成本较低，因此该传动方案合理。

(2) 选择电动机类型：按工作要求和工作条件，选用一般用途的Y（IP44）系列三相异步电动机。

(3) 计算电动机功率 P_{w}，卷筒轴输出功率 P_{d} 为:(η 为传动装置总销量，取值0.89)

$$P_{\mathrm{w}}=\frac{Fv}{1000}=\frac{2000\times 1.2}{1000}\mathrm{kW}=2.4\mathrm{kW}$$

$$P_{\mathrm{d}}=\frac{P_{\mathrm{w}}}{\eta}=\frac{2.4}{0.89}\mathrm{kW}=2.7\mathrm{kW}$$

(4) 计算电动机的转速，确定电动机的类型：先估算电动机转速可选范围，V带传动的传动比推荐值为 $i_1'=2\sim 4$ 单级圆柱齿轮传动的传动比推荐值为 $i_2'=3\sim 6$，则电动机转速可选范围为:

$n_{\mathrm{d}}'=n_{\mathrm{w}}\times i_1'\times i_2'=528.9\sim 2115.6\ \tau/\mathrm{min}$

可见，常用的同步转速为1500r/min和1000r/min的电动机符合要求。

第八章　常用电弧焊方法

第一节　焊条电弧焊

一、焊条电弧焊概述

焊条电弧焊的焊接回路由弧焊电源、电弧、焊钳、焊条、电缆和焊件组成。焊接电弧是负载，弧焊电源是为其提供电能的装置，焊接电缆则连接电源与焊钳和焊件。

（一）焊条电弧焊的原理

焊接时，将焊条与焊件接触短路后立即提起焊条，引燃电弧。电弧的高温将焊条与焊件局部熔化，熔化了的焊芯以熔滴的形式过渡到局部熔化的焊件表面，融合到一起形成熔池。焊条药皮在熔化过程中产生一定量的气体和液态熔渣，产生的气体充满在电弧和熔池周围，起隔绝大气、保护液体金属的作用。液态熔渣密度小，在熔池中不断上浮，覆盖在液体金属上面，也起着保护液体金属的作用。同时，药皮熔化产生的气体、熔渣与熔化了的焊芯、焊件发生一系列冶金反应，保证了所形成焊缝的性能。随着电弧沿焊接方向的不断移动，熔池液态金属逐步冷却结晶形成焊缝。

（二）焊条电弧焊的特点及应用

1. 焊条电弧焊的优点

（1）工艺灵活、适应性强。对于不同的焊接位置、接头形式，焊件厚度及焊缝，只要焊条所能达到的位置，均能进行方便的焊接；对一些单件以及不易实现机械化焊接的焊缝，更显得机动灵活，操作方便。

（2）应用范围广。焊条电弧焊的焊条能够与大多数焊件金属性能相匹配，因而接头的性能可以达到被焊金属的性能。焊条电弧焊不但能焊接碳钢和低合金钢、不锈钢及耐热钢，对于铸铁、高合金钢及有色金属等也可以用焊条电弧焊焊接。此外，还可以进行异种钢焊接和各种金属材料的堆焊等。

（3）易于分散焊接应力和控制焊接变形。由于焊接是局部的不均匀加热，所以焊件在焊接过程中都存在焊接应力和变形。对结构复杂而焊缝又比较集中的焊件、长焊缝和大厚度焊件，其应力和变形问题更为突出。采用焊条电弧焊，可以通过改变焊接工艺，如采用跳焊、分段退焊、对称焊等方法，来减少变形和改善焊接应力的分布。

（4）设备简单、成本较低。焊条电弧焊使用的交流焊机和直流焊机，其结构都比较简单，维护保养也较方便，设备轻便而且易于移动，且焊接中不需要辅助气体保护，并具有较强的抗风能力。故投资少，成本相对较低。

2. 焊条电弧焊的缺点

（1）焊接生产率低、劳动强度大。由于焊条的长度是一定的，因此每焊完一根焊条后必须停止焊接，更换新的焊条，而且每焊完一焊道后要求清渣，焊接过程不能连续地进行，所以生产率低、劳动强度大。

（2）焊缝质量依赖性强。由于采用手工操作，焊缝质量主要靠焊工的操作技术和经验保证，所以焊缝质量在很大程度上依赖于焊工的操作技术及现场发挥，甚至是焊工的精神状态。另外，焊条电弧焊不适合活泼金属、难熔金属及薄板的焊接。

二、焊条电弧焊设备及工具

焊条电弧焊的设备和工具有弧焊电源、焊钳、面罩、焊条保温筒，此外还有敲渣锤、钢丝刷等手工工具及焊缝检验尺等辅助器具等，其中最主要和重要的设备是弧焊电源，即通常所说的电焊机，为了区别其他电源，故称弧焊电源。焊条电弧焊电源的作用就是为焊接电弧稳定燃烧提供所需要的、合适的电流和电压。

（一）对弧焊电源的要求

焊条电弧焊电弧与一般的电阻负载不同，它在焊接过程中是时刻变化的，是一个动态的负载。因此焊条电弧焊电源除了具有一般电力电源的特点，还必须满足下列要求。

1. 对弧焊电源外特性的要求

在其他参数不变的情况下，弧焊电源输出电压与输出电流之间的关系，称为弧焊电源的外特性。弧焊电源的外特性可用曲线来表示，称为弧焊电源的外特性曲线。弧焊电源的外特性基本上有下降外特性、平外特性、上升外特性三种类型。

在焊接回路中，弧焊电源与电弧构成供电用电系统。为了保证焊接电弧稳定燃烧和焊接参数稳定，电源外特性曲线与电弧静特性曲线必须相交。因为在交点，电源供给的电压和电流与电弧燃烧所需要的电压和电流相等，电弧才能燃烧。由于焊

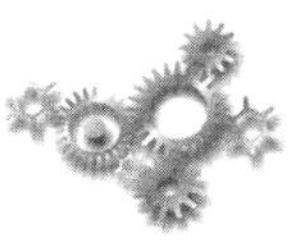

条电弧焊电弧静特性曲线的工作段在平特性区，所以只有下降外特性曲线才与其有交点。因此，下降外特性曲线电源能满足焊条电弧焊的要求。

2. 对弧焊电源空载电压的要求

弧焊电源接通电网而焊接回路为开路时，弧焊电源输出端电压称为空载电压。为便于引弧，需要较高的空载电压，但空载电压过高，对焊工人身安全不利，制造成本也较高。一般交流弧焊电源空载电压为55～70V，直流弧焊电源空载电压为45～85V。

3. 对弧焊电源稳态短路电流的要求

弧焊电源稳态短路电流是弧焊电源所能稳定提供的最大电流，即输出端短路时的电流。稳态短路电流太大，焊条过热，易引起药皮脱落，并增加熔滴过渡时的飞溅；稳态短路电流太小，则会使引弧和焊条熔滴过渡产生困难。因此，对于下降外特性的弧焊电源，一般要求稳态短路电流为焊接电流的1.25～2.0倍。

4. 对弧焊电源调节特性的要求

在焊接中，根据焊接材料的性质、厚度、焊接接头的形式、位置及焊条直径等不同，需要选择不同的焊接电流。这就要求弧焊电源能在一定范围内，对焊接电流做均匀、灵活的调节，有利于保证焊接接头的质量。焊条电弧焊焊接电流的调节，实质上是调节电源外特性。

5. 对弧焊电源动特性的要求

弧焊电源的动特性，是指弧焊电源对焊接电弧的动态负载所输出的电流、电压对时间的关系，它表示弧焊电源对动态负载瞬间变化的反应能力。动特性合适时，引弧容易、电弧稳定、飞溅小，焊缝成形良好。弧焊电源动特性是衡量弧焊电源质量的一个重要指标。

（二）弧焊电源的分类及特点

弧焊电源按结构原理不同可分为交流弧焊电源、直流弧焊电源和逆变式弧焊电源三种类型；按电流性质可分为直流电源和交流电源。

1. 弧焊变压器

弧焊变压器一般也称为交流弧焊电源，是一种最简单和常用的弧焊电源。弧焊变压器的作用是把网路电压的交流电变成适宜于电弧焊的低压交流电。它具有结构简单、易造易修、成本低、效率高、磁偏吹小、噪声小、效率高等优点，但电弧稳定性较差，功率因数较低。

2. 直流弧焊电源

直流弧焊电源有直流弧焊发电机和弧焊整流器两种。直流弧焊发电机由直流发电机和原动机（电动机、柴油机、汽油机）组成。虽然其坚固耐用，电弧燃烧稳定，但损耗较大、效率低、噪声大、成本高、重量大、维修难。电动机驱动的直流弧焊发电机，属于国家规定的淘汰产品，但由柴油机驱动的可用于没有电源的野外施工。

弧焊整流器是把交流电经降压整流后获得直流电的电气设备。它具有制造方便、价格低、空载损耗小、电弧稳定和噪声小等优点，且大多数（如晶闸管式、晶体管式）可以远距离调节焊接参数，能自动补偿电网电压波动对输出电压、电流的影响。

3. 弧焊逆变器

弧焊逆变器是把单相或三相交流电经整流后，由逆变器转变为几百至几万赫兹的中频交流电，经降压后输出交流或直流电。它具有高效、节能、重量轻、体积小、功率因数高和焊接性能好等独特的优点。

（三）常用焊条电弧焊电源

1. 弧焊变压器

（1）BX3-300型弧焊变压器 BX3-300型弧焊变压器属于动圈式，是生产中应用最广的一种交流焊机。它是依靠一、二次绕组间漏磁获得陡降外特性的。它有一个高而窄的口字形铁心，变压器的一次绕组分成两部分，固定在口形铁心两心柱的底部；二次绕组也分成两部分，装在两铁心柱的上部并固定于可动的支架上，通过丝杠连接，转动手柄可使二次绕组上下移动，以改变一、二次绕组间的距离，从而调节焊接电流的大小。

以焊接电流的调节有两种方法，即粗调节和细调节。粗调节是通过改变一、二次绕组的接线方法（接法Ⅰ或接法Ⅱ），即通过改变一、二次绕组的匝数进行调节。当接成接法Ⅰ时，空载电压为75V，焊接电流调节范围为40～125A；当接成接法Ⅱ时，空载电压为60V，焊接电流调节范围为115～400A。

细调节是通过手柄来改变一、二次绕组的距离，一、二次绕组距离越大，漏磁增加，焊接电流就减小；反之，焊接电流增大。

（2）BX1-315型弧焊变压器：BX1-315是动铁式弧焊变压器，它由一个口字形固定铁心和一个梯形活动铁心组成，活动铁心构成了一个磁分路，以增强漏磁使焊机获得陡降外特性。它的一次绕组和二次绕组各自分成两半分别绕在变压器固定铁心上，一次绕组两部分串连接电源，二次绕组两部分并连接焊接回路。

BX1-315-2焊机的焊接电流调节方便，仅需移动铁心就可满足电流调节要求，其调节范围为60～380A，调节范围广。当活动铁心由里向外移动而离开固定铁心时，漏磁减少，则焊接电流增大；反之，焊接电流减少。

2. 弧焊整流器

弧焊整流器是一种将交流电变压、整流转换成直流电的弧焊电源。弧焊整流器有硅弧焊整流器、晶闸管弧焊整流器、晶体管弧焊整流器等。晶闸管弧焊整流器以其优异的性能已逐步代替了弧焊发电机和硅弧焊整流器，成为目前一种主要的直流弧焊电源。

（1）硅弧焊整流器。硅弧焊整流器是以硅二极管作为整流器件，利用降压变压器将50Hz的单相或三相交流电网电压降为焊接时所需的低电压，经硅整流器整流和电抗器滤波后获得直流电的直流弧焊电源。硅弧焊整流器曾一度是直流弧焊发电机的替代产品之一，现有被晶闸管弧焊整流器、弧焊逆变器替代的趋势，其型号有ZXG-160、ZXG-400等。

（2）晶闸管弧焊整流器。晶闸管弧焊整流器是一种电子控制的弧焊电源，它是用晶闸管作为整流器件，以获得所需的外特性及焊接参数（电流、电压）的调节。它的性能优于硅弧焊整流器，目前已成为一种主要的直流弧焊电源。常用的国产型号有ZX5-250、ZX5-400、ZX5-630等。

3. 弧焊逆变器

将直流电变换成交流电称为逆变，实现这种变换的装置叫逆变器。为焊接电弧提供电能，并具有弧焊方法所要求性能的逆变器，即为弧焊逆变器或称为逆变式弧焊电源。目前，各类逆变式弧焊电源已逐步应用于多种焊接方法，逐步成为更新换代的重要产品。

弧焊逆变器是一种新型的弧焊电源。弧焊逆变器的基本原理：单相或三相50Hz交流网路电压经输入整流器和输入滤波器后变成直流电，借助大功率电子开关器件（晶闸管、晶体管、场效应管或绝缘栅双极晶体管）的交替开关作用，逆变成几千至几万赫兹的中频交流电，再经中频变压器降至适合焊接的几十伏交流电，如再经输出整流器整流和输出滤波器滤波，则可输出适合焊接的直流电。弧焊逆变器的逆变系统主要有“交流—直流—交流”和“交流—直流—交流—直流”两种。

（四）焊条电弧焊其他设备和工具

1. 焊钳和面罩

（1）焊钳。焊钳是夹持焊条并传导电流以进行焊接的工具，它既能控制焊条的夹持角度，又可把焊接电流传输给焊条。市场销售的焊钳有300A和500A两种规格。

（2）面罩。面罩是防止焊接时的飞溅、弧光及其他辐射对焊工面部和颈部损伤的一种遮盖工具，有手持式和头盔式两种。头盔式面罩多用于需要双手作业的场合。

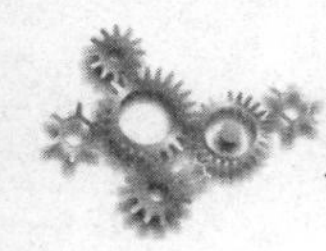

面罩正面开有长方形孔，内嵌白玻璃和黑玻璃。黑玻璃起减弱弧光和过滤红外线、紫外线作用。黑玻璃按亮度的深浅不同分为6个型号（7～12号），号数越大，色泽越深，应根据年龄和视力情况选用，一般常用9～10号。白玻璃仅起保护黑玻璃的作用。

目前，应用现代微电子和光控技术研制而成的光控面罩，在弧光产生的瞬间自动变暗；弧光熄灭的瞬间自动变亮，非常便于焊工的操作。

2. 焊条保温筒和焊缝检验尺

（1）焊条保温筒。焊条保温筒是焊接时不可缺少的工具，焊接锅炉压力容器时尤为重要。经过烘干后的焊条在使用过程中易再次受潮，从而使焊条的工艺性能变差和焊缝质量降低。焊条从烘烤箱取出后，应储存在保温筒内，在焊接时随取随用。

（2）焊缝检验尺。焊缝检验尺是一种精密量规，用来测量焊件、焊缝的坡口角度、装配间隙、错边及焊缝的余高、焊缝宽度和角焊缝焊脚等。

3. 常用焊接手工工具

常用的手工工具有清渣用的敲渣锤、基子、钢丝刷、锤子、钢丝钳、夹持钳等，以及用于修整焊件接头和坡口钝边用的锉刀。

三、焊条电弧焊焊接材料

焊条是焊条电弧焊用的焊接材料。焊条电弧焊时，焊条既作电极，又作填充金属熔化后与母材熔合形成焊缝。因此，焊条的性能将直接影响到电弧的稳定性、焊缝金属的化学成分、力学性能和焊接生产率等。

（一）焊条的组成及作用

焊条由焊芯和药皮组成。焊条前端药皮有45°左右的倒角，以便于引弧，在尾部有段裸焊芯，长为10～35mm，便于焊钳夹持和导电，焊条长度一般为250～450mm。焊条直径是以焊芯直径来表示的，常用的有φ2mm、φ2.5mm、φ3.2mm、φ4mm、φ5mm、φ6mm等几种规格。

1. 焊芯

焊条中被药皮包覆的金属芯称为焊芯，焊芯一般是一根具有一定长度及直径的钢丝。焊接时，焊芯有两个作用：一是传导焊接电流，产生电弧把电能转换成热能；二是焊芯本身熔化作填充金属与液体母材金属熔合形成焊缝。

焊条电弧焊时，焊芯金属占整个焊缝金属的50%～70%，所以焊芯的化学成分，直接影响焊缝的质量。焊芯用的钢丝都是经特殊冶炼的，这种焊接专用钢丝，用作制造焊条，就是焊芯。如果用于埋弧焊、气体保护电弧焊、电渣焊、气焊等作填充

金属时，则称为焊丝。

2. 药皮

压涂在焊芯表面上的涂料层称为药皮。焊条药皮在焊接过程中起着极为重要的作用，是决定焊缝金属质量的主要因素之一。生产实践证明，焊芯和药皮之间要有一个适当的比例，这个比例就是焊条药皮与焊芯（不包括夹持端）的重量比，称为药皮的重量系数，一般为 40% ~ 60%。

（1）焊条药皮的作用。

①机械保护作用。利用焊条药皮熔化后产生大量的气体和形成的熔渣，起隔离空气作用，防止空气中的氧、氮侵入，保护熔滴和熔池金属。

②冶金处理渗合金作用。通过熔渣与熔化金属冶金反应，除去有害杂质（如氧、氢、硫、磷）和添加有益元素，使焊缝获得符合要求的力学性能。

③改善焊接工艺性能。焊接工艺性能是指焊条使用和操作时的性能，它包括稳弧性、脱渣性、全位置焊接性、焊缝成形、飞溅大小等。好的焊接工艺性能使电弧稳定燃烧、飞溅少、焊缝成形好、易脱渣、熔敷效率高、适用全位置焊接等。

（2）焊条药皮的组成。焊条药皮是由各种矿物类、铁合金和金属类、有机物类及化工产品等原料组成。药皮组成物的成分相当复杂，一种焊条药皮的配方，一般由八九种以上原料组成。焊条药皮组成物在焊接过程中起稳弧、造渣、造气、脱氧、合金、稀释、黏结及增塑、增弹、增滑等作用。

（二）焊条的选用及管理

1. 焊条的选用原则

（1）低碳钢、中碳钢及低合金钢按焊件的抗拉强度来选用相应强度的焊条，使熔敷金属的抗拉强度与焊件的抗拉强度相等或相近，该原则称为“等强原则”。例如，焊接 Q235-A 时，由于其抗拉强度在 420MPa 左右，故选用熔敷金属抗拉强度最小值为 430MPa 的 E4303(J422)、E4316(J426)、E4315(J427)。如果焊件的结构复杂、刚性大，可以考虑选用比母材强度低一级的焊条。

（2）对于不锈钢、耐热钢、堆焊等焊件选用焊条时，应从保证焊接接头的特殊性能出发，要求焊缝金属的化学成分与母材相同或相近。例如，焊接 06Cr19Ni10 不锈钢时，由于其铬、镍的质量分数分别约为 19% 和 10%，为了使焊缝与焊件具有相同的耐腐蚀性能，必须要求焊缝金属的化学成分与母材相同或相近，所以应选用铬、镍的质量分数相近的 E308-16（A102）或 E308-15（A107）焊条焊接。

（3）对于强度不同的低碳钢之间、低合金高强度钢之间以及它们之间的异种钢焊接，要求焊缝或接头的强度、塑性和韧性都不能低于母材中的最低值，故一般根据强度等级较低的钢材来选用相应的焊条。例如，焊接 Q235-A 与 Q345 异种钢时，按 Q235-A 来选用抗拉强度为 420MPa 左右的 E4303（J422）、E4316（J426）、E4315（J427）。对于碳钢、低合金钢与奥氏体钢异种钢焊接应选用铬、镍量较高的奥氏体钢焊条。

(4) 重要焊缝要选用碱性焊条。所谓重要焊缝就是受压元件（如锅炉、压力容器）的焊缝；承受振动载荷或冲击载荷的焊缝；对强度、塑性、韧性要求较高的焊缝；焊件形状复杂、结构刚度大的焊缝等，对于这些焊缝要选用力学性能好、抗裂性能强的碱性焊条。例如，焊接 20 钢时，按等强原则选用 E4303（J422）、E4316（J426）、E4315（J427）焊条都可符合要求。又如，焊接抗拉强度相等的压力容器用钢、锅炉用钢 Q245R（20R、20g）时，则须选用同强度的碱性焊条 E4316（J426）、E4315（结427）。

(5) 在满足性能的前提下尽量选用酸性焊条。因为酸性焊条的工艺性能优于碱性焊条，即酸性焊条对铁锈、油污等不敏感；析出有害气体少；稳弧性好，可交、直流两用；脱渣性好；焊缝成形美观等。总之，在酸性焊条和碱性焊条均能满足性能要求的前提下，应尽量选用工艺性能较好的酸性焊条。

2. 焊条的管理

焊条（包括其他焊接材料）的管理包括验收、烘干、保管领用等方面。

(1) 焊条的验收。对于制造锅炉、压力容器等重要焊件的焊条，焊前必须进行焊条的验收，也称复验。复验前要对焊条的质量证明书进行审查，正确齐全符合要求者方可复检。复验时，应对每批焊条编个“复验编号”，并按照其标准和技术条件进行外观、理化试验等检验，复验合格后，焊条方可入一级库；否则，应退货或降级使用。

另外，为了防止焊条在使用过程中混用、错用，同时也便于为万一出现的焊接质量问题分析找出原因，焊条的“复验编号”不但要登记在一级库、二级库的台账上，而且在烘烤记录单、发放领料单上，甚至焊接施工卡也要登记，从而保证焊条使用时的追踪性。

(2) 焊条保管、领用、发放。焊条实行三级管理：一级库管理、二级库管理、焊工焊接时的管理。一、二级库内的焊条要按其型号牌号、规格分门别类堆放，放在离地面、离墙面 300mm 以上的木架上。

一级库内应配有空调设备和去湿机，保证室温为 5 ~ 25℃，相对湿度低于 60%。

二级库应有焊条烘烤设备，焊工施焊时也需要妥善保管好焊条，焊条要放入保温筒内，随取随用，不可随意乱放。

焊条领用发放要建立严格的限额领料制度，“焊接材料领料单”应由焊工填写，

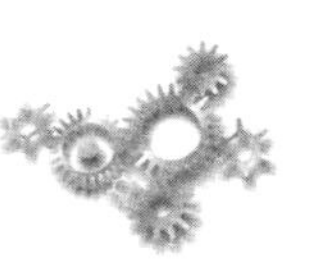

二级库保管人员按焊接工艺要求和凭焊材领料单发放，并审核其型号牌号、规格是否相符，同时还要按发放焊条根数收回焊条头。

（3）焊条烘干。焊条烘干时间、温度应严格按标准要求进行，并做好温度时间记录，烘干温度不宜过高过低。温度过高会使焊条中的一些成分发生氧化，过早分解，从而失去保护等作用。温度过低，焊条中的水分就不能完全蒸发掉，焊接时就可能形成气孔、产生裂纹等。

此外，还要注意温度、时间配合问题，据有关资料介绍，烘干温度和时间相比，温度较为重要，如果烘干温度过低，即使延长烘干时间其烘烤效果也不佳。

一般酸性焊条烘干温度为 75 ~ 150℃，时间为 1 ~ 2h；碱性焊条在空气中极易吸潮且药皮中没有有机物，因此烘干温度较酸性焊条高些，一般为 350 ~ 400℃，保温 1 ~ 2h。焊条累计烘干次数一般不宜超过三次。

四、焊条电弧焊工艺

（一）焊条电弧焊焊接参数

焊接参数，是指焊接时为保证焊接质量而选定的物理量（如焊接电流、电弧电压、焊接速度等）的总称。

焊条电弧焊的焊接参数主要包括焊条直径、焊接电流、电弧电压、焊接速度、焊接层数等。焊接参数选择得正确与否，直接影响焊缝的形状、尺寸、焊接质量和生产率，因此选择合适的焊接参数是焊接生产中十分重要的一个问题。

1. 焊条直径

生产中，为了提高生产率，应尽可能选用较大直径的焊条，但是用直径过大的焊条焊接，会造成未焊透或焊缝成形不良。因此必须正确选择焊条的直径，焊条直径大小的选择与下列因素有关。

（1）焊件的厚度。厚度较大的焊件应选用直径较大的焊条；反之，薄焊件的焊接，则应选用小直径的焊条。

（2）焊缝位置。在板厚相同的条件下焊接平焊缝用的焊条直径应比其他位置大一些，立焊最大不超过 5mm，而仰焊、横焊最大直径不超过 4mm，这样可形成较小的熔池，减少熔化金属的下淌。

（3）焊接层次。在进行多层焊时，如果第一层焊缝所采用的焊条直径过大，会造成因电弧过长而不能焊透，因此为了防止根部焊不透，所以对多层焊的第一层焊道，应采用直径较小的焊条进行焊接，以后各层可以根据焊件厚度，选用较大直径的焊条。

(4) 接头形式。搭接接头、T 形接头因不存在全焊透问题，所以应选用较大的焊条直径以提高生产率。

2. 电源种类和极性

(1) 电源种类。用交流电源焊接时，电弧稳定性差。采用直流电源焊接时，电弧稳定、飞溅少，但电弧磁偏吹较交流严重。低氢型焊条稳弧性差，通常必须采用直流电源。用小电流焊接薄板时，也常用直流电源，因为引弧比较容易，电弧比较稳定。

(2) 极性。极性是指在直流电弧焊或电弧切割时焊件的极性。焊件与电源输出端正、负极的接法，有正接和反接两种。所谓正接就是焊件接电源正极、电极接电源负极的接线法，正接也称正极性；反接就是焊件接电源负极，电极接电源正极的接线法，反接也称反极性。对于交流电源来说，由于极性是交变的，所以不存在正接和反接。

3. 焊接电流

焊接时，流经焊接回路的电流称为焊接电流，焊接电流的大小直接影响着焊接质量和焊接生产率。

增大焊接电流能提高生产率，但电流过大易造成焊缝咬边、烧穿等缺陷，同时增加了金属飞溅，也会使接头的组织产生过热而发生变化；而电流过小也易造成夹渣、未焊透等缺陷，降低焊接接头的力学性能，所以应适当地选择电流。焊接时决定电流强度的因素很多，如焊条类型、焊条直径、焊件厚度、接头形式、焊缝位置和层数等，但主要是焊条直径、焊缝位置、焊条类型、焊接层次。

(1) 焊条直径。焊条直径越大，熔焊条所需要的电弧热量越多，焊接电流也越大。碳钢酸性焊条焊接电流大小与焊条直径的关系。

(2) 焊缝位置。相同焊条直径的条件下，在焊接平焊缝时，由于运条和控制熔池中的熔化金属都比较容易，因此可以选择较大的电流进行焊接。在其他位置焊接时，为了避免熔化金属从熔池中流出，要使熔池尽可能小些，通常立焊、横焊的焊接电流比平焊的焊接电流小 10%，仰焊的焊接电流比平焊的焊接电流小 15%。

(3) 焊条类型。当其他条件相同时，碱性焊条使用的焊接电流应比酸性焊条小 10%；否则，焊缝中易形成气孔。不锈钢焊条使用的焊接电流比碳钢焊条小 15%。

(4) 焊接层次。焊接打底层时，特别是单面焊双面成形时，为保证背面焊缝质量，常使用较小的焊接电流；焊接填充层时为提高效率，保证熔合良好，常使用较大的焊接电流；焊接盖面层时，为防止咬边和保证焊缝成形，使用的焊接电流应比填充层稍小些。

在实际生产中，焊工一般可根据焊接电流的经验公式先算出一个大概的焊接电

流，然后在钢板上进行试焊调整，直至确定合适的焊接电流。在试焊过程中，可根据下述几点来判断选择的电流是否合适。

①看飞溅。电流过大时，电弧吹力大，可看到较大颗粒的铁液向熔池外飞溅，焊接时爆裂声大；电流过小时，电弧吹力小，熔渣和铁液不易分清。

②看焊缝成形。电流过大时，熔深大、焊缝余高低、两侧易产生咬边；电流过小时，焊缝窄而高、熔深浅，且两侧与母材金属熔合不好；电流适中时，焊缝两侧与母材金属熔合得很好，呈圆滑过渡。

③看焊条熔化状况。电流过大时，当焊条熔化了大半根时，其余部分均已发红；电流过小时，电弧燃烧不稳定，焊条容易黏在焊件上。

4. 电弧电压

焊条电弧焊的电弧电压主要由电弧长度来决定。电弧长，电弧电压高；电弧短，电弧电压低。焊接时电弧电压由焊工根据具体情况灵活掌握。

在焊接过程中，电弧不宜过长，电弧过长会出现下列几种不良现象。

（1）电弧燃烧不稳定，易摆动，电弧热能分散，飞溅增多，造成金属和电能的浪费。

（2）焊缝厚度小，容易造成咬边、未焊透、焊缝表面高低不平、焊波不均匀等缺陷。

（3）对熔化金属的保护差，空气中氧、氮等有害气体容易侵入，使焊缝产生气孔的可能性增加，使焊缝金属的力学性能降低。

因此，在焊接时应力求使用短弧焊接，相应的电弧电压为16～25V。在立、仰焊时弧长应比平焊时更短一些，以利于熔滴过渡，防止熔化金属下淌。碱性焊条焊接时应比酸性焊条弧长短些，以利于电弧的稳定和防止气孔。所谓短弧一般认为是焊条直径的0.5～1.0倍。

5. 焊接速度

单位时间内完成的焊缝长度称为焊接速度。焊接速度应该均匀适当，既要保证焊透又要保证不烧穿，同时还要使焊缝宽度和高度符合图样设计要求。

如果焊接速度过慢，使高温停留时间增长，热影响区宽度增加，焊接接头的晶粒变粗，力学性能降低，同时使变形量增大。当焊接较薄焊件时，则易烧穿。如果焊接速度过快，熔池温度不够，易造成未焊透、未熔合、焊缝成型不良等缺陷。

焊接速度直接影响焊接生产率，所以应该在保证焊缝质量的基础上，采用较大的焊条直径和焊接电流，同时根据具体情况适当加快焊接速度，以保证在获得焊缝的高低和宽窄一致的条件下，提高焊接生产率。

6. 焊接层数

在中厚板焊接时，一般要开坡口并采用多层多道焊。对于低碳钢和强度等级低的普低钢的多层多道焊时，每道焊缝厚度不宜过大，过大时对焊缝金属的塑性不利，因此对质量要求较高的焊缝，每层厚度最好不大于5mm。同样，每层焊道厚度不宜过小，过小时焊接层数增多不利于提高劳动生产率，根据实际经验，每层厚度等于焊条直径的0.8～1.2倍时，生产率较高，并且比较容易保证质量和便于操作。

(二) 焊条电弧焊工艺措施

为了保证焊接质量，常对焊接性差或较差的金属材料采取预热、后热，焊后热处理等工艺措施。

1. 预热

焊接开始前对焊件的全部 (或局部) 进行加热的工艺措施称为预热，按照焊接工艺的规定预热需要达到的温度称为预热温度。

(1) 预热的作用。预热的主要作用是降低焊后冷却速度，减小淬硬程度，防止产生焊接裂纹，减小焊接应力与变形。

对于刚性不大的低碳钢、强度级别较低的低合金钢的一般结构不必预热，但焊接有淬硬倾向的焊接性不好的钢材或刚性大的结构时，需焊前预热。

由于铬镍奥氏体钢，预热可使热影响区在危险温度区的停留时间增加，从而增大腐蚀倾向。因此在焊接铬镍奥氏体不锈钢时，不可进行预热。

(2) 预热温度的选择。焊件焊接时是否需要预热，预热温度的选择，应根据钢材的成分、厚度、结构刚性、接头形式、焊接材料、焊接方法及环境因素等综合考虑，并通过焊接性试验来确定。一般钢材的含碳量越多、合金元素越多、母材越厚、结构刚性越大、环境温度越低，则预热温度越高。

在多层多道焊时，还要注意道间温度 (也称层间温度)。所谓道间温度就是在施焊后继焊道之前，其相邻焊道应保持的温度。道间温度不应低于预热温度。

(3) 预热方法。预热时的加热范围，对于对接接头每侧加热宽度不得小于板厚的5倍，一般在坡口两侧各75～100mm范围内应保持一个均热区域，测温点应取在均热区域的边缘。如果采用火焰加热，测温最好在加热面的反面进行。预热的方法有火焰加热，工频感应加热、红外线加热等方法。

2. 后热

焊接后立即对焊件的全部 (或局部) 进行加热或保温，使其缓冷的工艺措施称为后热，它不等于焊后热处理。

后热的作用是避免形成淬硬组织及使氢逸出焊缝表面，防止裂纹产生。对于冷

裂纹倾向性大的低合金高强度钢等材料，还有一种专门的后热处理，称为消氢处理，即在焊后立即将焊件加热到250～350℃，保温2～6h后空冷。消氢处理的目的，主要是使焊缝金属中的扩散氢加速逸出，大大降低焊缝和热影响区中的氢含量，防止产生冷裂纹。

后热的加热方法、加热区宽度、测温部位等要求与预热相同。

3. 焊后热处理

焊后为改善焊接接头的组织和性能或消除残余应力而进行的热处理称为焊后热处理。焊后热处理的主要作用是消除焊接残余应力，软化淬硬部位，改善焊缝和热影响区的组织和性能，提高接头的塑性和韧性，稳定结构的尺寸。

焊后热处理有整体热处理和局部热处理两种，最常用的焊后热处理是在600～650℃范围内的消除应力退火和低于 A_{c1} 点温度的高温回火。另外，还有为改善铬镍奥氏体不锈钢抗腐蚀性能的均匀化处理等。

（三）焊条电弧堆焊工艺

1. 堆焊及其特点

堆焊是用焊接的方法将具有一定性能的材料堆敷在焊件表面上的一种工艺过程，其目的不是连接焊件。其目的有二：一是在焊件表面获得耐磨、耐热、耐蚀等特殊性能的熔敷金属层；二是恢复磨损或增加焊件的尺寸。堆焊可显著提高焊件的使用寿命，节省制造及维修费用，缩短修理和更换零件的时间，减少停机、停产的损失，从而提高生产率，降低生产成本。堆焊已成为机械工业中的一种重要的制造和维修工艺方法。

焊条电弧堆焊的特点是方便灵活、成本低、设备简单，但生产率较低、劳动条件差，只适于小批量的中小型零件的堆焊。

2. 堆焊工艺特点

堆焊最易出现的问题就是焊接裂纹，同时还易产生焊接变形，所以堆焊有以下工艺特点。

（1）堆焊前，必须清除干净堆焊表面的杂物、油脂等。

（2）焊前须对工件预热和焊后缓冷。预热温度一般为100～300℃。需注意，焊接铬镍奥氏体不锈钢时，可不进行预热。

（3）堆焊时必须根据不同要求选用不同的焊条。修补堆焊所用的焊条成分一般和焊件金属相同。但堆焊特殊金属表面时，应选用专用焊条，以适应焊件的工作需要。

（4）为了使各焊道间紧密连接，堆焊第二条焊道时，必须熔化第一条焊道宽度的 1/3 ~ 1/2。

（5）多层堆焊时，第二层焊道的堆焊方向应与第一层互相成 90° 。同时，为了使热量分散，还应注意堆焊顺序。

（6）轴堆焊时，可采用纵向对称堆焊和横向螺旋形堆焊两种方法。

（7）堆焊时，为了增加堆焊层的厚度，减少清渣工作，提高生产效率，通常将焊件的堆焊面放成垂直位置，用横焊方法进行堆焊，或将焊件摆放成倾斜位置，用上坡焊堆焊，并留 3 ~ 5mm 的加工余量，以满足堆焊后焊件表面机械加工的要求。

（8）堆焊时，尽量选用低电压、小电流焊接，以降低熔深、减小母材稀释率和电弧对合金元素的烧损。堆焊焊条的直径、堆焊层数和堆焊电流一般都由所需堆焊层厚度确定。

第二节　埋弧自动焊

一、埋弧自动焊概述

（一）电弧焊接过程自动化的基本概念

一般电弧焊接过程是引燃电弧、正常焊接和熄弧收尾三个阶段。手工电弧焊操作时，这些阶段是依靠焊工用手工控制来完成的。若使电弧焊接过程实现自动化，就是将三个阶段完全用机械动作来取代。首先要实现机械化操作，并要求自动地、相应地调节焊接工艺参数，以满足焊接过程的需求。为此，用自动焊接装置完成全部焊接操作的焊接方法，就称为自动焊。

由于应用科学和焊接技术的迅速发展，在电弧焊的范围中，出现了各种各样的自动焊接方法。从焊接设备方面看，要达到自动完成焊接操作的目的，必须具备送丝机构（焊接机头）和行走机构（焊车或自行焊接机头）两部分。

1. 焊接机头动作

（1）引燃电弧。一般是先使焊丝与焊件接触短路，焊机启动时靠焊丝的向上回抽而引燃电弧。

（2）正常焊接。使焊丝按预定的焊接工艺参数向电弧区给送，并保持焊接工艺参数的基本稳定。

（3）熄弧收尾。通常是先停止送丝，再切断电源，这样既可使弧坑填满，又不致使焊丝与焊件“黏住”。

2. 行走机构动作

使焊接机头按预定速度沿着焊接方向移动，同时能够进行方便地调速。

按上述电弧焊接机械化程度，如果是部分实现的，例如，焊丝送进有专门机构完成，而行走机构动作是用手工操纵来完成的，也就是说是用手工操作完成焊接热源的移动，那么，就称为“半自动焊”。所以埋弧焊有埋弧自动焊和半自动焊之分。

（二）埋弧自动焊的实质与特点

埋弧自动焊的实质简单地说，就是一种电弧在焊剂层下燃烧进行焊接的方法。

焊丝由送丝机构送入焊剂层下，与母材之间产生电弧，使焊丝与母材同时熔化，形成熔池，冷却结晶后形成焊缝，另外，焊剂熔化后，部分被蒸发，焊剂蒸气在电弧区周围形成封闭空间，使电弧区与外界空气隔绝，有利于熔池冶金反应的进行。比重较轻的熔渣浮在熔池表面，冷却凝固后形成覆盖在焊缝上的渣壳。电弧随着焊车沿焊接方向移动，焊剂不断地撒在电弧区周围，焊丝连续地给送，熔池金属熔化并结晶，由此获得成形的焊缝。

埋弧自动焊与手工电弧焊相比，具有以下特点。

1. 焊接生产率高

由于埋弧自动焊采用较大的焊接电流，因此使单位时间内焊丝的熔化量显著增加，即熔化系数增大。如手工电弧焊的熔化系数为 8 ~ 12g/（A · h），而埋弧自动焊可达 14 ~ 18g/（A · h），这样就可以提高焊接速度。另外，电流大，熔池也大，一般焊件厚度在 14mm 以下可以不开坡口。还有，连续施焊的时间较长，所以提高了生产率。

2. 焊接接头质量好

埋弧自动焊时，焊接区受到焊剂和熔渣的可靠保护，大大减少了有害气体的侵入。由于焊接速度较快使热影响较小，因此焊件的变形也减小。而且，自动调节的功能在焊接过程较为稳定，使焊缝的化学成分、性能及尺寸比较均匀，焊波也光洁平整。

3. 节约焊接材料和电能

由于熔深较大埋弧自动焊时可不开或减少开坡口，减少焊丝的填充量，也节省因加工坡口而消耗掉的母材。由于焊接时飞溅极少，又没有焊条头的损失，因此节约焊接材料。另外，埋弧自动焊的热量集中，而且利用率高，故在单位长度焊缝上，所消耗的电能也大为降低。

4. 改善劳动条件

由于实现了焊缝过程机械化，操作简便，从而减轻焊工的劳动强度，而且电弧在焊剂层下燃烧，没有弧光的有害影响，放出的烟尘也较少，从而改善了劳动条件。

埋弧自动焊的优点是显著的，但也存在一些不足之处。例如，焊接设备较为复杂，维修保养的工作量较大。另外埋弧自动焊的熔池体积大，液体金属和熔渣的量多，所以只能适用于水平或倾斜不大的位置焊接。还有，埋弧自动焊对焊件边缘的加工和装配质量要求较高。

埋弧自动焊主要用于焊接碳钢、低合金高强度钢，也可以用于焊接不锈钢等，因此埋弧自动焊的方法是大型焊接结构生产时常用的焊接工艺方法。

二、埋弧焊的焊接材料

埋弧焊的焊接材料指焊丝和焊剂。在焊接过程中焊丝和焊剂如同手工电弧焊的焊条，是焊接冶金反应的重要因素，关系到焊缝金属的成分、组织和性能。

(一) 焊丝

焊丝在埋弧自动焊中作为填充金属，是焊缝的组成部分，所以对焊缝的质量有直接影响。目前，埋弧自动焊的焊丝与手工电弧焊焊条的钢芯，同属一个国家标准。根据焊丝的成分和用途，可分为碳素结构钢、合金结构钢和不锈钢三大类。

焊丝的化学成分对焊接的工艺、过程和焊缝质量影响很大，从焊接冶金的角度来看，增加锰、硅的含量，能使焊缝金属脱氧充分，并可减小气孔的倾向，而且还能提高强度。但是，焊缝金属的硬度也因此提高，增加了生产焊接裂纹的可能性，所以这些元素的含量都应限制在一定范围之内。例如，碳素结构钢焊丝，其硅含量均不大于0.03%，硫、磷的杂质含量应小于0.04%。

埋弧自动焊常用的焊丝直径为2mm、3mm、4mm、5mm和6mm。使用时，要求焊丝的表面清洁情况良好，在表面不应有氧化皮、铁锈及油污等。

(二) 焊剂

1. 焊剂的作用和要求

焊剂相当于手工电弧焊焊条的药皮，在埋弧焊焊接过程中能保护熔池，有效地防止空气的侵入，还起到稳弧、造渣、脱氧、渗合金、脱硫和脱磷等作用。同时，覆盖在焊缝上的熔渣，能延缓焊缝的冷却速度，有利于气体的逸出，改善了焊缝金属的组织和性能。

为了提高焊缝的质量及良好的成形，焊剂必须满足下列要求。

(1) 保证电弧稳定地燃烧。

(2) 保证焊缝金属得到所需的成分和性能。

(3) 减小焊缝产生气孔和裂纹的可能性。

(4) 熔渣在高温时有合适的黏度以利于焊缝成形，凝固后有良好的脱渣性。

(5) 不易吸潮并有一定的颗粒度及强度。

(6) 焊接时无有害气体析出。

2. 焊剂的分类

对焊剂的分类主要是根据制造方法和化学成分，下面分别加以讨论。

(1) 按制造方法分为熔炼焊剂和烧结焊剂。

熔炼焊剂是由各种矿物原料混合后，在电炉中经过熔炼，再倒入水中粒化而成的。熔炼焊剂呈玻璃状，颗粒强度高，化学成分均匀，但需经过高温熔炼，所以不能在焊剂中加入用于脱氧和渗合金的铁合金粉。

烧结焊剂是用矿石、铁合金粉和黏结剂（水玻璃）等，按一定比例制成颗粒状的混合物，经过一定温度烘干固结而成。烧结焊剂可以加入铁合金粉，有补充或添加合金的作用，但颗粒强度较低，容易吸潮。目前，埋弧焊接生产中，广泛采用熔炼焊剂。

(2) 按化学成分分为高锰焊剂、中锰焊剂等。

这是以焊剂中的氧化锰、二氧化硅和氟化钙的含量来分的，有高锰焊剂、中锰焊剂、无锰焊剂等，我国目前的焊剂牌号主要是按化学成分而编制的。

（三）焊丝与焊剂的选配

焊丝和焊剂的正确选用，以及两者之间合适的配合，是焊缝金属能否获得较为理想的化学成分和机械性能，以及能否防止裂纹、气孔等缺陷的关键，所以必须按焊件的成分、性能和要求，正确合理地选配焊丝与焊剂。

在焊接低碳钢和强度等级较低的低合金高强度钢时，为了保证焊缝的综合性能良好，并不要求其化学成分必须与基本金属完全相同，通常要求焊缝金属的含碳量较低些，并含有适量的锰、硅等元素，以达到焊件所需的性能。

根据生产实践的结果表明，较为理想的焊缝金属化学成分，其含碳量为0.1% ~ 0.13%，含锰量为0.6% ~ 0.9%，含硅量为0.15% ~ 0.30%，这就需要利用焊丝与焊剂的选配来达到。

用熔炼焊剂焊接低碳钢或强度等级较低的合金高强度钢时，有以下两种不同的焊丝与焊剂配合方式。

(1) 用高锰高硅焊剂（如焊剂431、焊剂430），配合低锰焊丝（H08A）或含锰焊丝（H08MnA）。

(2) 采用无锰高硅或低锰中硅焊剂（如焊剂130、焊剂230），配合高锰焊丝（如H10Mn2）。第一种的配合方式，焊缝所需的锰、硅，主要通过焊剂来过渡，当然，这种过渡是比较小的，通常渗入的锰在0.1%~0.4%；硅在0.1%~0.3%，由于焊剂中有适量的氧化锰和二氧化硅，因此焊缝质量是可以保证的。高锰高硅焊剂的熔渣氧化性强，致使抗氢气孔能力强并且熔池中碳的烧损较多，可降低焊缝的含碳量，同时熔渣中的氧化锰又能去硫，提高焊缝抗热裂纹的性能。但制造焊剂所消耗的大量高品位优质锰矿，在焊接过程中被有效利用的比例极小，资源利用不合理。第二种的配合方式，主要由焊丝来过渡合金，以满足焊缝中的含锰量，这比较适应我国矿产资源的情况，而且焊缝金属含磷量较低，熔渣的氧化性较弱，脱渣性也较好。

可是抗氢气孔和抗裂性能不如第一种配合，尤其是目前生产低碳高锰焊丝有些困难，成本较高。所以，目前焊接生产中，多采用第一种的配合方式。

三、埋弧自动焊工艺

（一）焊缝形状和尺寸

埋弧自动焊时，焊丝与基本金属在电弧热的作用下，形成了一个熔池，随着电弧热源向前移动，熔池中的液体金属逐渐冷却凝固就成为焊缝。因此，熔池的形状就决定了焊缝形状，并对焊缝金属的结晶具有重要影响。

焊缝形状可用焊缝熔化宽度、焊缝熔化深度和焊缝余高的尺寸来表示。

合理的焊缝形状，要求各尺寸之间有恰当的比例关系，焊缝形状系数表示焊缝形状的特征，即焊缝熔宽与熔深之比。

（二）焊接工艺参数对焊缝质量的影响

在手工电弧焊时，焊接工艺参数主要指焊接电流的选择，而电弧电压（电弧长度）、焊接速度等，则由电焊工操作时按具体情况掌握。但是埋弧自动焊接时，这些焊接工艺参数都要事先选择好，尽管电弧长度在一定范围可以自动调节，却是有限度的。另外，电弧在一定厚度的焊剂层下燃烧，焊工是无法观察熔池情况而随时调整的。所以，正确合理地选择焊接工艺参数，不仅可保证焊缝的成形和质量，而且能提高焊接生产率。

埋弧焊最主要的工艺参数是焊接电流、电弧电压和焊接速度，其次是焊丝直径、焊丝的伸出长度、焊剂和焊丝类型、焊剂粒度和焊剂层厚度等。

1. 焊接电流

焊接电流是埋弧焊最重要的工艺参数，它直接决定焊丝的熔化速度、焊缝熔深和母材熔化量的大小。

增大焊接电流使电弧的热功率和电弧力都增加，因此，焊缝熔深增大，焊丝熔

化量增加，有利于提高焊接生产率。在给定的焊接速度条件下，如果焊接电流太大，则焊缝会因熔深过大而熔宽变化不大造成成形系数偏小。这样的焊缝不利于熔池中气体及夹杂物的上浮和逸出，容易产生气孔、夹渣及裂纹等缺陷，严重时还可能烧穿焊件。太大的电流也使焊丝消耗增大，导致焊缝余高过大。电流太大还使焊缝热影响区增大并可能引起较大焊接变形。焊接电流减小时焊缝熔深减小，生产率降低。如果电流太小，就可能造成未焊透，电弧不稳定。

2. 电弧电压

电弧电压与电弧长度成正比。电弧电压主要决定焊缝熔宽，因此对焊缝横截面形状和表面成形有很大影响。

提高电弧电压时弧长增加，电弧斑点的移动范围增大、熔宽增加。同时，焊缝余高和熔深略有减小，焊缝变得平坦。当装配间隙较大时，提高电弧电压有利于焊缝成形。但电弧电压太高，对焊接时会形成“蘑菇形”焊缝，容易在焊缝内产生裂纹；角接时会造成咬边和凹陷焊缝。如果电弧电压继续增大，电弧会突破焊剂的覆盖，使熔化的液态金属失去保护而与空气接触，造成密集气孔。降低电弧电压可增加电弧的刚直性，能改善焊缝熔深，并提高抗电弧偏吹的能力。但电弧电压过低时，会形成高而窄的焊缝，影响焊缝成形并使脱渣困难；在极端情况下，熔滴会使焊丝与熔池金属短路而造成飞溅。

因此，埋弧焊时适当增加电弧电压，对改善焊缝形状、提高焊缝质量是有利的，但应与焊接电流相适应。

3. 焊接速度

焊接速度对熔深、熔宽有明显影响，它是决定焊接生产率和焊缝内在质量的重要工艺参数。不管焊接电流和电弧电压如何匹配，焊接速度对焊缝成形的影响都有一定的规律。在其他参数不变的条件下，焊接速度增大时，电弧对母材和焊丝的加热减少，熔宽、余高明显减小；与此同时，电弧向后方推进金属的作用加强，电弧直接加热熔池底部的母材，使熔深有所增加。当焊接速度增大到40m/h以上时，由于焊缝的线能量明显减少，则熔深随焊接速度增大而减小。

焊接速度的大小是衡量焊接生产率高低的重要指标。从提高生产率的角度考虑，总是希望焊接速度越大越好；但焊接速度过大，电弧对焊件的加热不足，使熔合比减小，还会造成咬边，未焊透及气孔等缺陷。减小焊接速度，使气体易从正在凝固的熔化金属中逸出，能降低形成气孔的可能性；但焊接速度过小，则将导致熔化金属流动不畅，容易造成焊缝波纹粗糙和夹渣，甚至烧穿焊件。

4. 焊丝直径与伸出长度

焊丝直径主要影响熔深。在同样的焊接电流下，直径较小的焊丝电流密度较大，形成的电弧吹力大、熔深大。焊丝直径也影响熔敷速度。电流一定时，细焊丝比粗焊丝具有更高的熔敷速度；而粗焊丝比细焊丝能承载更大的电流，因此，粗焊丝在较大的焊接电流下使用也能获得更高的熔敷速度。粗丝越粗，允许使用的焊接电流越大，生产率越高。当装配不良时，粗焊丝比细焊丝的操作性能好，有利于控制焊缝成形。

5. 焊剂成分和性能

焊剂成分影响电弧极区压降和弧柱电场强度的大小。稳弧性好的焊剂含有容易电离的元素，所以电弧的电场强度较低，弧柱膨胀，电弧燃烧的空间增大，所以使熔宽增大，熔深略有减小，有利于改善焊缝成形。但焊剂颗粒度过大或焊剂层厚度过小时，不利于焊接区域的保护，使焊缝成形变差，并可能产生气孔。

第三节　钨极氩弧焊

一、钨极氩弧焊概述

(一) TIG 焊的基本原理及分类

1. TIG 焊的工作原理

TIG 焊是利用钨极与焊件之间产生的电弧热，来熔化附加的填充焊丝或自动给送的焊丝 (也可不加填充焊丝) 及基本金属形成熔池而形成焊缝的。焊接时，氩气流从焊枪喷嘴中连续喷出，在电弧区形成严密的保护气层，将电极和金属熔池与空气隔离，以形成优质的焊接接头。

2. TIG 焊的分类

TIG 焊按采用的电流种类，可分为直流 TIG 焊、交流 TIG 焊和脉冲 TIG 焊等。此 TIG 焊按其操作方式可分为手工 TIG 焊和自动 TIG 焊。手工 TIG 焊时，焊工一手握焊枪，另一手持焊丝，随焊枪的摆动和前进，逐渐将焊丝填入熔池之中。有时也不加填充焊丝，仅将接口边缘熔化后形成焊缝。自动钨极氩弧焊是以传动机构带动焊枪行走，送丝机构尾随焊枪进行连续送丝的焊接方式。在实际生产中，手工 TIG 焊应用最广。

(二) TIG 焊的特点及应用

TIG 焊除具有气体保护焊共有的特点外，还有一些特点，其特点和应用如下。

1. 焊接质量好

氩气是惰性气体，不与金属起化学反应，合金元素不会氧化烧损，而且也不溶解于金属。焊接过程基本上是金属熔化和结晶的简单过程，因此保护效果好，能获得高质量的焊缝。

2. 适应能力强

采用氩气保护无熔渣，填充焊丝不通过电流不产生飞溅，焊缝成形美观；电弧稳定性好，即使在很小的电流（<10A）下仍能稳定燃烧，且热源和填充焊丝可分别控制，热输入容易调节，所以特别适合薄件、超薄件（0.1mm）及全位置焊接（如管道对接）。

3. 焊接范围广

TIG 焊几乎可焊接除熔点非常低的铅、锡以外的所有金属和合金，特别适宜焊接化学性质活泼的金属和合金，常用于铝、镁、钛、铜及其合金和不锈钢、耐热钢及难熔活泼金属（如钨、钒、钼等）等材料的焊接。由于容易实现单面焊双面成形，TTG 焊有时还可用于焊接结构的打底焊。

4. 焊接效率低

由于用钨作电极，承载电流能力较差，焊缝易受钨的污染。因而 TIG 焊使用的电流较小、电弧功率较低、焊缝熔深浅、熔敷速度小，仅适用于焊件厚度小于 6mm 的焊件焊接，且大多采用手工焊，焊接效率低。

5. 焊接成本较高

由于使用氩气等惰性气体，焊接成本高，常用于质量要求较高的焊缝及难焊金属的焊接。

二、TIG 焊的焊接材料

钨极氩弧焊的焊接材料主要是钨极、氩气和焊丝。

（一）TIG 焊的钨极和焊丝

1. 钨极

TIG 焊时，钨极的作用是传导电流、引燃电弧和维持电弧正常燃烧的作用，所以要求钨极具有较大的许用电流，熔点高、损耗小，引弧和稳弧性能好等特性。常用的钨极有纯钨极、针钨极和饰钨极三种。

为了使用方便，钨极的一端常涂有颜色，以便识别。例如，针钨极涂红色，饰钨极涂灰色，纯钨极涂绿色。常用的钨极直径为 0.5、1.0、1.6、2.0、2.5、3.2、4.0、5.0 等规格。钨极牌号用 W 加类别元素符号及数字表示，其编制方法为 W××-××。

W 表示钨极；W 后是类别元素符号 Th、Ce 等；短线“-”后的两位数表示该元素的含量。

2. 焊丝

焊丝选用的原则是熔敷金属化学成分或力学性能与被焊材料相当。氩弧焊用焊丝主要分钢焊丝和有色金属焊丝两大类。

（二）TIG 焊的保护气体

TIG 焊的保护气体大致有氩气、氦气及氩 - 氢和氩 - 氦的混合气体三种，使用最广的是氩气。氦气由于比较稀缺，提炼困难，价格昂贵，国内极少使用。氩 - 氢和氩 - 氦的混合气体，仅限于不锈钢、镍及镍 - 铜合金焊接。

氩气是无色、无味的惰性气体，不与金属起化学反应，也不溶解于金属，且氩气比空气重，使用时气流不易漂浮散失，有利于对焊接区的保护作用。氩的电离能较高，引燃电弧较困难，故需采用高频引弧及稳弧装置。但氩弧一旦引燃，燃烧就很稳定。在常用的保护气体中，氩弧的稳定性最好。

焊接用氩气以瓶装供应，其外表涂成灰色，并且标注有绿色“氩气”字样。氩气瓶的容积一般为 40L，最高工作压力为 15MPa。使用时，一般应直立放置。

氩弧焊对氩气的纯度要求很高，如果氩气中含有一些氧、氮和少量其他气体，将会降低氩气保护性能，对焊接质量造成不良影响。

三、TIG 焊设备头

（一）TIG 焊设备组成

手工钨极氩弧焊设备包括焊机、焊枪、供气系统、冷却系统、控制系统等部分。自动钨极氩弧焊设备，除上述几部分外，还有送丝装置及焊接小车行走机构。

1. 焊机

焊机包括焊接电源及高频振荡器、脉冲稳弧器、消除直流分量装置等控制装置。若采用焊条电弧焊的电源，则应配用单独的控制箱。直流钨极氩弧焊的焊机较为简单，直流焊接电源附加高频振荡器即可。

（1）焊接电源。由于钨极氩弧焊电弧静特性曲线工作在水平段，所以应选用具有陡降外特性的电源。一般，焊条电弧焊的电源（如弧焊变压器、弧焊整流器等）都可作手工钨极氩弧焊电源。

（2）引弧及稳弧装置。由于氩气的电离能较高，难以电离，引燃电弧困难，但又不宜使用提高空载电压的方法，所以钨极氩弧焊必须使用高频振荡器来引燃电弧。

对于交流电源，由于电流每秒钟有100次经过零点，电弧不稳，故还需使用脉冲稳弧器，以保证重复引燃电弧，并稳弧。

高频振荡器是钨极氩弧焊设备的专门引弧装置，是在钨极和工件之间加入约3000V高频电压，这种焊接电源的空载电压只要65V左右即可达到钨极与焊件非接触而点燃电弧的目的。高频振荡器一般仅供焊接时初次引弧，不用于稳弧，引燃电弧后马上切断。

脉冲稳弧器是施加一个高压脉冲而迅速引弧，并保持电弧连续燃烧，从而起到稳定电弧的作用。

(3) 直流分量及消除：

①直流分量的产生原因。采用交流电焊接，正极性时，钨极为负极，由于钨极的熔点高，热导率低，且断面尺寸小，易使电极端部加热到很高的温度，电子发射能力强，所以焊接电流较大，电弧电压较低；反极性时，焊件为负极，由于焊件的熔点低，导热性能好，断面尺寸又大，熔池金属不易加热到较高的温度，使电子发射能力减弱，所以焊接电流较小，电弧电压较高。这种正负半波不对称的电流，可以看成由两部分组成，一部分是真正的交流电；另一部分是叠加在交流部分上的直流电，这部分直流电被称为直流分量。

②直流分量的危害。直流分量的出现，一是使反极性半周的电流幅值减少，作用时间缩短，削弱了“阴极破碎”作用，使电弧不稳，成形差，易产生气孔、未焊透等缺陷；二是使焊接变压器的工作条件恶化，铁心发热，易损坏设备。因此，交流钨极氩弧焊时，必须限制和消除直流分量。

③消除直流分量装置。消除直流分量的方法主要有在焊接回路中串接直流电源(蓄电池)、在焊接回路中串联二极管和电阻及在焊接回路中串联电容。其中在焊接回路中串联电容，使用方便、维护简单、应用最广，是交流钨极氩弧焊消除直流分量的最常用方法。这是因为电容对交流电的阻抗很少，可允许交流电通过，而使直流电不能通过，因此隔断了直流电，从而消除了直流分量。

2. 焊枪

钨极氩弧焊焊枪的作用是夹持电极、导电和输送氩气流。氩弧焊枪分为气冷式焊枪（QQ系列）和水冷式焊枪（QS系列）。气冷式焊枪使用方便，但限于小电流(150A)焊接使用；水冷式焊枪适宜大电流和自动焊接使用。

焊枪一般由枪体、喷嘴、电极夹持机构、电缆、氩气输入管、水管和开关及按钮组成。其中喷嘴是决定氩气保护性能优劣的重要部件。常见的圆柱带锥形和圆柱带球形的喷嘴，保护效果最佳，氩气流速均匀，容易保持层流，是生产中常用的一种形式。圆锥形的喷嘴，因氩气流速变快，气体挺度虽好一些，但容易造成紊流，保护效果较差，但操作方便，便于观察熔池，使用较广泛。

3. 供气系统

钨极氩弧焊的供气系统由氩气瓶、减压器、流量计和电磁阀组成。减压器用以减压和调压。流量计是用来调节和测量氩气流量的大小，现常将减压器与流量计制成一体，成为氩气流量调节器。电磁气阀是控制气体通断装置。

4. 冷却系统

一般选用的最大焊接电流在 150A 以上时，必须通水来冷却焊枪和电极。冷却水接通并有一定压力后，才能起动焊接设备，通常在钨极氩弧焊设备中用水压开关或手动来控制水流量。

5. 控制系统

钨极氩弧焊的控制系统是通过控制线路，对供电、供气、引弧与稳弧等各个阶段的动作程序实现控制。

四、TIG 焊工艺

(一) 焊前清理与保护

1. 焊前清理

钨极氩弧焊时，对材料表面质量要求较高，因此必须对被焊材料的坡口及坡口附近 20mm 范围内及焊丝进行清理，去除金属表面的氧化膜和油污等杂质，以确保焊缝的质量。焊前清理的常用方法有机械清理法、化学清理法和化学—机械清理方法。

(1) 机械清理法。这种方法比较简便，而且效果较好，适用于大尺寸、焊接周期长的焊件。通常使用直径细小的不锈钢丝刷等工具进行打磨，也可用刮刀铲去表面的氧化膜，露出金属光泽。

(2) 化学清理法。这种方法是依靠化学反应去除焊丝或工件表面氧化膜的方法，对于填充焊丝及小尺寸焊件，多采用化学清理法。这种方法与机械清理法相比，具有清理效率高、质量稳定均匀、保持时间长等特点。铝、镁、钛及其合金用化学清理法清除焊丝和工件表面的氧化膜效果较好。

(3) 化学—机械清理法。清理时先用化学清理法，焊前再对焊接部位进行机械清理。这种联合清理的方法，适用于质量要求更高的焊件。

2. 保护措施

由于钨极氩弧焊的对象主要是化学性质活泼的金属和合金，因此在一些情况下，有必要采取一些加强保护效果的措施。

（1）加挡板。对端接接头和角接接头，采用加临时挡板的方法加强保护效果。

（2）焊枪后面附加拖罩。该方法是在焊枪喷嘴后面安装附加拖罩。附加拖罩可使400℃以上的焊缝和热影响区仍处于保护之中，适合散热慢、高温停留时间长的高合金材料的焊接。

（3）焊缝背面通气保护。该方法是在焊缝背面采用可通保护气的垫板、反面充气罩或在被焊管子内部局部密闭气腔内充气保护，这样可同时对正面和反面进行保护。

（二）TIG焊的焊接参数

钨极氩弧焊的焊接参数主要有电源种类和极性、钨极直径、焊接电流、电弧电压、氩气流量、焊接速度和喷嘴直径等。正确地选择焊接参数是获得优质焊接接头的重要保证。

1. 电源种类和极性

钨极氩弧焊可以使用直流电，也可以使用交流电。电流种类和极性可根据焊件材质进行选择。

（1）直流反接。钨极氩弧焊采用直流反接时（钨极为正极、焊件为负极），由于电弧阳极温度高于阴极温度，使接正极的钨棒容易过热而烧损，因为许用电流小，同时焊件上产生的热量不多，因而焊缝厚度较浅，焊接生产率低，所以很少采用。

但是，直流反接有一种去除氧化膜的作用，对焊接铝、镁及其合金有利。因为铝、镁及其合金焊接时，极易氧化，形成熔点很高的氧化膜覆盖在熔池表面，阻碍基本金属和填充金属的熔合，造成未熔合、夹渣、焊缝表面形成皱皮及内部气孔等缺陷。

采用直流反接时，电弧空间的正离子，由钨极的阳极区飞向焊件的阴极区，撞击金属熔池表面，将致密难熔的氧化膜击碎，以达到清理氧化膜的目的，这种作用称为“阴极破碎”作用，也称“阴极雾化”。

尽管，直流反接能将被焊金属表面的氧化膜去除，但钨极的许用电流小，易烧损，电弧燃烧不稳定。所以，铝、镁及其合金一般不采用此法而应尽可能使用交流电来焊接。

（2）直流正接。钨极氩弧焊采用直流正接时（钨极为负极、焊件为正极），由于电弧在焊件阳极区产生的热量大于钨极阴极区，致使焊件的焊缝厚度增加，焊接生产率高，而且钨极不易过热与烧损，使钨极的许用电流增大，电子发射能力增强，电弧燃烧稳定性比直流反接时好。但焊件表面是受到比正离子质量小得多的电子撞击，不能去除氧化膜，因此没有“阴极破碎”作用，故适合于焊接表面无致密氧化膜的金属材料。

(3) 交流钨极氩弧焊。由于交流电极性是不断变化的，这样在交流正极性的半周波中（钨极为负极），钨极可以得到冷却，以减小烧损；而在交流负极性的半周波中（焊件为负极）有“阴极破碎”作用，可以清除熔池表面的氧化膜。因此，交流钨极氩弧焊兼有直流钨极氩弧焊正、反接的优点，是焊接铝镁合金的最佳方法。

2. 钨极直径及端部形状

钨极直径主要按焊件厚度、焊接电流、电源极性来选择。如果钨极直径选择不当，将造成电弧不稳、严重烧损钨极和焊缝夹钨。钨极端部形状对电弧稳定性有一定影响，交流钨极氩焊时，一般将钨极端部磨成圆珠形；直流小电流施焊时，钨极可以磨成尖锥角；直流大电流时，钨极宜磨成钝角。

3. 焊接电流

焊接电流主要根据焊件厚度、钨极直径和焊缝空间位置来选择，过大或过小的焊接电流都会使焊缝成形不良或产生焊接缺陷。

4. 氩气流量和喷嘴直径

对于一定孔径的喷嘴，选用的氩气流量要适当，如果流量过大，不仅浪费，而且容易形成紊流，使空气卷入，对焊接区的保护作用不利，同时带走电弧区的热量多，影响电弧稳定燃烧；而流量过小也不好，气流挺度差，容易受到外界气流的干扰，以致降低气体保护效果。通常，氩气流量在 3 ~ 20L/min 范围内。喷嘴直径随着氩气流量的增加而增加，一般为 5 ~ 14mm。

5. 焊接速度

在一定的钨极直径、焊接电流和氩气流量条件下，焊接速度过快，会使保护气流偏离钨极与熔池，影响气体保护效果，易产生未焊透等缺陷。焊接速度过慢时，焊缝易咬边和烧穿。因此，应选择合适的焊接速度。

6. 电弧电压

电弧电压增加，焊缝厚度减小，熔宽显著增加；随着电弧电压的增加，气体保护效果随之变差。当电弧电压过高时，易产生未焊透、焊缝被氧化和气孔等缺陷。因此，应尽量采用短弧焊，一般为 10 ~ 24V。

7. 喷嘴与焊件间的距离

喷嘴与焊件间的距离以 5 ~ 15mm 为宜。距离过大，气体保护效果差；若距离过小，虽对气体保护有利，但能观察的范围和保护区域变小。

这个距离是否合适，可通过测定氩气有效保护区域的直径来判断。测定的方法是采用交流电源在铝板上引燃电弧后，焊枪固定不动，电弧燃烧 5 ~ 6s 后，切断电源，这时铝板上留下银白色区域。这就是氩气有效保护区域，也称为去氧化膜区，

其直径越大，说明保护效果越好。

8. 钨极伸出长度

为了防止电弧热烧坏喷嘴，钨极端部应突出喷嘴以外，其伸出长度对接焊时一般为 3 ~ 6mm，角焊缝时为 7 ~ 8mm。伸出长度过小，焊工不便于观察熔化状况，对操作不利；伸出长度过大，气体保护效果会受到一定影响。

（三）脉冲 TIG 焊工艺

脉冲钨极氩弧焊与一般钨极氩弧焊的主要区别在于，它能提供周期性脉冲式的焊接电流。周期性脉冲式的焊接电流包括基值电流（维弧电流）和脉冲电流，基值电流是用来维持电弧燃烧和预热电极与焊件，脉冲电流是用来熔化焊件和焊丝的。

1. 脉冲钨极氩弧焊原理

焊接时，脉冲电流产生的大而明亮的脉冲电弧和基值电流产生的小而暗淡的基值电弧交替作用在焊件上。当每一次脉冲电流通过时，焊件上就形成一个点状熔池，待脉冲电流停歇后，由于热量减少点状熔池结晶形成一个焊点。这时由基值电流来维持电弧燃烧，以便下一次脉冲电流来临时，脉冲电弧能可靠而稳定地复燃。下一个脉冲作用时，原焊点的一部分与焊件新的接头处产生一个新的点状熔池，如此循环，最后形成一条呈鱼鳞纹形的、由许多焊点连续搭接而成的链状焊缝。通过对脉冲电流、基值电流和脉冲电流持续时间等的调节与控制，可改变和控制热输入，从而控制焊缝质量及尺寸。

2. 脉冲钨极氩弧焊特点

（1）接头质量好。脉冲钨极氩弧焊能有效地控制焊接热输入和接头金属的高温停留时间，因此减小了焊缝和热影响区金属过热，提高了接头的力学性能，并可减少焊接变形与应力。

（2）扩大了氩弧焊的使用范围。脉冲钨极氩弧焊比钨极氩弧焊的焊缝厚度大，可焊板厚范围广。在减少平均电流的情况下，可焊接钨极氩弧焊不能焊接的薄板构件，用它焊接小于 0.1mm 的薄钢板仍能获得满意结果。

（3）适用于全位置焊。采用脉冲电流后，可用较小的平均电流值进行焊接，减小了熔池体积，并且熔滴过渡和熔池金属加热是间歇性的，因此更易进行全位置焊接。

3. 脉冲钨极氩弧焊的焊接参数

脉冲钨极氩弧焊的焊接参数除普通钨极氩弧焊的参数外，还有脉冲电流、基值电流、脉冲电流时间、基值电流时间、脉冲频率等。

（1）脉冲电流和脉冲电流时间。脉冲电流和脉冲电流时间是决定焊缝成形尺寸的主要参数。如果脉冲电流大，脉冲电流时间长，则焊缝的熔深和熔宽都会增加，其中脉冲电流的作用比脉冲持续时间大。脉冲电流的选择主要取决于工件材料的性质与厚度，脉冲电流过大易产生咬边现象。

(2) 基值电流。脉冲钨极氩弧焊一般选用较小的基值电流，只要能维持电弧的稳定燃烧即可。在其他参数不变时，改变基值电流可调节工件的预热和熔池的冷却速度。

(3) 基值电流时间。基值电流时间对焊缝成形尺寸的影响较小，如间隙时间太长，将明显地减小对工件的热输入，使焊缝冷却时间增加；如间隙时间太短，又相当于“连续”焊，发挥不出脉冲焊的优点。

(4) 脉冲频率。脉冲频率是通过改变脉冲电流时间和基值电流时间来进行调节的。常用的低频脉冲钨极氩弧焊机频率区间为 0.5 ~ 10 周 /s。如果频率过高，第一个焊点来不及形成，第二个脉冲电流又来到，则不能显示出脉冲工艺的特点。

第四节　熔化极气体保护焊

一、认识熔化极气体保护电弧焊

(一) 熔化极气体保护电弧焊的原理、特点及分类

1. 熔化极气体保护电弧焊的原理

气体保护电弧焊是用外加气体作为电弧介质并保护电弧和焊接区的电弧焊方法，简称气体保护焊。使用熔化电极的气体保护电弧焊称为熔化极气体电弧保护焊。熔化极气体保护电弧焊是采用连续送进可熔化的焊丝与焊件之间的电弧作为热源来熔化焊丝和焊件，形成熔池和焊缝的焊接方法。为了得到良好的焊缝并保证焊接过程的稳定性，应利用外加气体作为电弧介质并保护熔滴、熔池和焊接区金属免受周围空气的有害作用。

2. 熔化极气体保护电弧焊的特点

熔化极气体保护电弧焊与其他电弧焊方法相比具有以下特点。

(1) 采用明弧焊，一般不必用焊剂，没有熔渣，熔池可见度好，便于操作，而且保护气体是喷射的，适宜进行全位置焊接，不受空间位置的限制，有利于实现焊接过程的机械化和自动化。

(2) 由于电弧在保护气流的压缩下热量集中，焊接熔池和热影响区很小，因此

焊接变形小、焊接裂纹倾向不大，尤其适用于薄板焊接。

（3）采用氩、氦等惰性气体保护，焊接化学性质较活泼的金属或合金时，可获得高质量的焊接接头。

（4）气体保护焊不宜在有风的地方施焊，在室外作业时须有专门的防风措施。此外，电弧光的辐射较强，焊接设备较复杂。

（二）熔化极气体保护电弧焊常用气体及应用

熔化极气体保护电弧焊常用的气体有氩气（Ar）、氦气（He）、氮气（N_2）、氢气（H_2）、二氧化碳（CO_2）气体及混合气体。

1. 氩气（Ar）和氦气（He）

氩气、氦气是惰性气体，对化学性质活泼而易与氧起反应的金属，是非常理想的保护气体，故常用于铝、镁、钛等金属及其合金的焊接。由于氦气的消耗量很大，而且价格昂贵，所以很少用单一的氦气，常和氩气等混合起来使用。

2. 氮气（N_2）和氢气（H_2）

氮气、氢气是还原性气体。氮可以同多数金属起反应，是焊接中的有害气体，但不溶于铜及铜合金，故可作为铜及合金焊接的保护气体。氢气已很少单独应用。氮气、氢气常和其他气体混合起来使用。

3. 二氧化碳（CO_2）

二氧化碳是氧化性气体。由于二氧化碳气体来源丰富，而且成本低，因此值得推广应用，目前主要用于碳素钢及低合金钢的焊接。

4. 混合气体

混合气体是在一种保护气体中加入适量的另一种（或两种）其他气体。应用最广的是在惰性气体氩（Ar）中加入少量的氧化性气体（CO_2、O_2或其混合气体），用这种气体作为保护气体的焊接方法称为熔化极活性气体保护电弧焊，英文简称为MAG焊。由于混合气体中氩气所占比例大，故常称为富氩混合气体保护焊，常用其来焊接碳钢、低合金钢及不锈钢。

二、CO_2气体保护电弧焊

（一）CO_2气体保护电弧焊原理

CO_2气体保护电弧焊是利用CO_2作为保护气体的一种熔化极气体保护电弧焊方法，简称CO_2焊。工作原理：电源的两输出端分别接在焊枪和焊件上。盘状焊丝由送丝机构带动，经软管和导电嘴不断地向电弧区域送给；同时，CO_2气体以一定的压力和流量送入焊枪，通过喷嘴后，形成一股保护气流，使熔池和电弧不受空气的侵入。随着焊枪的移动，熔池金属冷却凝固而成焊缝，从而将被焊的焊件连成一体。

（二）CO_2气体保护电弧焊工艺

CO_2焊的主要焊接参数有焊丝直径、焊接电流、电弧电压、焊接速度、焊丝伸出长度、气体流量、电源极性、回路电感、装配间隙与坡口尺寸、喷嘴至焊件的距离等。

1. 焊丝直径

焊丝直径应根据焊件厚度、焊接空间位置及生产率的要求来选择。当焊接薄板或中厚板的立、横、仰焊时，多采用直径1.6mm以下的焊丝；在平焊位置焊接中厚板时，可以采用直径1.2mm以上的焊丝。

2. 焊接电流

焊接电流的大小应根据焊件厚度、焊丝直径、焊接位置及熔滴过渡形式来确定。焊接电流越大，焊缝厚度、焊缝宽度及余高都相应增加。通常，直径为0.8 ~ 1.6mm的焊丝，在短路过渡时，焊接电流在50 ~ 230A内选择。细滴过渡时，焊接电流在250 ~ 500A内选择。

3. 电弧电压

电弧电压必须与焊接电流配合恰当；否则，会影响焊缝成形及焊接过程的稳定性。电弧电压随着焊接电流的增加而增大。短路过渡焊接时，通常电弧电压为16 ~ 24V。细滴过渡焊接时，对于直径为1.2 ~ 3.0mm的焊丝，电弧电压可在25 ~ 36V范围内选择。

4. 焊接速度

在一定的焊丝直径、焊接电流和电弧电压条件下，随着焊速的增加，焊缝宽度与焊缝厚度减小。焊接速度过快，不仅气体保护效果变差，可能出现气孔，而且还易产生咬边及未熔合等缺陷；但焊接速度过慢，则焊接生产率降低，焊接变形增大。一般CO_2半自动焊时的焊接速度为15 ~ 40m/h。

5. 焊丝伸出长度

焊丝伸出长度取决于焊丝直径，一般约等于焊丝直径的10倍，且不超过15mm。伸出长度过大，焊丝会成段熔断，飞溅严重，气体保护效果差；过小，不但易造成飞溅物堵塞喷嘴，影响保护效果，也影响焊工视线。

6. CO_2气体流量

CO_2气体流量应根据焊接电流、焊接速度、焊丝伸出长度及喷嘴直径等选择。气体流量过小电弧不稳，有密集气孔产生，焊缝表面易被氧化成深褐色；气体流量过大会出现气体紊流，也会产生气孔，焊缝表面呈浅褐色。

通常在细丝 CO_2 焊时，CO_2 气体流量为 8 ~ 15L/min；粗丝 CO_2 焊时，CO_2 气体流量为 15 ~ 25L/min。

7. 电源极性与回路电感

为了减少飞溅，保证焊接电弧的稳定性，CO_2 焊应选用直流反接。焊接回路的电感值应根据焊丝直径和电弧电压来选择。

8. 装配间隙及坡口尺寸

由于 CO_2 焊焊丝直径较细，电流密度大，电弧穿透力强，电弧热量集中，一般对于 12mm 以下的焊件不开坡口也可焊透，对于必须开坡口的焊件，一般坡口角度可由焊条电弧焊的 60° 减为 30° ~ 40°，钝边可相应增大 2 ~ 3mm，根部间隙可相应减少 1 ~ 2mm。

9. 喷嘴至焊件的距离

喷嘴与焊件间的距离应根据焊接电流来选择。

10. 焊枪倾角

焊枪倾角也是不容忽视的因素。焊枪倾角过大（如前倾角大于 25° ）时，将加大熔宽并减少熔深，还会增加飞溅。当焊枪与焊件成后倾角时（电弧指向已焊焊缝），焊缝窄，熔深较大，余高较高。

通常焊工习惯用右手持枪，采用左向焊法，采用前倾角（焊件的垂线与焊枪轴线的夹角）10°~15°，不仅能够清楚地观察和控制熔池，而且还可得到较好的焊缝成形。

三、熔化极惰性气体保护电弧焊

熔化极惰性气体保护电弧焊一般是采用氩气（或氩气和氦气的混合气体）作为保护进行焊接的，所以熔化极惰性气体保护电弧焊通常指的是熔化极氩弧焊。

（一）熔化极氩弧焊的原理

熔化极氩弧焊是用填充焊丝作熔化电极的氩气保护焊。

熔化极氩弧焊采用焊丝作电极，在氩气保护下，电弧在焊丝与焊件之间燃烧。焊丝连续送给并不断熔化，而熔化的熔滴也不断向熔池过渡，与液态的焊件金属熔合，经冷却凝固后形成焊缝。熔化极氩弧焊按其操作方式有熔化极半自动氩弧和熔化极自动氩弧焊两种。

（二）熔化极惰性气体保护电弧焊的设备及工艺

1. 熔化极惰性气体保护电弧焊的设备

熔化极氩弧焊设备与 CO_2 焊基本相同，主要是由焊接电源、供气系统、送丝机构、控制系统、半自动焊枪、冷却系统等部分组成。熔化极自动氩弧焊设备与半自动焊设备相比，多了一套行走机构，并且通常将送丝机构与焊枪安装在焊接小车或专用的焊接机头上，这样可使送丝机构更为简单可靠。

熔化极半自动氩弧焊机由于多用细焊丝施焊，所以采用等速送丝式系统配用平外特性电源。熔化极自动氩弧焊机自动调节工作原理与埋弧焊基本相同。选用细焊丝时采用等速送丝系统，配用缓降外特性的焊接电源；选用粗焊丝时，采用变速送丝系统，配用陡降外特性的焊接电源，以保证自动调节作用及焊接过程稳定性。熔化极自动氩弧焊大多采用粗焊丝。

熔化极氩弧焊的供气系统采用惰性气体，不需要预热器。惰性气体不像 CO_2 那样含有水分，故不需干燥器。

我国定型生产的熔化极半自动氩弧焊机有 NBA 系列，如 NBA_1-500 型等，熔化极自动氩弧焊机有 NZA 系列，如 NZA-1000 型等。

2. 熔化极氩焊的焊接工艺

熔化极氩弧焊的主要焊接参数有焊丝直径、焊接电流、电弧电压、焊接速度、喷嘴直径、氩气流量等。

焊接电流和电弧电压是获得喷射过渡形式的关键，只有焊接电流大于临界电流值，才能获得喷射过渡。但焊接电流也不能过大，当焊接电流过大时，熔滴将产生不稳定的非轴向喷射过渡，飞溅增加，破坏熔滴过渡的稳定性。

要获得稳定的喷射过渡，在选定焊接电流后，还要匹配合适的电弧电压。实践表明，对于一定的临界电流值都有一个最低的电弧电压值与之相匹配，如果电弧电压低于这个值，即使电流比临界电流大得多，也不能获得稳定的喷射过渡。但电弧电压也不能过高。电弧电压过高，不仅影响保护效果，还会使焊缝成形恶化。

由于熔化极氩弧焊对熔池和电弧区的保护要求较高，而且电弧功率及熔池体积一般较钨极氩弧焊时大，所以氩气流量和喷嘴孔径相应增大，通常喷嘴孔径为 20mm 左右，氩气流量为 30 ~ 65L/min。

熔化极氩弧焊采用直流反接，因为直流反接易实现喷射过渡，飞溅少，并且还可发挥“阴极破碎”作用。

第九章　铝及铝合金的焊接

第一节　铝及铝合金的特性和焊接特点

一、铝及铝合金的分类和性能

（一）铝及铝合金的分类

铝是银白色的轻金属，纯铝的熔点为660℃，密度为2.7g/cm。工业用铝合金的熔点约为566℃。铝具有热容量和熔化潜热高、耐腐蚀性好，以及在低温下能保持良好的力学性能等特点。

铝及铝合金可分为工业纯铝、变形铝合金（分为非热处理强化铝合金、热处理强化铝合金）和铸造铝合金。变形铝合金是指经不同的压力加工方法（经过轧制、挤压等工序）制成的板、带、棒、管、型、条等半成品材料，铸造铝合金以合金铸锭供应。

1. 工业纯铝

工业纯铝含铝99%以上，熔点为660℃，熔化时没有任何颜色变化。表面易形成致密的氧化膜，具有良好的耐蚀性。纯铝的导热性约为低碳钢的5倍，线胀系数约为低碳钢的2倍。纯铝强度很低，不适合做结构材料。退火的铝板抗拉强度为60～100MPa，伸长率为35%～40%。

2. 非热处理强化铝合金

非热处理强化铝合金通过加工硬化、固溶强化提高力学性能，特点是强度中等、塑性及耐蚀性好，又称防锈铝，原先代号为LF××。Al-Mn合金和Al-Mg合金属于防锈铝合金，不能热处理强化，但强度比纯铝高，并具有优异的抗腐蚀性和良好的焊接性，是目前焊接结构中应用最广的铝合金。

3. 热处理强化铝合金

热处理强化铝合金通过固溶、淬火、时效等工艺提高力学性能，经热处理后可显著提高抗拉强度，但焊接性较差，熔化焊时产生焊接裂纹的倾向较大，焊接接头的力学性能（主要是抗拉强度）严重下降。热处理强化铝合金包括硬铝、超硬铝、锻铝等。

（1）硬铝。硬铝的牌号是按铜增加的顺序编排的。Cu是硬铝的主要成分，为了得到高的强度，Cu含量一般应控制在4.0%～4.8%。Mn也是硬铝的主要成分，主要作用是消除Fe对抗蚀性的不利影响，还能细化晶粒、加速时效硬化。在硬铝合金中，Cu、Si、Mg等元素能形成溶解于铝的化合物，从而促使硬铝合金在热处理时强化。

退火状态下硬铝的抗拉强度为160～220MPa，经过淬火及时效后抗拉强度增加至312～460MPa。但硬铝的耐蚀性能差。为了提高合金的耐蚀性，常在硬铝板表面覆盖一层工业纯铝保护层。

（2）超硬铝。该合金中Zn、Mg、Cu的平均总含量可达9.7%～13.5%，在当前航空航天工业中仍是强度最高（抗拉强度达500～600MPa）和应用最多的一种轻合金材料。超硬铝的塑性和焊接性差，接头强度远低于母材。由于合金中Zn含量较多，形成晶间腐蚀及焊接热裂纹的倾向较大。

（3）锻铝。锻铝具有良好的热塑性（原代号为LDX×），而且Cu含量越少，热塑性越好，适于作锻件用。其具有中等强度和良好的抗蚀性，在工业中得到广泛应用。

低密度的铝锂合金是为了取代常规铝合金、减轻飞机质量、节省燃料开发的。用铝锂合金替代常规铝合金可使结构质量减轻10%～15%，刚度提高15%～20%，适于用作航空航天结构材料。20世纪70—80年代能源危机给航空业带来的压力推动了Al-Li合金的发展，提出用新的Al-Li合金取代传统高强2000和7000系列铝合金的目标。80年代以后又开发了高强度的Al-Li-Cu和Al-Li-Cu-Mg合金系并获得应用。

（二）铝及铝合金的性能及应用

铝及其合金具有独特的物理化学性能。铝具有许多优良的性质，包括密度小、塑性好、易于加工、抗腐蚀性好等。在空气或硝酸中，铝表面会形成致密的氧化铝薄膜，可保护内部不受氧化；铝的电导率较高、导电性好，仅次于金、银、铜，居第4位。

铝具有面心立方结构，无同素异构转变，无“延一脆”转变，因而具有优异的低温韧性，在低温下能保持良好的力学性能。铝及铝合金塑性好，可以承受各种形式的压力加工，很容易加工成形，它可用铸造、轧制、冲压、拉拔和滚轧等各种工艺方法制成形状各异的制品。铝及铝合金容易机械加工，且加工速度快，这也是铝制零部件得到大量应用的重要因素之一。

经过冷加工变形后铝的强度增高、塑性下降。当铝的变形程度达到60%～80%

时，其抗拉强度可达 150 ~ 180MPa，而伸长率下降至 1% ~ 1.5%，因此，可以通过冷作硬化方法来提高铝的强度性能。经过冷作硬化的铝材，在 250 ~ 300℃的温度区间可以引起再结晶过程，使冷作硬化消除。铝的退火温度为 400℃，经过退火处理的铝称为退火铝或软铝。铝及其合金还具有优异的耐腐蚀性能和较高的比强度（强度 / 密度）。与各种金属相比，铝在大气中的抗腐蚀性能很好。这是由于铝比较活泼，与空气接触时，表面生成的难熔氧化铝膜比较致密（Al_2O_3 熔点为 2050℃），从而保护铝材不被继续氧化。铝在浓硝酸中因表面被钝化而非常稳定，但铝对碱类和带有氯离子的盐类抗腐蚀性能较差。

工业纯铝主要用于不承受载荷但要求具有某种特性（如高塑性、良好的焊接性、耐蚀性或高的导电、导热性等）的结构件，如铝箔用于制作垫片及电容器，其他半成品用于制作电子管隔离罩、电线保护套管、电缆线芯、飞机通风系统零件、日用器具等。高纯铝主要用于科学研究、化学工业及其他特殊用途。

防锈铝（铝锰合金、铝镁合金）主要用于要求高的塑性和焊接性、在液体或气体介质中工作的低载荷零件，如油箱、汽油或润滑油导管、各种液体容器和其他用深拉制作的小负荷零件等。铝及铝合金被广泛应用于航空航天、建筑、汽车、机械制造、电工、化学工业、商业等领域。铝合金在飞机制造中是主要的结构材料，约占骨架重量的 55%，而且大部分关键轴承部件，如涡轮发动机轴向压缩机叶片、机翼、骨架、外壳、尾翼等是由铝合金制造的。

二、铝及铝合金的焊接特点

纯铝的熔点为 660℃，熔化时不发生颜色变化（但焊接时熔池仍清晰可见）。铝对氧的亲和力很强，在空气中很容易氧化成致密难熔的氧化膜（Al_2O_3，熔点为 2050℃），可防止铝继续氧化。铝及铝合金熔化焊时有如下困难和特点。

（1）铝和氧的亲和力很大，因此在铝及铝合金表面总有一层难熔的氧化铝膜，远远超过铝的熔点，这层氧化铝膜不溶于金属并且妨碍被熔融填充金属润湿。在焊接或钎焊过程中应将氧化膜清除或破坏掉。

（2）铝的导热性和导电性约为低碳钢的 5 倍，焊接时需要更高的热输入，应使用大功率或能量集中的热源，有时还要求预热。

（3）铝的线胀系数约为低碳钢的 2 倍，凝固时收缩率比低碳钢大 2 倍。因此，焊接变形大，若工艺措施不当，易产生裂纹。熔焊时，铝合金的焊接性首先体现在抗裂性上。在铝中加入 Cu、Mn、Si、Mg、Zn 等合金元素可获得不同性能的合金。

（4）铝及其合金的固态和液态色泽不易区别，焊接操作时难以控制熔池温度；铝在高温时强度很低，焊接时易引起接头处金属塌陷或下漏。

(5) 铝从液相凝固时体积缩小 6%，由此形成的应力会引起接头的过量变形。

(6) 焊后焊缝易产生气孔，焊接接头区易发生软化。

现代科学技术的发展促进了铝及铝合金焊接技术的进步。可焊接的铝合金材料范围逐步扩大，现在不仅可以成功地焊接非热处理强化的铝合金，而且解决了热处理强化的高强超硬铝合金焊接的各种难题。铝及其合金焊接结构的应用已从传统的航空、航天和军工等行业，逐步扩大到国民经济生产和人民生活的各个领域。

第二节　铝及铝合金的焊接性分析

铝合金的化学活性和导热性强，表面易形成致密难熔的 Al_2O_3 膜（Al_2O_3 膜熔点为 2050℃，MgO 膜熔点约为 2500℃），焊接时易造成不熔合。由于 Al_2O_3 膜的密度与铝的密度接近，易成为焊缝中的夹杂物。氧化膜可吸收较多水分而成为焊缝气孔的来源。铝合金的线胀系数大，焊接时易产生翘曲变形。这些都是影响铝及铝合金焊接的因素。

一、焊缝中的气孔

铝及其合金熔焊时最常见的缺陷是焊缝气孔，特别是对于纯铝和防锈铝的焊接。

(一) 形成气孔的原因

氢是铝合金熔焊时产生气孔的主要原因，氢的来源是弧柱气氛中的水分、焊接材料及母材所吸附的水分，其中焊丝及母材表面氧化膜吸附的水分对气孔有很大影响。

1. 弧柱气氛中水分的影响

由弧柱气氛中水分分解而来的氢，溶入过热的熔融金属中，凝固时来不及析出成为焊缝气孔，这时所形成的气孔具有白亮内壁的特征。

弧柱气氛中的氢之所以能使焊缝形成气孔，与它在铝中的溶解度变化有关。平衡条件下氢的溶解度会实时变化，凝固时可从 0.69mL/100g 突降到 0.036mL/100g，相差约 20 倍 (在钢中相差不到 2 倍)，这是氢易使铝焊缝产生气孔的重要原因之一。铝的导热性很强，在同样的工艺条件下，铝熔合区的冷却速度为高强钢焊接时的 4 ~ 7 倍，不利于气泡浮出，易于促使形成气孔。

不同合金系对弧柱气氛中水分的影响是不同的。在同样的焊接条件下，纯铝对

气氛中的水分较敏感，纯铝焊缝产生气孔的倾向要大些。Al-Mg 合金 Mg 含量增高，氢的溶解度和引起气孔的临界氢分压随之增大，因而对吸收气氛中的水分不太敏感。

不同的焊接方法对弧柱气氛中水分的敏感性也不同。TIG（Tungsten Inert Gas）焊或 MIG（Meltinert-gas）焊时氢的吸收速率和吸氢量有明显差别。MIG 焊时，焊丝以细小熔滴形式通过弧柱落入熔池，由于弧柱温度高，熔滴金属易于吸收氢；TIG 焊时，熔池金属与气体氢反应，表面积小和熔池温度低于弧柱温度，吸收氢的条件不如 MIG 焊。同时，MIG 焊的熔深一般大于 TIG 焊的熔深，不利于气泡的浮出。所以 MIG 焊时焊缝气孔倾向比 TIG 焊时大。

2. 氧化膜中水分的影响

正常的焊接条件下对气氛中的水分已严格限制，这时焊丝或工件氧化膜中吸附的水分是生成焊缝气孔的主要原因。氧化膜不致密、吸水性强的铝合金 (如 Al-Mg 合金)，比氧化膜致密的纯铝具有更大的气孔倾向。因为 Al-Mg 合金的氧化膜由 Al_2O_3 和 MgO 构成，MgO 越多形成的氧化膜越不致密，越易于吸附水分；纯铝的氧化膜只由 Al_2O_3 构成，比较致密，相对来说吸水性要小。Al-Li 合金的氧化膜更易吸收水分而促使焊缝中产生气孔。

铝焊丝表面氧化膜的清理对焊缝含氢量的影响很大，若是 Al-Mg 合金焊丝，影响将更显著。MIG 焊由于熔深大，坡口端部的氧化膜能迅速熔化，有利于氧化膜中水分的排除，氧化膜对焊缝气孔的影响小得多。

熔化极氩弧焊时，在熔透不足的情况下，母材坡口根部未除净的氧化膜所吸附的水分是产生焊缝气孔的主要原因。形成熔池时，如果坡口附近的氧化膜未完全熔化而残存下来，氧化膜中水分因受热而分解出氢，并在氧化膜上萌生气泡；由于气泡附着在残留氧化膜上，不易脱离浮出，因此常造成集中的大气孔。坡口端部氧化膜引起的气孔，常沿着熔合区坡口边缘分布，内壁呈氧化色。由于 Al-Mg 合金比纯铝更易于形成疏松而吸水性强的厚氧化膜，所以 Al-Mg 合金比纯铝更易产生这种集中的氧化膜气孔。因此，焊接铝镁合金时，焊前须仔细清除坡口端部的氧化膜。

Al-Li 合金焊缝中的气孔倾向比常规铝合金更严重。这是由 Li 元素的活性以及合金表面在高温时形成的表面层造成的。表面层中 Li_2O、LiOH、Li_2CO、Li_3N 等化合物是使气孔增加的原因。这些化合物在合金表面易吸附环境中的水分，焊接时导致氢进入熔池。

(二) 防止焊缝气孔的途径

防止焊缝中的气孔可从两个方面着手。一是限制氢溶入熔融金属，减少氢的来源，或减少氢与熔融金属作用的时间 (如减少熔池吸氢时间)；二是促使氢自熔池逸出，即在熔池凝固之前改善冷却条件使氢以气泡形式及时排出（如增大熔池析氢时间）。

1. 减少氢的来源

限制焊接材料（如焊丝、焊条、保护气体）中的含水量，使用前干燥处理，氩气的管路要保持干燥。氩气中的含水量小于0.08%时不易形成气孔。焊前采用化学方法或机械方法清除焊丝及母材表面的氧化膜。化学清洗有两个步骤：脱脂去油和去除氧化膜。清洗后到焊前的间隔时间对气孔也有影响。间隔时间延长，焊丝或母材吸附的水分增多。化学清洗后一般要求尽快进行焊接。对于大型构件，清洗后不能立即焊接时，施焊前应用刮刀刮削坡口端面并及时施焊。

正反面全面保护，配以坡口刮削是有效防止气孔的措施。背面吹惰性气体也有助于减少气孔。将坡口下端根部刮去一个倒角（成为倒V形小坡口），对防止根部氧化膜引起的气孔很有效。铲焊根也有利于较少焊缝中的气孔。MIG焊时，采用粗直径焊丝，比用细直径焊丝时的气孔倾向小，这是由焊丝及熔滴比表面积降低所致。

2. 控制焊接工艺

该途径可归结为对熔池高温存在时间的影响，也就是对氢溶入和析出时间的影响。焊接参数不当时，如果造成氢的溶入量多而又不利于逸出时，气孔倾向势必增大。钨极氩弧焊时，采用大焊接电流配合较高的焊接速度对减少气孔较为有利。焊接电流不够大，焊接速度又较快时，根部氧化膜不易熔掉，气体不易排出，气孔倾向增大。

熔化极氩弧焊时，焊丝氧化膜的影响更明显，减少熔池存在时间难以防止焊丝氧化膜分解出的氢向熔池侵入，因此希望增大熔池时间以利气泡逸出。降低焊接速度和提高热输入，有利于减少焊缝中的气孔。薄板焊接时，焊接热输入的增大可以减少焊缝中的气体含量；但中厚板焊接时，由于接头冷却速度较大，热输入增大后的影响并不明显。T形接头的冷却速度约为对接接头的1.5倍，在同样的热输入条件下，薄板对接接头的焊缝气体含量高得多。因此，MIG焊的焊接条件下，接头冷却条件对焊缝气孔有明显的影响。必要时可采取预热来降低接头冷却速度，以利于气体逸出，这对减少焊缝气孔有一定好处。

当焊接电弧能量减小时，气孔可降低到最小值；但随后电弧能量继续减小时，气孔又缓慢地增加。改变弧柱气氛的性质，对焊缝气孔倾向也有影响。例如，在Ar中加入少量CO_2或O_2等氧化性气体，使氢发生氧化而减小氢分压，能减少气孔的生成。但是CO_2或O_2的含量要适当控制，含量少时无效果，过多时又会使焊缝表面氧化严重而发黑。

二、焊接热裂纹

铝合金焊接热裂纹的特点如下。

铝合金焊接时，常见的热裂纹主要是焊缝凝固裂纹和近缝区液化裂纹。铝合金属于共晶型合金，最大裂纹倾向与合金的“最大凝固温度区间”相对应。但是，由于平衡状态图与实际情况有较大出入。

合金中存在其他元素或杂质时，可能形成三元共晶，其熔点比二元共晶更低一些，凝固温度区间也更大一些。

易熔共晶的存在，是铝合金焊缝产生凝固裂纹的原因之一。关于易熔共晶的作用，不仅要看其熔点高低，更要看它对界面能的影响。易熔共晶成薄膜状展开于晶界时，增大合金的热裂倾向；若成球状聚集在晶粒间时，合金的热裂倾向小。近缝区液化裂纹同焊缝凝固裂纹一样，也与晶间易熔共晶有联系，但这种易熔共晶夹层并非晶间原已存在的，而是在焊接加热条件下因偏析而形成的，所以称为晶间液化裂纹。铝合金的线胀系数比钢约大 1 倍，在拘束条件下焊接时易产生较大的焊接应力，也是促使铝合金具有较大裂纹倾向的原因之一。

（一）防止焊接热裂纹的途径

解决热裂纹的途径主要是通过填充材料改变焊缝的合金成分，细化晶粒，控制低熔点共晶的数量和分布，以及控制焊接热输入等。母材的合金系对焊接热裂纹有重要的影响。获得无裂纹的铝合金接头同时保证各项使用性能要求是很困难的。例如，硬铝和超硬铝就属于这种情况。对于纯铝、铝镁合金等，有时也存在焊接裂纹问题。焊缝金属的凝固裂纹主要通过合理确定焊缝的合金成分，并配合适当的焊接工艺来进行控制。

1. 合金系的影响

加入 Cu、Mn、Si、Mg、Zn 等合金元素可获得不同性能的铝合金。

调整焊缝合金系的着眼点，从抗裂角度考虑，在于控制适量的易熔共晶并缩小结晶温度区间。由于铝合金为共晶型合金，少量易熔共晶会增大凝固裂纹倾向，一般是使主合金元素含量超过 Xm，以便产生“愈合”作用。不同的防锈铝钨极氩弧焊时，填送不同的焊丝以获得不同 Mg 含量的焊缝，具有不同的抗裂性能。Al-Mg 合金焊接时，采用 Mg 的质量分数超过 3.5% 的焊丝为好。而 Al-Mn 合金采用 Al-Mg 合金焊丝并不理想，Mg 含量不足，当焊丝中 Mg 的质量分数超过 8% 以后，才能改善焊缝的抗裂性。

裂纹倾向大的硬铝类高强铝合金，在原合金系中进行成分调整以改善抗裂性成效不得不采用含 5%Si 的 Al-Si 合金焊丝。因为其可形成较多的易熔共晶，流动性好，具有很好的“愈合”作用，有很高的抗裂性能，但强度和塑性不能达到母材的水平。

为改善超硬铝的焊接性，发展了 Al-Zn-Mg 系合金。它是在 Al-Zn-Mg-Cu 系基础上取消 Cu，稍许降低强度而获得良好焊接性的一种时效强化铝合金。Al-Zn-Mg 合金焊接裂纹倾向小，焊后仅靠自然时效，接头强度即可恢复到母材的水平。合金的强度决定于 Mg 及 Zn 的含量。Zn 及 Mg 增多时，强度增高但耐蚀性下降。Al-Zn-Mg 系合金所用焊丝不允许含有 Cu，且应提高 Mg 含量，同时要求 Mg>Zn。

大部分高强铝合金焊丝中几乎都有 Ti、Zr、V、B 等微量元素，一般是作为变质剂加入的，可以细化晶粒而且改善塑性、韧性，并可显著提高抗裂性能。

2. 焊丝成分的影响

不同的母材配合不同的焊丝，在 T 形接头试样上进行钨极氩弧焊具有不同的裂纹倾向。采用与母材成分相同的焊丝时，具有较大的裂纹倾向。采用 A1-5%Si 焊丝（ER4043）和 Al-5%Mg 焊丝（ER5356）的抗裂性较好。

Al-Zn-Mg 合金专用焊丝 X5180（Al-4%Mg-2%Zn-0.15%Zr）具有良好的抗裂性能。易熔共晶数量多而有很好“愈合”作用的焊丝 ER4145，抗裂性比焊丝 ER4043 更好。Al-Cu 系硬铝 2219 采用焊丝 ER2319 焊接具有满意的抗裂性。

3. 焊接参数的影响

焊接参数主要是影响焊缝凝固后的组织，也影响凝固过程中的应力变化，因而影响裂纹的产生。采用热能集中的焊接方法，可防止形成方向性强的粗大柱状晶，可改善抗裂性。减小热输入可减少熔池过热，有利于改善抗裂性。焊接速度的提高，促使增大焊接接头的应力，增大热裂倾向。大部分铝合金的裂纹倾向都较大，即使是采用合理的焊丝，在熔合比大时裂纹倾向也会增大。因此增大焊接电流是不利的，而且应避免断续焊接。

三、焊接接头的力学性能

（一）熔焊接头的软化

非时效强化铝合金（如 Al-Mg 合金）在退火状态下焊接时，接头与母材是等强的；在冷作硬化状态下焊接时，接头强度低于母材，表明在冷作状态下焊接时接头有软化现象。时效强化铝合金，无论是在退火还是时效状态下焊接，焊后不经热处理，接头强度均低于母材。特别是在时效状态下焊接的硬铝，即使焊后经人工时效处理，接头强度系数（接头强度与母材强度之比的百分数）也未超过 60%。

Al-Zn-Mg 合金的接头强度与焊后自然时效的时间长短有关，焊后仅增长自然时

效的时间，接头强度即可提高到接近母材的水平。其他时效强化铝合金，焊后不论是否经过时效处理，其接头强度均未能达到母材的水平。

铝合金焊接时的不等强性表明焊接区发生了软化。这是焊接沉淀强化铝合金时普遍存在的问题。铝合金强度越高，接头软化问题越突出，铝锂合金也不例外。这类合金焊接接头的软化主要是由于焊缝时效不足和热影响区的过时效。接头性能上的薄弱环节可以存在于焊缝、熔合区或热影响区的任何一个区域中。

焊缝时效不足是由于焊接冷却快，焊缝凝固后大量的溶质元素偏析在枝晶间而导致固溶体中的过饱和度不足。就焊缝而言，在退火状态以及焊缝成分与母材一致时，强度可能差别不大，但焊缝塑性不如母材。若焊缝成分不同于母材，焊缝性能将决定于所选用的焊接材料。为保证焊缝强度和塑性，固溶强化合金优于共晶型合金。例如用4A01（Al-5%Si）焊丝焊接硬铝，接头强度及塑性在焊态下远低于母材。共晶数量越多，焊缝塑性越差。多层焊时，后一焊道可使前一焊道重熔一部分，由于没有同素异构转变，不仅看不到像钢材多层焊时的层间晶粒细化的现象，还可发生缺陷的积累，特别是在层间温度过高时，甚至使层间出现热裂纹。一般来说，焊接热输入越大，焊缝性能下降的趋势也越大。

从热影响区的过时效软化方面考虑，不经过固溶处理仅进行焊后时效强度也无法恢复。对于熔合区，非时效强化铝合金的主要问题是晶粒粗化和塑性降低；时效强化铝合金焊接时，除了晶粒粗化，还可能因晶界液化而产生裂纹。无论是非时效强化的合金或时效强化的合金，热影响区（HAZ）都表现出强化效果的损失，即软化。

1. 非时效强化铝合金 HAZ 的软化

该软化主要发生在焊前经冷作硬化的合金上，热影响区峰值温度超过再结晶温度（200～300℃）的区域产生软化现象。接头软化主要取决于加热的峰值温度，而冷却速度的影响不很明显。由于软化后的硬度已低到退火状态的硬度水平，因此焊前冷作硬化程度越高，焊后软化的程度越大。板件越薄，这种影响越显著。冷作硬化薄板铝合金的强化效果，焊后可能全部丧失。

2. 时效强化铝合金 HAZ 的软化

该软化主要是热影响区"过时效"软化，这是熔焊条件下很难避免的。软化程度决定于合金第二相的性质，与焊接热循环有关。第二相越易于脱溶析出并易于聚集长大时，越容易发生"过时效"软化。

Al-Cu-Mg 合金比 Al-Zn-Mg 合金的第二相易于脱溶析出。自然时效状态下焊接时，Al-Cu-Mg 硬铝合金热影响区的强度明显下降，即明显软化，这是焊后经 120h 自然时效后的情况。Al-Zn-Mg 合金焊后经 96h 自然时效时，热影响区的软化程度却显著减小；经 2160h（90 天）自然时效时，软化现象几乎完全消失。这表明，Al-Zn-Mg 合金在自然时效状态下焊接时，焊后经自然时效可使接头强度性能恢复或接近母材的水平。

时效强化铝合金中的超硬铝和硬铝类似，热影响区有明显软化现象。对于时效强化合金，为防止热影响区软化，应采用小的焊接热输入。现代科学技术的发展促进了铝及铝合金焊接技术的进步。可焊接的铝合金材料范围逐步扩大，现在不仅可以成功地焊接非热处理强化的铝合金，而且解决了热处理强化的高强超硬铝合金焊接的难题。

（二）搅拌摩擦焊接头的力学性能

1. 接头区的硬度

铝合金搅拌摩擦焊接头的硬度比较高。铝合金时效有自然时效和人工时效之分。对 A2014 和 A7075 铝合金搅拌摩擦焊接头焊后进行了 9 个月自然时效，最初个月接头区硬度回复速度剧烈。经自然时效 9 个月后，A2014 和 A7075 铝合金焊接接头都没有回复到母材的硬度值，但 A7075 铝合金焊接接头硬度的回复大一些。

2. 拉伸性能

搅拌摩擦焊和其他方法焊接的 A6005-T5 铝合金接头的拉伸试验结果表明。等离子弧焊的接头强度最高为 194MPa，MIG 焊的接头强度为 179MPa，搅拌摩擦焊接头的强度最低为 175MPa，但 FSW 接头的伸长率最高为 22%。2000 系铝合金的搅拌摩擦焊接头断裂发生在热影响区。

铝合金搅拌摩擦焊焊缝金属承受载荷的能力，等于或高于母材垂直于轧制方向的承载能力。与电弧焊接头弯曲试验不同，搅拌摩擦焊接头弯曲试验的弯曲半径为板厚的 4 倍以上。在这种试验条件下，各种铝合金搅拌摩擦焊接头的 180° 弯曲性能都很好。

与氩弧焊（TIG 焊 /MIG 焊）等熔焊方法相比，铝合金搅拌摩擦焊接头的抗疲劳性能有明显的优势。一是因为搅拌摩擦焊接头经过搅拌头的摩擦、挤压、顶锻得到的是精细的等轴晶组织；二是由于焊接过程是在低于材料熔点的温度下完成的，焊缝组织中没有熔焊时经常出现的凝固过程中产生的缺陷，如偏析、气孔、裂纹等。对不同的铝合金（如 A2014-T6、A2219、A5083、A7075 等）搅拌摩擦焊接头的疲劳性能研究表明，铝合金搅拌摩擦焊接头的疲劳性能均优于熔焊接头，其中 A5083 铝合金搅拌摩擦焊接头的疲劳性能可达到与母材相同的水平。

3. 冲击韧性

对板厚为 30mm 的 A5083 铝合金进行双道搅拌摩擦焊，焊速为 40mm/min，对

该搅拌摩擦焊接头进行的低温冲击韧性试验表明，无论是在液氮温度下，还是在液氦温度下，搅拌摩擦焊接头的低温冲击韧性都高于母材，断面呈韧窝状。而 MIG 焊接头在室温下的低温冲击韧性均低于母材。铝合金搅拌摩擦焊的焊缝区具有良好的韧性，这是搅拌摩擦焊的焊缝组织晶粒细化的结果。

第三节　铝及铝合金焊接工艺

一、焊前准备

(一) 化学清理

化学清理效率高、质量稳定，适用于清理焊丝以及尺寸不大、批量生产的工件。小型铝基铝合金工件可采用浸洗法。

焊丝清洗后可在 150～200℃烘箱内烘焙半小时，然后存放在 100℃烘箱内随用随取。清洗过的焊件不准随意乱放，应立即进行装配、焊接，一般不要超过 24h。已超过 24h 的，焊前采用机械方法清理后再进行装配焊接。

大型焊件受酸洗槽尺寸限制，难于实现整体清理，可在接头两侧各 30mm 的表面区域用火焰加热至 100℃左右，涂擦室温的 NaOH 溶液，并加以擦洗，时间略长于浸洗时间，除净焊接区的氧化膜后，用清水冲洗干净，再中和、光化后，用火焰烘干。

(二) 机械清理

通常先用丙酮或汽油擦洗表面油污，然后可根据零件形状采用切削方法，如使用风动或电动铣刀，也可使用刮刀等工具。对较薄的氧化膜可采用不锈钢的钢丝刷清理表面，不宜采用纱布、砂纸或砂轮打磨。

工件和焊丝清洗后不及时装配、工件表面会重新氧化，特别是在潮湿的环境以及被酸碱蒸汽污染的环境中，氧化膜生长很快。清理后的焊丝、工件在焊前存放的时间一般不要超过 24h。

铝合金零件焊前清理或清洗后，也可用干燥、洁净、不起毛的织物或聚乙烯薄膜胶带将坡口及其邻近区域覆盖好，防止其随后被沾污。必要时焊前再用洁净的刮刀刮削坡口表面，用氩弧焊枪向坡口吹氩气，吹除坡口内刮屑，然后施焊。

(三) 焊前预热

在焊前最好不进行预热，因为预热可加大热影响区的宽度，降低某些铝合金焊接接头的力学性能。但对厚度超过 5 ~ 8mm 的厚大铝件焊前需进行预热，以防止变形和未焊透，减少气孔等缺陷。通常预热到 90℃足以保证在始焊处有足够的熔深，预热温度不应超过 150℃，含 4.0% ~ 5.5%Mg 的铝镁合金的预热温度不应超过 90℃。

二、铝及铝合金的钨极氩弧焊 (TIG 焊)

TIG 焊是利用钨极与工件之间形成电弧产生的大量热量熔化待焊处，外加填充焊丝获得牢固的焊接接头。氩弧焊焊铝是利用其“阴极雾化”的特点，自行去除氧化膜。钨极及焊缝区域由喷嘴中喷出的惰性气体屏蔽保护，防止焊缝区和周围空气的反应。

钨极氩弧焊工艺最适于焊接厚度小于 3mm 的薄板，工件变形明显小于气焊和手弧焊。交流 TIG 焊阴极具有去除氧化膜的清理作用，可以不用熔剂，避免了焊后残留熔剂、熔渣对接头的腐蚀，接头形式可以不受限制，焊缝成形良好、表面光亮。氩气流对焊接区的冲刷使接头冷却加快，改善了接头的组织和性能，适于全位置焊接。由于不用熔剂，焊前清理的要求比其他焊接方法严格。

焊接铝及铝合金较适宜的工艺方法是交流 TIG 焊和交流脉冲 TIG 焊，其次是直流反接 TIG 焊。通常，用交流焊接铝及铝合金时可在载流能力、电弧可控性以及电弧清理作用等方面实现最佳配合，故大多数铝及铝合金的 TIG 焊采用交流电源。采用直流正接 (电极接负极) 时，热量产生于工件表面，形成深熔透，对一定尺寸的电极可采用更大的焊接电流。即使是厚截面也不需预热，且母材几乎不发生变形。虽然很少采用直流反接 (电极接正极) TIG 焊方法来焊接铝，但这种方法在连续焊或补焊薄壁热交换器、管道和壁厚在 2.4mm 以下的类似组件时有熔深浅、电弧容易控制、电弧有良好的净化作用等优点。

(一) 钨极

钨的熔点是 3400℃，是熔点最高的金属。钨在高温时有强烈的电子发射能力，在钨电极中加入微量稀土元素钍、铈、锆等的氧化物后，电子逸出功显著降低，载流能力明显提高。铝及铝合金 TIG 焊时，钨极作为电极主要起传导电流、引燃电弧和维持电弧正常燃烧的作用。

(二) 焊接工艺参数

为了获得优良的焊缝成形及焊接质量，应根据焊件的技术要求，合理地选定焊接工艺参数。铝及铝合金手工 TIG 焊的主要工艺参数有电流种类、极性和电流大小、保护气体流量、钨极伸出长度、喷嘴至工件的距离等。自动 TIG 焊的工艺参数还包括电弧电压（弧长）焊接速度及送丝速度等。

工艺参数是根据被焊材料和厚度，先确定钨极直径与形状、焊丝直径、保护气体及流量、喷嘴孔径、焊接电流、电弧电压和焊接速度，再根据实际焊接效果调整有关参数，直至符合使用要求为止。

铝及铝合金 TIG 焊工艺参数的选用要点如下。

1. 喷嘴孔径与保护气体流量

铝及铝合金 TIG 焊的喷嘴孔径为 5 ~ 22mm；保护气体流量一般为 5 ~ 15L/min。

2. 钨极伸出长度及喷嘴至工件的距离

钨极伸出长度对接焊缝时一般为 5 ~ 6mm，角焊缝时一般为 7 ~ 8mm。喷嘴至工件的距离一般取 10mm 左右为宜。

3. 焊接电流与焊接电压

其与板厚、接头形式、焊接位置及焊工技术水平有关。手工 TIG 焊时，采用交流电源，焊接厚度小于 6mm 的铝合金时，最大焊接电流可根据电极直径 d 按公式 $I=(60\sim65)d$ 确定。电弧电压主要由弧长决定，通常使弧长近似等于钨极直径比较合理。

4. 焊接速度

铝及铝合金 TIG 焊时，为了减小变形，应采用较快的焊接速度，手工 TIG 焊一般是操作者根据熔池大小、熔池形状和两侧熔合情况随时调整焊接速度，焊接速度多为 8 ~ 12m/h；自动 TIG 焊时，工艺参数设定后在焊接过程中焊接速度一般不变。

5. 焊丝直径

一般由板厚和焊接电流确定，焊丝直径与两者之间成正比关系。

交流电的特点是负半波（工件为负）时，有阴极清理作用；正半波（工件为正）时，钨极因发热量低，不容易熔化。为了获得足够的熔深和防止咬边、焊道过宽和随之而来的熔深及焊缝外形失控，必须维持短的电弧长度，电弧长度大约等于钨极直径。

三、铝及铝合金的熔化极氩弧焊（MIG 焊）

焊接电弧是在惰性气体保护中的焊件和铝及铝合金焊丝之间形成，焊丝作为电极及填充金属。由于焊丝作为电极，可采用高密度电流，因而母材熔深大，填充金属熔敷速度快，焊接生产率高。

铝及铝合金 MIG 焊通常采用直流反极性，这样可以保持良好的阴极雾化作用。铝及铝合金 MIG 焊不必用熔剂去除妨碍熔化的氧化铝薄膜，这层氧化铝膜的去除是利用焊件金属为负极时的电弧作用完成的。因此，MIG 焊后不会有因没有仔细去除熔剂而造成焊缝金属腐蚀的危险。焊接薄、中等厚度板材时，可用纯氩作保护气体；焊接厚大件时，采用 Ar+He 混合气体保护，也可采用纯氦保护。焊前一般不预热，板厚较大时，也只需预热起弧部位。根据焊炬移动方式的不同，铝及铝合金 MIG 焊工艺分为半自动 MIG 焊和自动 MIG 焊，对焊工的技术操作水平要求较低，比较容易训练完成。

(一) 铝及铝合金半自动 MIG 焊工艺

半自动焊的焊枪由操作者握持着向前移动。熔化极半自动氩弧焊多采用平特性电源，焊丝直径为 1.2 ~ 3.0mm。可采用左焊法，焊炬与工件之间的夹角为 75° ，以提高操作者的可见度。该工艺多用于点固焊、短焊缝、断续焊缝及铝容器中的椭圆形封头、人孔接管、支座板、加强圈、各种内件及锥顶等。

半自动熔化极氩弧焊的点固焊缝应设在坡口反面，点固焊缝的长度为 40 ~ 60mm。对于相同厚度的铝锰、铝镁合金，焊接电流应降低 20 ~ 30A，氩气流量应增大 10 ~ 15L/min。

脉冲 MIG 焊可以将熔池控制得很小，容易进行全位置焊接，尤其焊接薄板、薄壁管的立焊缝、仰焊缝和全位置焊缝是一种较理想的焊接方法。脉冲 MIG 焊的电源是直流脉冲，脉冲 TIG 焊的电源是交流脉冲，它们的焊接工艺参数基本相同。

(二) 铝及铝合金自动 MIG 焊工艺

由自动焊机的小车带动焊枪向前移动。根据焊件厚度选择坡口尺寸、焊丝直径和焊接电流等工艺参数。自动氩弧焊熔深大，厚度为 6mm 的铝板对接焊时可不开坡口。当厚度较大时一般采用大钝边，但需增大坡口角度以降低焊缝的余高。该工艺适用于形状较规则的纵缝、环缝及水平位置的焊接。

铝及铝合金 MIG 焊需注意的问题如下。

(1) 喷射过渡焊接时，电弧电压应稍低一点，使电弧略带轻微爆破声，此时熔滴形式属于喷射过渡中的射滴过渡。弧长增大对焊缝成形不利，对防止气孔也不利。

(2) 在中等焊接电流范围（250 ~ 400A）内，可将弧长控制在喷射过渡区与短路过渡区之间，进行亚射流电弧焊接。这种熔滴过渡形式的焊缝成形美观，焊接过程

稳定。

（3）粗丝大电流（400～1000A）MIG焊在平焊厚板时具有熔深大、生产率高、变形小等优点。但由于熔池尺寸大，为加强对熔池的保护，应采用双层保护焊枪（外层喷嘴送Ar气，内层喷嘴送Ar-He混合气体），这样可以扩大保护区域和改善熔池形状。

（4）大电流时，为了保护熔池后面的焊道，可在双层喷嘴后面再安装附加喷嘴。

（三）铝合金的脉冲熔化极氩弧焊

铝及其合金的脉冲MIG焊，不仅扩大了焊接电流范围，而且还提高了电弧稳定性，使立焊和仰焊容易实现，提高了焊接质量，特别是提高了抗气孔的能力。脉冲熔化极氩弧焊的热作用较弱，适于焊接热处理强化铝合金。

工件厚度≤4mm时，可不开坡口，但为了保证均匀的焊缝成形和焊缝反面均匀熔透，建议在带有成形槽垫板的焊接夹具中施焊。当焊接角焊缝时，如工件能翻转，应尽可能把焊件放在船形位置焊接，这样能减小产生咬边等缺陷，可以采用较粗焊丝和较大电流，以提高焊接生产率。

在实际焊接生产中，脉冲熔化极氩弧焊还用于立焊、仰焊和全位置焊接。

仰焊、立焊和全位置焊接由于比平焊困难，在焊接工艺参数选择上的特点是（与平焊相比）：用低的基值电流匹配以高峰值的脉冲电流，脉冲频率较高而脉冲占空系数较小，选用焊接电流要适当并匹配尽可能低的焊接电压（以不产生短路飞溅为准）。

（四）铝及铝合金MIG焊故障及缺陷原因

1. MIG焊过程故障及原因

（1）引弧困难，可能原因：极性接错（焊丝应接正极）；焊接回路不闭合；保护气体流量不足；送丝速度太快或焊接电流太小。

（2）弧长波动，可能原因如下：

①导电嘴状态不良（内壁粗糙、台肩有尖角、有飞溅物等）。

②送丝不稳定：焊丝折弯或送丝软管锐弯；在导丝管或焊枪中摩擦过大或不规则（导丝管状态不良、尺寸不合格）；导电嘴堵塞；焊丝盘动作不均匀；送丝电机或焊丝矫直器运转不正常；送丝机构的网络电压波动；地线接触不良或送丝电机调速器出故障；送丝机构驱动轮打滑或压力不足。

（3）回绕，可能原因：送丝不稳定、导电嘴状态不良、电源参数或送丝速度选用不当；电压导线与工件接触不良（当焊丝熔化到导电嘴时即产生回绕，送丝停止，原因是送丝速度太低，导致电弧拉长，直至导电嘴端部过热）；冷却功能差。

(4) 电弧阴极清理（阴极雾化）作用不足，可能原因如下。

①极性接错。

②气体保护不充分：气体流量不足；喷嘴内有飞溅物；导电嘴相对喷嘴偏心；喷嘴至焊件的距离不当；焊枪倾角不合适（应后倾 7°~15°）；现场有风。

(5) 焊道不清洁，可能原因：焊件或焊丝不清洁（焊接 Al-Mg 合金时出现少量黑污不是故障）；保护气体中有杂质（焊机系统漏气或漏水）；焊枪后倾角不合适；喷嘴损坏或不清洁；喷嘴规格不合适；保护气体流量不足；现场有风；电弧长度不合适；导电嘴内缩太深（内缩量应不大于 3mm）。

(6) 焊道粗糙，可能原因：电弧不稳定；焊枪操作不正确；焊接电流不合适；焊接速度太慢。

(7) 焊道过窄，可能原因：电弧长度太短；焊接电流或电压不足；焊接速度太快。

(8) 焊道过宽，可能原因：焊接电流过大；焊接速度太慢；电弧过长。

(9) 电弧和焊接熔池可见性差，可能原因：焊接操作位置不恰当；工作角或后倾角不合适；面罩上的镜面小或镜片不合适。

(10) 电源过热，可能原因：功率消耗过大（如果一台焊接电源功率不足，可用两台相似电源并联）；冷却风扇功能差；整流器片不清洁。

(11) 电缆线过热，可能原因：电缆接头松动或接错；电缆线太细；冷却水系统有故障或流量不足。

(12) 送丝电机过热，可能原因：焊丝与导丝管之间摩擦过大；送丝机构齿轮传动比不恰当；焊丝盘制动器调节不当；送丝机构齿轮及送丝滚轮没调整好；送丝电机电刷磨损；送丝电机的功率不足（高送丝速度和粗焊丝要求电机有足够的功率）；调速控制器磨损或损坏。

2. MIG 焊接缺陷及原因

(1) 焊缝热裂纹，可能原因：合金焊接性差；焊丝与母材选配不当；焊缝深宽比太大；熄弧不佳导致产生弧坑裂纹；滞后断气出现故障。

(2) 近缝区裂纹，可能原因：合金焊接性差；焊丝与母材匹配不当（焊缝固相线温度远高于母材固相线温度）；近缝区过热；焊接热输入过大。

(3) 焊缝气孔，可能原因：工件接头处和焊丝清理质量差（表面有氧化膜、油污、水分）；保护气体保护效果不好；电弧电压过高；喷嘴与工件距离太大。

(4) 咬边，可能原因：焊接速度过快；电流过大；电弧电压太高；电弧在熔池边缘停留时间不当；焊枪角度不正确。

(5) 未熔合，可能原因：工件边缘或坡口表面清理差；热输入不足（电流过小）；

焊接操作技术不合适；接头设计不合理。

(6) 未焊透，可能原因：接头设计不合适 (坡口太窄)；焊接操作技术不合适 (电弧应处于熔池前沿)；热输入不合适 (电流过小、电压过高)；焊接速度过快。

(7) 飞溅，可能原因：电弧电压过低或过高；焊丝与工件表面清理不良；送丝不稳定；导电嘴严重磨损；焊接电源动特性不合适 (对整流式电源应调整直流电感；对逆变式电源应调整控制回路的电子电抗器)。

四、铝及铝合金的钎焊

(一) 铝的钎焊特点和钎焊方法

1. 铝的钎焊特点

铝对氧的亲和力较大，工件表面很容易形成一层致密而化学性能稳定的氧化物，它是钎焊的主要障碍之一。用钎焊来连接铝及铝合金，曾被认为是不可能的，但由于出现了新的钎剂及钎焊方法，现在已被广泛应用，如用钎焊方法制造铝质换热器、波导元件、涡轮机叶轮等。

对含镁量大于 3% 的铝合金，目前尚无法很好地去除表面的氧化膜，故不推荐使用钎焊；对含硅量大于 5% 的铝合金，软钎焊时表面氧化膜也难以去除，钎焊困难。铝及铝合金的熔化温度与铝的硬钎料的熔化温度相差不大，钎焊时必须严格控制温度，对于热处理强化的铝合金，还会因钎焊加热而发生过时效或退火等现象。

铝及铝合金钎焊具有以下几个特点。

(1) 钎焊接头平整光滑、外形美观；

(2) 钎焊后的焊件变形小，容易保证焊件的尺寸精度；

(3) 可以一次完成多个零件或多条钎缝的钎焊，生产效率高；

(4) 可以钎焊极薄或极细小的零件，以及粗细、厚薄相差很大的零件，还适用于铝与其他材料的连接。

铝钎焊的缺点是：若不设法去除铝表面的氧化膜，将很难进行钎焊；铝的熔点较低，某些合适的铝钎料的熔点又较高；铝硬钎焊时钎料与母材的熔化温度相差不大，钎焊温度和时间较难掌握；此外，铝钎焊接头的耐热性较差，钎焊接头的强度较低，钎焊前对表面清理及焊件装配质量的要求较高。

2. 铝的钎焊方法

铝及其合金的硬钎焊常采用火焰、浸渍、炉中钎焊以及保护气氛或真空钎焊方法。

(1) 火焰钎焊。热源为氧—燃气火焰，燃气种类很多，对铝及其合金来说，适用的燃气有乙炔、天然气等。铝及其合金的火焰钎焊必须配用钎剂。由于铝加热过程无颜色变化，火焰钎焊时不易掌握钎焊加热温度。

（2）浸渍钎焊。将组装有钎料的待焊件浸入熔融钎剂槽中加热和钎焊。这种方法加热快，钎焊过程中焊件不发生氧化，变形小、质量好、生产率高。这种方法仅适用于连续作业的大批量生产，浸渍钎焊后需清理残留钎剂及残渣，对生产现场及周围环境有腐蚀及污染。

（3）炉中钎焊。在空气炉中钎焊铝及其合金须配用钎剂，如采用腐蚀性钎剂焊后需清除残渣。

（4）气体保护钎焊。采用惰性气体保护，钎焊前需对连接表面进行彻底清洗，炉内气氛需置换然后连续送进，生产成本高。如果用氮气保护，需采用无腐蚀性钎剂，这种方法生产率高，已获得推广应用。

（5）真空钎焊。该方法是无须配用钎剂的炉中钎焊方法。真空度不得低于 1.33×10^{-2}Pa。采用金属镁作为活化剂等的工艺措施，使铝及其合金的真空钎焊技术得到推广应用。

铝及其合金的软钎焊用途不是很广，因为在铝表面迅速形成氧化物，大多数情况下要求用专门为铝软钎焊而设计的软钎剂，无腐蚀钎剂不适用。一般认为，用高 Zn 软钎料钎焊的接头抗腐蚀性能好，Zn-Al 软钎料制作的组合件，被认为能满足长期在户外使用用途的要求。中温和低温软钎料组合件的抗腐蚀性能，通常只能满足室内或有防护的用途要求。

（二）铝钎料及钎剂

铝的钎焊分为软钎焊和硬钎焊，钎料熔点低于 450℃时称为软钎焊，高于 450℃时称为硬钎焊。

1. 铝用软钎料和钎剂

铝用软钎料和钎剂，按其熔化温度范围，可以分为低温、中温和高温软钎料三组。

铝用低温软钎料主要是在锡或锡铅合金中加入锌或镉，以提高钎料与铝的作用能力，熔化温度低（熔点低于 260℃），操作方便，但润湿性较差，特别是耐蚀性低。铝用中温软钎料主要是锌锡合金及锌镉合金，由于含有较多的锌，与低温软钎料相比有较好的润湿性和耐蚀性，熔化温度为 260 ~ 370℃。

铝用高温软钎料主要是锌基合金，含有 3% ~ 10% 的铝和少量其他元素（如铜等），以改善合金的熔点和润湿性；熔化温度为 370 ~ 450℃，钎焊铝接头的强度和耐蚀性明显超过低温或中温软钎料。

铝用软钎焊钎剂按其去除氧化膜方式通常分为有机钎剂和反应钎剂两类，有机

钎剂的主要组分是三乙醇胺，为了提高活性可以加入氟硼酸或氟硼酸盐。反应钎剂含有大量锌和锡等重金属的氯化物。

2. 铝用硬钎料和钎剂

为了保证钎焊接头具有较高的强度，须采用硬钎料进行钎焊。一般重要的铝及铝合金钎焊产品都采用硬钎焊。铝用硬钎料以铝硅合金为基，有时加入铜等元素降低熔点以满足工艺性能要求。

铝基钎料常用形式有丝、棒、箔片和粉末，还可以制成双金属复合板，以简化钎焊过程，用于钎焊大面积或接头密集部件，如热交换器等。

除了炉中真空钎焊及惰性气体保护钎焊，所有铝及铝合金硬钎焊均要使用化学钎剂。铝用硬钎剂的组成是碱金属及碱土金属的氯化物，它使钎剂具有合适的熔化温度，加入氟化物的目的是提高去除铝表面氧化物的能力。

（三）铝合金的钎焊工艺

1. 钎焊前后的清理

铝及铝合金钎焊前多用化学清洗的方法去除表面的油污和氧化膜。清洗好的零件滴上水时，必须完全润湿。小零件或棒状钎料可以用机械方法（刮刀等）进行清理，机械清理之后还需用酒精、丙酮等擦洗。

钎剂残渣对铝及铝合金有很大的腐蚀性，焊后应立即将工件放入热水中清洗，水温越高，钎剂溶解越快，清洗时间越短。经热水清洗后的工件，再放入酸洗液中清洗，最后做表面钝化处理。

2. 接头设计及间隙

钎焊接头设计应考虑接头的强度，焊件的尺寸精度以及进行钎焊的具体工艺等。铝及铝合金钎焊接头形式有搭接结构、卷曲结构、T形结构等。由于钎料及钎缝的强度一般比母材低，所以基本上不能采用对接，如果结构必须采用对接，也要设法将接头改成局部搭接。

设计钎焊接头时，零件的拐角应设计成圆角状，以减小应力集中，避免采用钎缝圆角来缓和应力集中；增大钎缝面积，尽量使受力方向垂直于钎缝，可提高钎焊接头的承载能力。

设计钎焊接头时还应考虑接头的装配定位，钎料放置、限制钎料流动、工艺孔位置等钎接工艺方面的要求。对于封闭性接头，开设工艺孔可以使受热膨胀的气体逸出。尤其是密闭容器，内部的空气受热膨胀，阻碍钎料的填隙或者使已填满间隙的钎料重新排出，造成不致密的缺陷。

间隙大小与钎料和母材的性质、钎焊温度及时间、钎料放置等有关，接头间隙过大或过小都将影响钎缝的致密性及接头强度。铝及铝合金采用铝基钎料或锡锌钎料时，接头间隙一般以 0.1 ~ 0.3mm 为宜。

3. 火焰钎焊工艺要点

(1) 钎焊前先把钎焊处清洗干净，涂上钎剂水溶液；用火焰加热工件，使水分蒸发并待钎剂熔化后，将钎料迅速加入不断加热的钎缝中。

(2) 由于钎料与母材熔点相差不大，同时铝及铝合金在加热过程中颜色不变化，不易判断温度，所以火焰钎焊时操作要求十分熟练。

(3) 火焰不能直接加热钎料，因为钎料流到尚未加热到钎焊温度的工件表面时被迅速凝固，妨碍钎焊顺利进行。钎料的热量应从加热的工件处获得。

(4) 小工件容易加热，大工件应先将工件在炉中预热到 400 ~ 500℃，然后再用火焰加热进行钎焊，这可加快钎焊过程和防止工件变形。

4. 空气炉中钎焊工艺要点

(1) 通常采用电炉，可做成间歇炉或连续炉两种形式；为了避免炉壁和加热元件被钎剂的蒸气腐蚀，炉子最好带有密封的钎焊容器。

(2) 为了提高容器的使用寿命，钎焊容器可用不锈钢或渗铝钢制作；操作时必须严格控制钎焊温度。

(3) 为了避免钎焊工件局部过烧和熔化，在不采用钎焊容器的炉中钎焊时，工件靠近电热元件一边应放置石棉板以隔离热量的直接辐射。

(4) 为了减少熔化的钎剂对钎焊工件的腐蚀，形状简单的工件还可以先装配好并在炉中加热到接近钎料的熔化温度，将工件很快从炉内取出加入钎剂，然后送入炉中加热到钎焊温度。

(5) 钎剂通常加入蒸馏水配成糊状溶液，然后涂敷在被钎焊表面上。

(6) 炉中钎焊的升温相对来说较慢，因此钎剂的熔点应与钎料配合，一般比钎料低 10 ~ 40℃。

5. 真空钎焊工艺要点

(1) 铝及其合金真空钎焊时的真空度应不低于 5×10^{-2}Pa，对大型多层波纹夹层复杂结构，真空度应不低于 5×10^{-3}Pa。应保证真空炉温度场的均匀，力求达到 $\leqslant \pm 5$℃。

(2) 使用 Mg 作为金属活化剂，Mg 作为合金元素加在钎料中，可在 $10^{-2} \sim 10^{-3}$Pa 的真空下实现铝的钎焊。在钎料中加 Mg 的同时加入 0.1% 左右的铋更能改善填充间隙的能力，对真空度的要求也可降低。

(3) 真空钎焊的加热方式以辐射热为主，由于铝的钎焊温度低，辐射热效率低，温度不易均匀，加热时间长，气化的 Mg 蒸气附在炉壁上污染炉子。

(四) 铝合金钎焊接头缺陷及原因

(1) 填缝不良，部分间隙未被填满，可能原因：装配间隙过大或过小；装配时零件歪斜；钎焊处表面局部不洁净；钎剂不合适（活性差、过早失效等）；钎料不合适（润湿性差）；钎料不足或流失、放置不当；钎焊温度过低或温度分布不均匀。

(2) 钎缝气孔，可能原因：接头间隙选择不当；钎焊处表面局部不洁净；钎剂去氧化膜能力弱；钎料析气；封闭型接头无排气措施。

(3) 钎缝夹渣，可能原因：钎剂量过多；接头间隙选用不当；钎焊时从接头两面填缝（钎料及钎剂在间隙内紊流）；钎料与钎剂熔化温度不匹配；加热不均匀。

(4) 钎缝开裂，可能原因：异材组合线胀系数差异大，热胀冷缩时对钎缝产生拉伸应力；钎缝脆性大；钎缝冷却时零件相互错动；钎缝结晶温度区间过大。

(5) 母材开裂，可能原因：温度过高，母材过烧；钎料向母材晶间渗入，形成脆性相；夹具夹持刚性过大；工件装配有较大拘束应力；异材线胀系数差异大；结构刚性大，加热不均匀。

(6) 钎料流失，可能原因：钎焊温度过高或钎焊时间过长；钎料与母材相互作用太强；钎料量过多或过少。

(7) 母材熔蚀，可能原因：钎料与母材固溶度大，相互作用反应强烈；钎焊温度过高或保温时间过长；钎料用量过大。

由于铝及铝合金易氧化，铝合金钎焊的技术难度较大，传统的钎焊方法及应用受到限制。但是随着无腐蚀性钎剂、气保护钎焊、真空钎焊等技术的发展，铝及铝合金钎焊已获得广泛的应用。

五、铝及铝合金的激光焊

铝及铝合金激光焊的主要困难是它对激光束的反射率较高和自身的高导热性。铝是热和电的良导体，高密度的自由电子使它成为光的良好反射体，CO_2 激光束对铝合金的起始表面反射率高达 90% 以上。也就是说，铝合金激光深熔焊必须在小于 10% 的热输入能量开始，这就要求很高的输入功率以保证焊接开始时必需的功率密度。而小孔一旦生成，对光束的吸收率迅速提高，甚至可达 90%，从而可使焊接过程顺利进行。

铝合金的导热率大，焊接时必须采用高能量密度的激光束，对激光器的输出功率和光束质量有较高的要求，因此激光焊接铝合金有一定的技术难度。

(一) 铝合金激光焊的主要问题

1. 气孔

气孔是铝合金激光焊接的主要缺陷，焊缝中多存在气孔，深熔焊时根部可能出现气孔，焊道表面成形较差。

产生气孔的原因如下：

(1) 铝及铝合金激光焊时，随着温度的升高，氢在铝中的溶解度急剧升高，高温下熔池金属溶解的氢在冷却过程中随溶解度急剧下降而聚集形成氢气孔，成为焊缝的缺陷源。

(2) 铝合金中含有 Si、Mg 等高蒸气压的合金元素，易蒸发导致出现气孔。

(3) 激光焊接熔池深宽比大，液态熔池中的气体不易上浮逸出；激光束引起熔池金属波动，"小孔"形成不稳定，熔池金属紊流导致产生气孔。

(4) 铝合金表面氧化膜吸收水分导致出现气孔。

铝合金焊缝中多存在气孔，深熔焊时根部可能出现空洞，焊道成形较差。此外，铝合金激光焊产生气孔还与材料表面状态、保护气体种类、流量及保护方法、焊接参数等有关。但在高功率密度、高焊接速度下，可获得没有气孔的焊缝。

2. 热裂纹

铝合金的热裂纹 (也称结晶裂纹) 形成于凝固过程，是铝合金激光焊接的常见缺陷。铝合金激光焊热裂纹产生的原因如下。

(1) 铝合金激光焊缝的凝固收缩率高达 5%，焊接应力大；

(2) 铝合金焊缝金属结晶时沿晶界形成低熔点共晶组织，结晶温度区间越宽，热裂纹倾向越大；

(3) 保护效果不好时焊缝金属与空气中的气体发生反应，形成的夹杂物也是裂纹源。

合金元素种类及数量对铝合金焊接热裂纹有很大影响，Al-Si、Al-Mn 系铝合金焊接性好，不易产生热裂纹；Al-Mg、Al-Cu、Al-Zn 系铝合金的热裂纹倾向较大。

添加 Zr、Ti、B、V、Ta 等合金元素细化晶粒有利于抑制热裂纹；通过调整焊接参数控制加热和冷却速度也可以减小热裂纹倾向，例如，激光脉冲焊接时通过调节脉冲波形，控制热输入，降低凝固和冷却速度，可以减少结晶裂纹；激光填丝焊也可以有效防止焊接热裂纹。

3. 咬边和未熔合

铝合金的电离能低，焊接过程中光致等离子体易于过热和扩展，焊接过程不稳定。液态铝合金流动性好、表面张力小，激光焊接过程不稳定会造成熔池剧烈波动，

容易出现咬边、未熔合缺陷（包括焊缝不连续、粗糙不平、波纹不均匀等），严重时会造成小孔突然闭合而产生孔洞、热裂纹等。

采用 YAG 激光器进行激光焊接时不易形成光致等离子体，工艺过程较稳定，较为适合焊接铝合金。采用双光束或多光束激光进行焊接，可以增大激光功率，提高焊接熔深。扩大激光深熔焊“小孔”的孔径，避免小孔闭合，有利于改善焊接过程的稳定性、减少焊缝中的气孔等缺陷。

（二）铝合金激光焊的技术要点

连续激光焊可以对铝及铝合金进行从薄板精密焊到厚板深熔焊的各种焊接。但铝及其合金对热输入能量强度和焊接参数很敏感，应提高激光束的功率密度和焊接速度。要获得良好的无缺陷焊缝，必须严格选择焊接参数，并对等离子体进行控制。例如，铝合金激光焊时，用 8kW 的激光功率可焊透厚度为 12.7mm 的铝材，焊透率大约为 1.5mm/kW。

连续激光焊可以对铝及铝合金进行从薄板精密焊到板厚为 50mm 的深熔焊的各种焊接。

市场上的大部分锻铝合金都可以采用激光焊得到满意的结果。不过焊缝的力学性能相对于母材可能有所降低。激光焊过程中挥发性元素的蒸发，特别是 7000 和 5000 系列的铝合金，可能出现合金成分的损失，导致焊缝性能降低，因此焊前对工件进行清理很重要。很多铸铝也能采用激光焊，尽管焊缝质量依赖于铸件的质量，特别是残余气体的成分。

1. 激光填丝焊

激光填丝焊是铝合金激光焊接中常采用的技术，有很多优点。通过焊丝成分设计和选择可以改善焊缝的冶金特性，降低坡口准备和接头装配精度的要求，防止焊缝气孔和热裂纹，提高焊接接头的力学性能。激光填丝焊必须保证焊丝对中和送丝速度稳定，否则熔池金属成分不均匀容易导致出现焊接缺陷。

通过填充焊丝向熔池提供辅助电流，借助辅助电流在熔池中产生的电磁力控制熔池的流动状态，实现熔池中热量的重新分配，可以提高激光能量的有效利用和焊接效率。辅助电流在熔池中形成的磁流体效应使熔池动荡不定的运动变得有序和可控，从而改善了焊接过程的稳定性。采用加辅助电流的激光填丝焊可以增加焊缝熔深，减小熔宽，使焊缝成形均匀、美观。

2. 激光—电弧复合焊

激光焊接铝合金存在反射率大、易产生气孔和裂纹、成分变化等问题，激光-电弧复合焊接铝合金可以解决这些问题，这对于铝合金焊接在提高激光吸收率方面有特殊的意义。电弧对光致等离子体的稀释和对铝合金母材的预热，可以有效提高激光能量的利用率。铝合金液态熔池的反射率低于固态金属，由于电弧的作用，激光束能够直接辐射到液态熔池表面，增大吸收率，提高熔深。

采用交流钨极氩弧焊或 TIG 直流反接可在激光焊之前清理氧化膜。同时，电弧形成的较大熔池在激光束前方运动，增大熔池与金属之间的熔合。由于电弧的加入，通常不适于焊接铝合金的 CO_2 激光器也可胜任。激光—电弧复合焊接技术稳定电弧的效果对铝合金焊接是很有利的，已获得应用并有很好的前景。

3. 铝合金激光焊的应用

由于铝合金对激光的强烈反射作用，铝合金激光焊接十分困难，必须采用高功率的激光器才能进行焊接。但激光焊的优势和工艺柔性又吸引着科技人员不断突破铝合金激光焊的禁区，有力推动了铝合金激光焊在航空、现代车辆等制造领域中的应用。

激光焊接技术的应用，在航空制造业领域受到世界各发达国家的重视。

第十章　镁及镁合金的焊接

第一节　镁及镁合金的分类、性能及焊接性特点

在通用工程材料（钢铁、铝合金）日益减少的今天，镁作为地球上储量丰富的元素之一，极具开采潜力。我国是世界上镁矿资源富有的国家，现已探明储量的菱镁矿、白云石及镁盐资源总量达 120 多亿吨，占全球镁资源储量的 22.5% 以上。我国不仅是镁的资源大国，同时镁产量及出口量也居世界首位。镁合金作为重点发展的新型轻合金材料，势必在国民经济发展和国防建设中起到重要作用。

一、镁及镁合金的分类

镁是比铝还轻的一种有色金属，其熔点、密度均比铝小。纯镁的密度为 1.738g/m，约为铝的 2/3、钛的 1/4，镁及其合金是最轻的实用金属材料。纯镁由于强度低，很少用作工程材料，常以合金的形式使用。镁合金具有较高的比强度和比刚度，并具有高的抗震能力，能承受比铝合金更大的冲击载荷。此外镁合金还具有优良的切削加工性能，易于铸造和锻压，在航空航天、光学仪器、通信以及汽车、电子产业中获得了越来越多的应用。

镁的合金化一般是利用固溶时效处理所造成的沉淀硬化来提高合金的常温和高温性能。因此选择的合金元素在镁基体中应具有较明显的变化，在时效过程中能形成强化效果显著的第二相，同时还应考虑合金元素对抗腐蚀性和工艺性能的影响。目前镁及其合金的分类主要有三种方式：化学成分、成形工艺和是否含 Zr。根据化学成分，以主要合金元素 Mn、Al、Zn、Zr 和 RE（稀土）为基础，可以组成基本的合金系；如 Mg-Mn、Mg-Al-Mn、Mg-Al-Zn-Mn、Mg-Zr、Mg-Zn-Zr、Mg-RE-Zr、Mg-Ag-RE-Zr、Mg-Y-RE-Zr 等。

镁合金的分类方式有很多种，根据成形工艺的不同，分为铸造镁合金（ZM）和变形镁合金（MB）两大类，两者没有严格的区分。铸造镁合金如 AZ91、AM20、AM50、AM60、AE42 等也可以作为锻造镁合金。与变形镁合金相比，铸造镁合金的产量大，应用范围更为广泛，汽车工业及电器制造业所应用的镁合金约有 90% 为

压铸镁合金。

镁合金按照有无 Al，可以分为含 Al 镁合金和不含 Al 镁合金；按有无 Zr，还可分为含 Zr 镁合金和不含 Zr 镁合金。

铸造镁合金中的 ZM1，虽然流动性较好，但热裂倾向大，不易焊接；抗拉强度和屈服强度高，力学性能较好，耐蚀性较好；一般应用于要求抗拉强度大、屈服强度大、抗冲击的零件，如飞机的轮毂、轮缘、隔框及支架等。铸造镁合金 ZM2 流动性较好、不易产生热裂纹、焊接性较好、高温性能、耐蚀性较好，但力学性能比 ZM1 低；用于 200℃以下工作的发动机零件及要求屈服强度较高的零件，如发动机机座、整流舱、电机机壳等。

铸造镁合金 ZM3 的流动性稍差，形状复杂零件的热裂倾向较大、焊接性较好，其高温性能、耐蚀性也较好；一般用于高温工作和要求高气密性的零件，如发动机增压机匣、压缩机匣、扩散器壳体及进气管道等。铸造镁合金 ZM5 流动性好、热裂倾向小、焊接性好、力学性能较高，但耐蚀性稍差；一般用于飞机、发动机、仪表和其他结构要求高载荷的零件，如机舱连接隔框、舱内隔框、电机壳体等。

目前国外工业中应用较广泛的是压铸镁合金，根据主要合金元素的不同，可将镁合金分为以下四个系列。

（1）AZ 系列（Mg-Al-Zn）具有成本低、铸造性好等特点，最早得到应用和推广，主要用于生产薄壁件，例如，汽车的曲轴箱体、仪表板，家用电器的壳体，3C 产品的外壳等。AZ 系镁合金的典型牌号为：AZ31B、AZ61A 和 AZ91D。

（2）AM 系列（Mg-Al-Mn）具有优异的铸造性，还拥有卓越的延展性和相对较高的抗拉强度，多用于生产复杂的汽车零配件，如汽车的仪表盘、刹车支架、座椅框架等。AM 系镁合金的典型牌号为 AM61。

（3）AS 系列（Mg-Al-Si）突出的特点是热稳定性高、抗蠕变性能好，常用于工作温度比较高的工件，例如，汽车的发动机前盖、离合器壳体、投影仪的外壳等。AS 系镁合金的典型牌号为 AS41B。

（4）AE 系列（Mg-Al-RE）在镁及镁合金中添加 Ce、Sc、Y、Gd 元素，能够在镁合金晶界上形成热稳定性高的第二相，改善和提高镁合金的抗高温性能及蠕变强度。在 Mg 系和 Mg-Zn 系镁合金中添加 Zr 和 Y 元素，稀土元素在合金中起到孕育剂的作用，形成大量细小晶粒，从而起到细晶强化作用提高合金的强度。

我国铸造镁合金主要有 Mg-Zn-Zr、Mg-Zn-Zr-RE 和 Mg-Al-Zn 系三个系列。变形镁合金有 Mg-Mn、Mg-Al-Zn 和 Mg-Zn-Zr 系。

近年来研究发现，稀土元素在镁合金中的固溶度较大，将稀土元素添加到镁合金中得到的稀土镁合金，具有强度高、高温稳定性好、抗蠕变性能优良、耐蚀性好

等优点。稀土元素在镁合金中主要起到净化合金、改善耐热性和耐蚀性、提高合金的力学性能和塑性流动能力等作用。根据添加的稀土元素种类不同，得到的稀土镁合金性能差异较大。

含有 Ca 和 Be 的镁合金中添加稀土元素 La 和 Ce 能够提高镁合金的阻燃性能，这是因为稀土元素不断与 MgO 反应，在镁合金表面形成 $(RE)_2O_3$ 的保护膜，有效阻止氧的侵入，阻碍镁合金燃烧，起到良好的阻燃作用。在 AZ91 镁合金中添加混合稀土元素能够将 Cl 元素含量控制在较低水平，CI 元素含量过高将加快合金表面的腐蚀速率，因此稀土元素的添加会改善和提高合金的耐蚀性。

镁合金经挤压变形，综合力学性能和焊接性能要比铸造镁合金好，但受限于加工工艺复杂，目前应用尚不广泛，因此逐步开发变形镁合金已成为镁合金发展的必然趋势。

二、镁及镁合金的成分及性能

镁的力学性能与组织状态有关，变形加工后力学性能会明显提高。镁的抗拉强度与纯铝接近，但屈服强度和塑性却比铝低。镁合金的主要优点是能减轻产品的重量，但在潮湿的大气中耐腐蚀性能差，缺口敏感性较大。镁在水及大多数酸性溶液中易腐蚀，但在氢氟酸、铬酸、碱及汽油中比较稳定。

变形镁合金的力学性能与加工工艺、热处理状态等有很大关系，尤其是加工温度不同，材料的力学性能会处于很宽的范围。在 400℃以下进行挤压，挤压合金发生再结晶。在 300℃时进行冷挤压，材料内部保留了许多冷加工的显微组织特征，如高密度位错或孪生组织。在再结晶温度以下进行挤压可使压制品获得更好的力学性能。

合金牌号 MB1 和 MB8 均属于 Mg-Mn 系镁合金，这类镁合金虽然强度较低，但具有良好的耐蚀性，焊接性良好，并且高温塑性较高，可进行轧制、挤压和锻造。MB1 主要用于制造承受外力不大但要求焊接性和耐蚀性好的零件，如汽油和润滑油系统的附件。MB8 由于强度较高，其板材可制造飞机的蒙皮、壁板及内部零件，型材和管材可制造汽油和润滑油系统的耐蚀零件，模锻件可制造外形复杂的零件。

合金牌号 MB2、MB3 以及 MB5 ~ MB7 镁合金属于 Mg-AF-Zn 系镁合金，这类镁合金强度高、铸造及加工性能较好，但耐蚀性较差。其中 MB2、MB3 合金的焊接性较好，MB7 合金的焊接性稍差，MB5 合金的焊接性较低。MB2 镁合金主要用于制作形状复杂的锻件、模锻件及中等载荷的机械零件；MB3 镁合金主要用于制作飞机的内部组件、壁板等；MB5 ~ MB7 镁合金主要用于制作承受较大载荷的零件。

合金牌号 MB15 属于 Mg-Zn-Zr 系镁合金，具有较高的强度和良好的塑性及耐腐蚀性能，是目前应用较多的变形镁合金；主要用于制作室温下承受载荷和高屈服强度的零件，如机翼、翼肋等。

变形镁合金变形时镁的弹性模量择优取向不敏感，因此在不同变形方向上，弹性模量的变化不明显；变形镁合金压缩屈服强度低于其拉伸屈服强度，为 0.5 ~ 0.7，因此应注意镁合金弯曲时产生不均匀塑性变形的情况。

镁合金还有机械加工性能优良、尺寸稳定性好、电子屏蔽能力强、易于回收等特点，同时也是良好的储氢材料，被誉为“21 世纪最具开发和应用潜力的绿色环保材料”。

三、镁及镁合金的焊接性特点

镁及镁合金在现代工业中有广阔的应用前景，零部件采用镁合金制造时都离不开焊接。但由于镁及镁合金物理性能特殊、化学性质活泼，采用常规焊接方法对其进行焊接有一定难度。镁合金的焊接成为制约其应用和发展的主要因素之一而备受关注。

(一) 氧化、氮化和蒸发

镁易与氧结合，在镁合金表面会生成 MgO 薄膜，会严重阻碍焊缝成形，因此在焊前需要采用化学方法或机械方法对其表面进行清理。在焊接过程的高温条件下，熔池中易形成氧化膜，其熔点高、密度大。在熔池中易形成细小片状的固态夹渣，这些夹渣不仅严重阻碍焊缝形成，也会降低焊缝性能。这些氧化膜可借助于气剂或电弧的阴极破碎方法去除。当焊接保护欠佳时，在焊接高温下镁还易与空气中的氮生成氮化镁 Mg_3N_2。氮化镁夹渣会导致焊缝金属的塑性降低，接头变脆。空气中的氧的侵入还易引起镁的燃烧。而由于镁的沸点不高 (约 1100℃)，在电弧高温下易产生蒸发，造成环境污染，因此焊接镁时，需要更加严格的保护措施。

(二) 热裂纹倾向

镁合金焊接过程中存在严重的热裂倾向，这对于获得良好的焊接接头是不利的。镁与一些合金元素 (如 Cu、Al、Ni 等) 极易形成低熔点共晶体，例如 Mg-Cu 共晶 (熔点为 480℃)、Mg-Al 共晶 (熔点为 437℃) 及 Mg-Ni 共晶 (熔点为 508℃) 等，在脆性温度区间内极易形成热裂纹。镁的熔点低、热导率高，焊接时较大的焊接热输入会导致焊缝及近缝区金属产生粗晶现象 (过热、晶粒长大、结晶偏析等)，降低接头的性能，粗晶也是引起接头热裂倾向的原因。而由于镁的线胀系数较大，约为铝的 1.2 倍，因此焊接时易产生较大的热应力和变形，会加剧接头热裂纹的产生。

（三）气孔与烧穿

与焊接铝相似，镁及镁合金焊接时易产生氢气孔，氢在镁中的溶解度随温度的降低而急剧减小，当氢的来源较多时，焊缝中出现气孔的倾向增大。镁及镁合金在没有隔绝氧的情况下焊接时，易燃烧。熔焊时需要惰性气体或焊剂保护，由于镁焊接时要求用大功率的热源，当接头处温度过高时，母材会发生“过烧”现象，因此焊接镁时必须严格控制焊接热输入。热输入的大小与受热次数对接头性能和组织有一定影响，因此应限制接头返修或补焊次数。同时应注意焊接方法、焊接材料及焊接工艺的变化会导致接头力学性能的差异。焊后退火对消除焊接应力及改善接头组织有利，但退火工艺必须兼顾工件的使用和技术要求。

在焊接镁合金薄件时，由于镁合金的熔点较低，而氧化膜（MgO）的熔点很高，因此接头不易结合，焊接时难以观察焊缝的熔化过程。并且由于焊接温度的进一步升高，无法观察熔池的颜色有无显著的变化（镁及镁合金加热后颜色没有明显变化），极易导致焊缝产生烧穿和塌陷。

四、镁合金的应用

美国最早将镁合金板材应用于轰炸机、战斗机和导弹等军用装备，例如S55直升机发动机基座、C121运输机地板横梁、“维热尔”火箭壳体、AGM-154C联合防区外武器连接舱舱体、Falon GAR-1空对空导弹的弹身等零部件，均由镁合金制造而成，这些由镁合金制得的部件其整体性能优于传统铝合金结构件。最近几年，稀土镁合金在航空航天领域的应用也日趋广泛，QE22A稀土镁合金具有高强度、耐疲劳、耐蚀性良好、易于加工等特点，从而用于制造“美洲虎”攻击机的座舱盖骨架以及SA321“超黄蜂”直升机的轮毂。我国也投入了大量的人力、物力、财力用于拓展镁合金在航空航天领域的应用，并取得了显著成果。我国自行研制的火箭、导弹、雷达、卫星、战斗机、直升机、军用运输机、民航客机等均使用了大量镁合金。

与此同时，镁合金结构件的应用还迅速向民用领域扩展，例如应用于汽车工业领域。通过镁合金在汽车制造领域的应用，促进汽车行业的转型升级。进入21世纪以来，世界经济发展面临能源枯竭与环境污染的威胁，实行可持续发展战略也逐渐成为各国的共识。作为国民经济支柱产业之一的汽车工业也需要满足节能减排的要求，汽车轻质是降低能耗、减少废气排放量的有效方法，因此作为轻质主导材料的镁合金成为汽车制造领域的不二选择。

日本是最早将镁合金应用于汽车制造领域的国家，丰田公司将压铸镁合金用于制造方向盘轴柱部件。美国和德国也为镁合金在汽车制造领域的应用作出了巨大贡献，有力推动了汽车工业镁合金用量的不断增长。

随着电信事业的蓬勃发展，3C 技术领域成为发展最迅速、更新换代最快的产业。用于生产 3C 产品的材料需满足轻、薄、小的要求，镁合金密度小、强度高、减振、绝缘等性能使其在 3C 领域具有广阔的应用前景。日本最先将镁合金应用于 3C 领域，IBM 公司将压铸镁合金 AZ91D 用于制作笔记本电脑外壳。如今变形镁合金已广泛应用于 3C 领域，例如数码相机的外壳等；Dell Apple 公司生产的部分投影仪和手机外壳均由变形镁合金 AZ31B 制作。这些由镁合金制成的部件外观轻巧、抗冲击、散热效果良好，提高了 3C 产品的寿命。随着科技的进步，镁合金在 3C 产品中的应用比例将不断提升。

除以上领域外，镁合金还用于制作机壳、旅行箱、拐杖等日常用品。研究者发现镁合金还具有可降解性、生物相容性、合适的物理化学和力学性能等特点，可用于制作心血管支架、骨钉、口腔种植体等植入性可降解生物医用体。总之，随着镁合金研发的不断深入，其性能和特点能够更多地被发掘出来，镁合金的应用范围将更为广阔。

第二节　镁及镁合金焊接工艺

一、焊接材料及焊前准备

(一) 焊接材料的选用

大多数镁合金可以用钨极氩弧焊、电阻点焊、气焊等方法进行焊接，但目前通常采用氩弧焊工艺焊接镁及镁合金。氩弧焊适用于所有镁合金的焊接，能得到较高的焊缝强度系数，焊接变形比气焊小，焊接时可不用气剂。对于铸件可用氩弧焊进行焊接修复，这样还能得到焊接质量令人满意的接头。由于镁合金没有适用的焊剂，因此不能采用埋弧焊。

氩弧焊时可以采用铈钨电极、针钨电极及纯钨电极。镁合金进行焊接时，一般可选用与母材化学成分相同的焊丝。有时为了防止在近缝区沿晶界析出低熔共晶体，增大金属的流动性，减小裂纹倾向，可采用与母材不同的焊丝。如焊接 MB8 镁合金时，为了防止产生低熔共晶体，应选用 MB3 焊丝。

在小批量生产时可采用边角料作焊丝，但应将其表面加工均匀光洁，一般采用热挤压成形的焊丝，铸件焊接和补焊时可采用铸造焊丝。大批量生产应选择挤压成

形的焊丝，焊丝使用前应进行选择，方法是将焊丝反复弯曲，有缺陷的焊丝（如疏松、夹渣及气孔）容易被折断。

（二）焊前清理及开坡口

焊丝使用前，必须仔细清理表面，主要有机械和化学两种方法。机械清理是用刀具或刷子去除氧化皮，化学清理方法一般是将焊丝侵入20%～25%硝酸溶液侵蚀2min，然后在50～90℃的热水中冲洗，再进行干燥。清理后的焊丝一般应在当天用完。

镁及镁合金进行焊接或补焊修复时，接头坡口的形式极为重要。

为了防止腐蚀，镁及镁合金通常需要进行氧化处理，使其表面有一层铬酸盐填充的氧化膜，但这层氧化膜会严重阻碍焊接过程，因此在焊前必须彻底清除氧化膜及其他油污。机械法清理可以用刮刀或φ0.15～0.25mm直径的不锈钢钢丝刷从正面将焊缝区25～30mm内的杂物及氧化层除掉。板厚小于1mm时，其背面的氧化膜可不必清除，这样可以防止烧穿避免发生焊缝塌陷现象。

（三）预热

焊接前是否需要进行预热主要取决于母材厚度和拘束度。对于厚板接头，如果拘束度较小，一般不需要进行预热；对于薄板与拘束度较大的接头，经常需要预热，以防止产生裂纹，尤其是高锌镁合金。

对于形状复杂、应力较大的焊件，尤其是铸件，当采用气焊进行焊接时，采用预热可减小基体金属与焊缝金属间的温差，从而有效地防止裂纹产生。预热有整体预热及局部预热两种，整体预热在炉中进行，预热温度以不改变其原始热处理状态或冷作硬化状态为准。例如，经淬火时效的ZM5合金为350～400℃或300～350℃，一般在2～2.5h内升至所需温度，保温时间以壁厚25mm为1h计算，最好采用热空气循环的电炉，可防止焊件发生局部过热现象。采用局部加热时应慎重，因为用气焊火焰、喷灯进行局部加热时，温度很难控制。目前铸件的焊接修复都采用氩弧焊冷补焊法，效果良好。

二、镁及镁合金的氩弧焊

镁合金的氩弧焊一般采用交流电源，焊接电源的选择主要决定于合金成分、板材厚度以及背面有无垫板等。例如MB8和MB3具有较高的熔点，因而焊接MB8要比MB3所需要的焊接电流大1/7～1/6。为了减少过热，防止烧穿，焊接镁合金时应尽可能实施快速焊接如焊接镁合金MB8时，当板厚5mm，V形坡口、反面用不锈钢成形垫板时，焊接速度可达35～45cm/min。

（一）钨极氩弧焊

钨极氩弧焊具有成形良好、适用范围广、经济性高等特点，在镁及镁合金焊接中应用较普遍。镁合金 TIG 焊时，焊枪钨极直径取决于焊接电源的大小，焊接中钨极头部应熔成球形但不应滴落。选择喷嘴直径的主要依据是钨极直径及焊缝宽度，钨极直径和焊枪喷嘴直径不同时，氩气流量也不同。氩弧焊中采用的氩气纯度要求较高，一般采用一级纯氩（99.99% 以上）。

镁合金 TIG 焊时，板厚在 5mm 以下时，通常采用左焊法；板厚大于 5mm 时，通常采用右焊法。平焊时，焊矩轴线与已成形的焊缝成 70°~90° 角，焊枪与焊丝轴线所在的平面应与焊件表面垂直。焊丝应贴近焊件表面送进，焊丝与焊件间的夹角为 5°~15° 。焊丝端部不得浸入熔池，以防止在熔池内残留氧化膜，这样就可借助于焊丝端头对熔池的搅拌作用，破坏熔池表面的氧化膜并便于控制焊缝余高。

焊接时应尽量取低电弧（弧长在 2mm 左右），以充分发挥电弧的阴极破坏作用并使熔池受到搅拌，便于气体逸出熔池。焊接不同厚度的镁合金时，在厚板侧需削边，使接头处两工件保持厚度相同，削边宽度等于板厚的 3 ~ 4 倍。焊接工艺参数按板材的平均厚度选择，在操作时钨极端部应略指向厚板一侧。

镁合金钨极氩弧焊接头区域包括焊缝区、热影响区和母材区，焊缝区晶粒细小，为急冷铸造组织；热影响区晶粒粗大，为过热组织，晶界有第二相析出，断裂容易在该区域发生，因此热影响区是镁合金接头最薄弱的区域。

影响镁合金 TIG 焊接头组织性能的焊接参数有：脉冲电流频率、焊接电流、电弧电压、焊接速度、保护气流量等。其中焊接电流和脉冲电流频率是影响镁合金 TIG 焊接头组织与力学性能的主要因素。填充焊丝与被焊母材应匹配，例如 AZ91B 镁合金 TIG 焊时，选用 ZRAZ6l 焊丝可以获得与母材组织一致、抗热裂性好、抗拉强度和伸长率较高的焊接接头。对 TIG 焊后镁合金进行时效处理能得到良好的效果，例如对 AZ61 镁合金 TIG 焊接头时效处理 2h 的接头抗拉强度达 275MPa，伸长率为 7.5%，分别比时效处理前提高了 135MPa 和 1%。时效时间超过 2h 后随着时间的增长，抗拉强度无明显变化，伸长率降低。

（二）熔化极氩弧焊

镁合金进行熔化极氩弧焊时，交直流均可采用。用直流恒压电源时，以反极性施焊。一般可采用短路过渡、脉冲过渡、喷射过渡三种熔滴过渡方式，分别适于焊接板厚小于 5mm 的薄板、薄中板及中厚板。但不推荐使用滴状过渡方式进行焊接，焊接位置限于平焊、横焊和向上立焊。

对于镁合金中厚板的焊接，填丝是不可避免的，熔化极氩弧焊具有起弧容易、收弧方便、搭桥能力良好、对装配精度要求低等特点，在镁合金 MIG 焊过程中，焊丝起到举足轻重的作用。脉冲 MIG 焊是用于镁合金较为稳定的焊接形式，能够得到成形良好的焊接接头。采用交流脉冲 MIG 焊对厚度为 3mm、5mm 的 AZ31B 镁合金进行焊接，能够实现脉冲过渡和射滴过渡，得到连续且无宏观缺陷的接头。与采用直流脉冲 MIG 焊相比，加上负半波电流的交流脉冲 MIG 焊的工艺参数范围更大，焊接过程更加稳定，当母材厚度为 3mm 时，接头抗拉强度达 231MPa，为母材强度的 97%，伸长率达到母材的 78%。

镁合金 MIG 焊的焊接难点有以下两个方面。

（1）焊接参数范围窄，采用 MIG 焊对镁合金进行焊接，当热输入过低时，焊丝熔化量不足，难以形成质量良好的焊接接头；热输入过高时，易产生严重飞溅，只有将焊接热输入范围控制在焊丝熔化而熔滴尚未蒸发时，才能维持稳定的焊接过程，然而在实际操作过程中难以控制。

（2）适配焊丝少，目前国内适用于 MIG 焊的镁合金焊丝种类不多，且镁合金焊丝大多质软，造成送丝稳定性较差，焊接过程不稳定。

针对镁合金 MIG 焊的难点，有研究者尝试采用高效双丝 MIG 焊焊接镁合金。与单丝 MIG 焊相比，双丝 MIG 焊具有焊接参数范围大、焊接效率高、焊接过程稳定、焊接接头变形小等优点。例如，采用双丝脉冲 MIG 焊对厚度为 4mm 的 AZ31B 变形镁合金进行对接焊，最佳工艺参数是前丝焊接电流为 159A、电弧电压为 22V，后丝焊接电流为 151A、电弧电压为 23.6V，焊接速度为 170cm/min，焊接过程稳定，焊后所获得的 MIG 焊接头成形美观，抗拉强度达 240MPa，为母材强度的 94%。

三、镁及镁合金的电阻点焊

在工业结构的生产中，某些常用的镁合金框架、仪表舱、隔板等通常采用电阻点焊工艺进行焊接。镁合金进行电阻点焊具有以下特点。

（1）镁合金具有良好的导电性和导热性，点焊时须在较短的时间内通过较大的电流；

（2）镁的表面易形成氧化膜，会使零件间的接触电阻增大，当通过较大的电流时往往会产生飞溅；

（3）断电后熔核开始冷却，由于导热性好以及线胀系数大，熔核收缩快，易引起缩孔及裂纹等缺陷。

基于上述特点，点焊机应能保证瞬时快速加热。单相或三相变频交流焊机以及电容储能直流焊机均可用于电阻电焊，其中对于镁合金而言，交流设备的焊接效果较好。点焊用的电极应选用高导电性的铜合金，上电极应加工成半径为 50 ~ 150mm 的球面，下电极应采用平端面，电极端部需打磨光滑，打磨时应注意及时清理落下的铜屑。不同板厚的镁合金点焊时，厚板一侧用半径较大的电极，对于热导率和电阻率不同的镁合金点焊时，在导电率较高的材料一侧采用半径较小的电极。

选择点焊参数时，先选择电极压力，然后调整焊接电流及通电时间。焊接电流及电极压力过大，会导致焊件变形。焊点凝固后电极压力需保持一定时间，如果压力维持时间太短，焊点内容易出现气孔、裂纹等缺陷。

为了确定焊接工艺参数是否合适，需焊接若干对试样。一般用两块镁合金板点焊成十字形搭接试样，然后进行拉伸试验，检查焊点气孔、裂纹等缺陷。如果没有任何缺陷，再进行抗剪切试验，检查抗剪强度值。检查焊点焊透深度可以采用金相宏观检查法。对于不同板厚的镁合金进行电阻点焊时，厚板一侧应采用直径较大的电极。多层板点焊时电流和电极电压可比两层板点焊时大。

四、镁及镁合金的气焊

由于氧—乙炔火焰气焊的热量散布范围大，焊件加热区域较宽，因此焊缝的收缩应力大，容易产生欠铸、冷隔、气孔、砂眼、裂纹及夹渣等缺陷。残留在对接、角接接头中的焊剂、熔渣则容易引起焊件的腐蚀。因此气焊法主要用于不太重要的镁合金薄板结构的焊接及铸件的补焊。

焊前先将焊件、焊丝进行清洗，并在焊件坡口处及焊丝表面涂一层调好的焊剂，涂层厚度一般不大于 0.15mm。镁合金铸件补焊前如有缺陷需要先进行清理。被清理处需有圆滑的轮廓，穿孔缺陷在缺陷底部应留有 1.5 ~ 2mm 的钝边；清理后缺陷的底面应呈圆弧形，半径一般大于 8mm；较大的穿孔缺陷在经过打磨清理后，在缺陷背面用石棉、不锈钢或纯铜作为垫片，以免补焊时填充金属下塌；用两面开坡口的方法清理缺陷时，坡口之间应留有 2 ~ 2.5mm 的钝边。

镁合金气焊时应采用中性焰的外焰进行焊接，不可将焰心接触熔化金属，熔池应距离焰心 3 ~ 5mm，应尽量将焊缝置于水平位置。

修复镁合金铸件时，焊接时焊炬与铸件间成 70° ~80°，以便迅速加热焊接部位，直至其表面熔化后再加焊丝。熔池形成后，焊炬与焊件表面的倾角应减小到 30°~40°，焊丝倾角应为 40°~45°，以减小加热金属的热量，加速焊丝的熔化，增大焊接速度。焊丝端部和熔池应全部置于中性熔渣的保护气氛下。焊接过程中，不要移开焊炬，要不间断地焊完整条焊缝。在非间断不可时，应缓慢地移去火焰，防止焊缝发生强烈冷却。当焊接过程中在焊缝末端偶然间断，并再次焊接时，可将焊缝末端金属重熔 6 ~ 10mm。

若焊件坡口边缘发生过热，则应停止焊接或增大焊接速度和减小气焊焊炬的倾斜角度。当铸件厚度大于 12mm 时，可采用多层焊，层间必须用金属刷（最好是细黄铜丝刷）清刷后，再焊下一层。薄壁件焊接时工件背面易产生裂纹，为消除裂纹，应保证背面焊缝，并在背面形成一定的余高。正面焊缝高度应高于基体金属表面 2 ~ 3mm。在厚度不同的焊接部位，焊接时火焰应指向厚壁零件，使受热尽量均匀。为了消除应力防止裂纹，补焊后应立即放入炉内进行回火处理，回火温度为 200 ~ 250℃，时间为 2 ~ 4h。

五、镁及镁合金的搅拌摩擦焊

虽然可以采用熔焊的方法实现镁合金的连接，但是基于镁及镁合金熔点低、易挥发等自身的物理化学性能特点，采用熔焊方法（如 TIG 焊 /MIG 焊、等离子弧焊等）对其进行焊接时，得到的焊接接头易出现气孔、裂纹、夹杂、过烧、变形等熔焊缺陷，降低了焊接接头的力学性能。还会出现咬边、下塌等问题，对操作人员的技能水平要求较高。

搅拌摩擦焊（FSW，Friction Stir Welding）作为一种固相连接技术，通过搅拌头在高速旋转时与工件之间产生的摩擦热使金属产生塑性流动。在搅拌头的压力作用下从前端向后端塑性流动，从而形成焊接接头。搅拌摩擦焊技术用于镁合金焊接具有以下优点：一是焊接过程中温度较低，金属不发生熔化，不存在熔化焊产生的缺陷；二是焊接过程中无飞溅、烟尘、无须添加焊丝或保护气；三是焊接设备简单易控且搅拌摩擦焊，属于自动化焊接工艺，生产效率高。因此，搅拌摩擦焊技术现已广泛应用于轻金属的焊接，并在航空航天、汽车、电子、精密仪器、电力、能源等领域得到推广。

（一）镁合金 FSW 的焊接现状

搅拌摩擦焊过程中的温度与熔焊相比较低，焊接接头不易产生裂纹、变形等缺陷，在镁合金连接方面搅拌摩擦焊具有明显的优越性。但与铝合金搅拌摩擦焊相比，镁合金搅拌摩擦焊有一定难度，研究及应用比铝合金搅拌摩擦焊少得多。

近年来，国内外研究者将搅拌摩擦焊技术应用于镁合金的连接，取得了一定的成效，得到了表面光滑、成形平整美观且无宏观缺陷的焊接接头。已经对 AM60、AZ31、AZ91、MB8 等镁合金进行了 FSW 焊接工艺性试验。

关于镁合金搅拌摩擦焊的工艺性试验研究主要集中在以下两个方面：一是工艺参数对接头成形及性能的影响；二是接头区域的显微组织及形成机制。

1. 接头典型区域的显微组织及形成机制

采用搅拌摩擦焊对6.4mm厚的AZ31B镁合金板材进行对接试验，研究FSW接头显微组织，结果表明搅拌摩擦焊接头分为焊核区、热机影响区、热影响区和母材区四个典型区域。焊核区发生动态再结晶，组织由细小均匀等轴晶构成，晶粒内部位错密度较大；热机影响区和热影响区比较宽，与焊核区晶粒相比，该区域晶粒粗大但总体小于母材晶粒，也没有母材中的变形孪晶组织。

AZ31B镁合金搅拌摩擦焊过程中焊核区晶粒的织构取向和显微组织演变，受金属流动影响，紧邻搅拌头的金属黏附在一起形成较强织构诱发晶粒汇集，增大晶粒尺寸。距搅拌头稍远区域的组织演变分为两个步骤：先是受到拉伸力作用使晶粒变长，继而受到力几何效应影响，在一定程度上发生不连续的再结晶，最终得到细小均匀等轴晶。

2. 工艺参数对接头成形及性能的影响

针对厚度均为5mm的AZ31、AZ61和AZ91D镁合金薄板，进行搅拌摩擦焊工艺性试验的结果表明，随镁合金中铝含量的增加，工艺参数范围逐渐变窄。主要原因是镁合金的塑性变形能力决定搅拌摩擦焊的工艺参数范围，随着铝含量的增加，AZ系镁合金的硬度和强度提高，塑性流变和变形能力降低，所以焊接成形变差、工艺参数范围变窄。

采用不同的工艺参数对厚度为5mm的AZ31镁合金进行搅拌摩擦焊工艺性试验，研究轴肩下压量、焊接速度、搅拌头倾角对FSW接头焊核区成形的影响，结果表明：下压量是影响接头成形质量的关键因素，当下压量在合适的范围内时才能够得到成形良好、无缺陷的焊接接头。焊接速度和搅拌头倾角对焊核区形貌有重要作用，焊接速度较小时，焊核区可以看到“洋葱环”结构；焊接速度较大时，焊核区金属流动趋于紊乱无序。搅拌头倾角与镁合金的塑性流动密切相关，随倾角的增大焊核区金属流动趋于充分，对于镁合金搅拌摩擦焊而言，搅拌头倾角为2°~5° 较为合适。

对厚度为4mm的热轧态AZ31B-H24镁合金进行搅拌摩擦焊，分析工艺参数对接头抗拉强度的影响，结果表明：当焊接热输入较大时(较大的旋转速度匹配较小的焊接速度)，搅拌摩擦焊接头在相对较宽的工艺参数范围内无缺陷；当旋转速度为1800r/min、焊接速度为125mm/min时，FSW接头抗拉强度最大，达到240MPa，为母材强度的85%。

针对厚度为3mm的航空用镁合金薄板MB8进行搅拌摩擦焊试验，研究工艺参数对搅拌摩擦焊接头成形和力学性能的关系，结果表明轴肩下压量对接头成形起到至关重要的作用，下压量较小时，接头内部出现孔洞缺陷，且会导致背部熔合不良；

当下压量较大时，接头表面成形粗糙或导致金属溢出。焊接速度对 FSW 接头力学性能有很大影响，当旋转速度恒定，焊接速度为 30 ~ 300mm/min 时，随焊接速度增大，接头抗拉强度不断增加，最大抗拉强度达 172MPa，为母材的 76%。

对厚度为 3mm 的 AZ80 镁合金搅拌摩擦焊接头组织进行分析表明，FSW 接头不同区域的显微组织有很大差异，在 FSW 接头焊核区晶粒最为细小，热机影响区晶粒尺寸不均匀，晶粒发生明显变形。热影响区经历 β 相溶于 α 相的过程，晶粒粗大并保留原镁合金母材中的轧制线。采用取向成像显微镜分析 AZ61 镁合金 FSW 接头晶粒取向与接头拉伸性能的关系表明，搅拌摩擦焊接头的拉伸性能受晶粒取向、晶粒内位错密度以及粒径尺寸的影响；镁合金在搅拌摩擦焊过程中接头区发生复杂的塑性流变，接头各区域晶粒取向呈不均匀分布；在选定工艺参数范围内，FSW 接头在热机影响区发生断裂。主要原因是该区域受搅拌头作用晶粒发生剪切变形，Mg 基面（0001）法向与拉伸方向呈 45°，易萌生裂纹引发断裂。

不同成分和性能的两种镁合金焊接在一起，能起到“物尽其用”的效果，这时候搅拌摩擦焊是值得优先考虑的焊接方法。例如，将两种镁合金 AZ91D 与 AM60B 进行搅拌摩擦焊工艺性试验，AZ91D 镁合金置于前进侧，AM60B 镁合金置于回撤侧，搅拌头旋转速度为 2000r/min，焊接速度为 90mm/min 时，能够得到连续且无宏观缺陷的焊接接头。

对 AZ91D/AM60B 搅拌摩擦焊接头的显微组织进行分析表明，两种镁合金母材在前进侧的交会处有十分明显的分界线，在回撤侧呈现出相对平缓的流动趋势；FSW 接头的显微硬度无明显变化，原因是焊核区细晶强化作用与该区域位错密度降低造成的软化相抵消。

对另一组不同牌号的镁合金 AZ31B 和 AZ61A 进行搅拌摩擦焊试验，分析工艺参数对接头成形及力学性能的影响，结果表明：将 AZ61A 镁合金置于前进侧，AZ31B 镁合金置于回撤侧，采用凹面圆台形搅拌头进行对接试验时，得到了无缺陷的搅拌摩擦焊接头；AZ61A/AZ31B 搅拌摩擦焊接头的抗拉强度随搅拌头旋转速度与焊接速度的比值呈先增大后减小的趋势。当搅拌头旋转速度为 1000r/min，焊接速度为 35mm/min 时，FSW 接头抗拉强度达到 210MPa，为 AZ31B 镁合金母材的 91%。

对厚度为 6mm 的镁合金 ZK60-Gd 和 AZ91D 进行搅拌摩擦焊工艺性试验，并对 FSW 接头的显微组织和力学性能进行分析，结果表明；当 ZK60-Gd 镁合金置于前进侧，AZ91D 镁合金置于回撤侧时，可以在较宽的工艺参数范围内得到成形良好的焊接接头。FSW 接头焊核区下部出现“洋葱环”结构，热机影响区有清晰的流变曲线。在选定工艺参数范围对接头进行拉伸试验，断裂均发生在 AZ91D 镁合金侧母材处。

(二) 镁合金搅拌摩擦焊的不足之处

尽管国内外研究者进行了大量的镁合金搅拌摩擦焊试验研究，发表了很多论文，但镁合金搅拌摩擦焊工艺在生产实践中未能得到全面推广，究其原因有以下几点。

(1) 镁合金搅拌摩擦焊工艺尚不成熟，目前大量的试验研究是对厚度为 3 ~ 10mm 的中薄板平板对接或搭接，针对结构简单的镁合金构件进行搅拌摩擦焊，形成纵缝或环缝。当焊接厚度超过 20mm 的镁合金厚板时，搅拌摩擦焊过程中需要使用控制补偿措施，形成的焊接接头凹凸不平或存在较大的飞边。

(2) 镁合金搅拌摩擦焊接头的疲劳性能和耐蚀性也有待提高。镁合金自身的耐蚀性比较差，搅拌摩擦焊过程中热传导的不均匀性，导致 FSW 接头内部产生残余应力，引发疲劳破坏和应力腐蚀，也限制镁合金 FSW 技术的应用。

(3) 与铝合金相比，镁及其合金本身焊接性较差，镁合金焊接产品结构应用受限，也影响镁合金搅拌摩擦焊的研发和应用。

六、镁及镁合金的其他焊接方法

(一) 镁合金的钎焊

镁合金的钎焊工艺与铝合金极为相似，但由于镁合金钎焊效果较差，因此镁合金很少采用钎焊进行焊接。镁合金可以采用火焰钎焊、炉中钎焊及浸渍钎焊等方法，其中浸渍钎焊应用较为广泛。

镁合金钎焊时所用的钎料一般均采用镁基合金钎料。钎焊镁合金的钎剂主要以氯化物和氟化物为主，但钎剂中不能含有与镁发生剧烈反应的氧化物，如硝酸盐等。

镁合金钎焊前应清除母材及焊接材料表面的油脂、铬酸盐及氧化物，常用的方法主要是溶剂除脂、机械清理和化学侵蚀等。镁合金钎焊时搭接是最基本和最常用的接头形式，通过增加搭接面积，对于接头强度低于母材强度时，使接头与焊件具有相同的承载能力。一般钎焊时在接头处及附近区域添加填充金属，接头间隙通常取 0.1 ~ 0.25mm，以保证熔融钎料充分渗入接头界面中。

(二) 镁合金的激光焊

1. 镁合金激光焊的特点

激光焊因具有焊接速度快、精度高、适应性强等优点而备受重视，已应用于航空航天、汽车制造、精密仪器等领域，也成功实现了镁合金的焊接。镁合金具有较高的比强度和比刚度，并具有高的抗震能力，能承受比铝合金更大的冲击载荷。虽

然采用激光焊可以对大部分镁合金进行焊接，但镁合金导热性好、线胀系数大、化学活性强、焊接难度较大。

2. 镁合金焊接的问题

（1）镁是比铝还轻的有色金属，其熔点（650℃）、密度（1.738g/cm^3）均比铝低。镁的氧化性极强，在焊接过程中表面易形成氧化膜导致焊缝夹杂。

（2）镁合金的线胀系数大，在焊接过程中应力大、易变形。

（3）镁合金含低熔点易挥发元素，焊接热输入过大易出现氧化燃烧，造成焊缝严重的下塌。

（4）激光焊接镁合金的主要问题是易产生气孔。氢在镁中溶解后不易逸出，在焊缝凝固过程中会形成气孔。母材中的微小气孔在焊接过程中聚集、扩展和合并，形成大气孔。

（5）镁合金与其他金属形成低熔共晶组织，导致结晶裂纹或过烧。

针对镁合金的焊接，采用激光焊可以解决上述一些焊接问题。与铝合金的激光焊相似，镁合金激光焊时最好采用大功率的设备和高速焊接，以避免焊缝和热影响区过热、晶粒长大和脆化。焊接熔合区气孔倾向随着焊接热输入的增大而增加，减小激光热输入，提高焊接速度，有利于减小气孔倾向。焊接参数合理的条件下，激光焊接镁合金的焊缝连续性好、成形良好、变形小、热影响区小、焊接区晶粒细小、焊缝硬度和力学性能与母材相当。

关于镁合金激光焊的研究主要集中在工艺方法、焊缝成形、显微组织和接头力学性能上。与氩弧焊（TIG焊/MIG焊）相比，镁合金激光焊接头的焊缝窄、熔深大、焊缝区由细小均匀等轴晶构成，无明显热影响区，接头力学性能良好。应用于镁合金焊接的激光器有两种，分别是波长为10.6μm的CO_2激光器和波长为1.06μm的Nd: YAG激光器。近年来光纤激光的应用受到重视。

采用CO_2激光焊针对厚度为2.6mm的AZ31和AZ61镁合金薄板进行对接焊的试验结果表明，AZ61镁合金激光焊的工艺参数范围比AZ31要宽一些，在适当工艺参数范围内这两种镁合金均能得到连续均匀、成形美观的焊接接头。激光功率和焊接速度是影响接头成形质量和焊缝熔深最主要的因素。当激光功率为1.4kW，焊接速度为100cm/min，正面保护气流量为25L/min，反面保护气流量为20L/min时，焊缝成形外观平整，无表面缺陷。分别对AZ61镁合金和AZ31镁合金激光焊接头进行拉伸试验，结果断裂均发生在镁合金母材，表明在该工艺参数下焊接接头力学性能良好，接头强度高于母材。

AZ31镁合金母材为粗大的等轴晶组织，激光焊的接头成形良好，焊缝为细小的柱状晶组织。焊缝区由细小的初生a-Mg相、Al、Mg等合金相和Mg-Mn-Zn共晶相组成。激光焊接能量集中，镁合金焊后冷却速度快，熔合区晶粒细化，热影响区晶粒细小。

采用功率为0.5kW的Nd: YAG固体脉冲激光器针对厚度为1.2mm的AZ31B镁合金进行焊接，试验结果表明激光脉冲宽度对接头强度也有很大影响。当脉冲宽度为4.5ms时，接头抗拉强度可达250MPa，约为母材强度的95%；当脉冲宽度继续增大时，熔池宽度增大，接头强度降低。

激光焊方法可以实现异种镁合金的连接。例如，针对厚度为4.5mm的AZ91和AM50异种镁合金接头，采用CO_2激光焊进行工艺性试验表明，激光功率为2kW，焊接速度为402cm/min时，能够得到外观成形良好的焊接接头，两种母材完全混合在一起，微观上熔合区晶粒明显细化。对焊接接头进行显微硬度测试，硬度值在熔合区达到最大，AZ91侧最高硬度值为100HV，AM50侧最高硬度值为70HV，均超过两侧母材硬度。对接头进行拉伸试验，断裂发生在远离熔合区的AZ91侧，表明接头成形质量良好。对焊接接头及两侧母材分别进行电化学腐蚀试验并观察腐蚀形貌，发现焊缝对应力腐蚀开裂十分敏感，腐蚀速率很快，腐蚀倾向比两侧母材大，接头耐蚀性较差。

镁合金激光焊接过程中最容易出现的冶金缺陷是气孔，液态熔池元素蒸发和不稳定匙孔坍塌是导致气孔形成的主要原因。溶解于镁合金焊缝中的氢气是激光焊接头出现气孔的主导因素。针对镁合金激光焊气孔问题，可通过以下措施解决：①加热焊缝及周围区域，降低温度梯度，减少氢向熔池中的扩散；②焊接时添加低含气量的填充材料。

对激光焊接头进行焊后重熔，也可以在一定程度上消除焊缝中的气孔。镁合金激光焊的缺陷除气孔外，还有裂纹、夹杂、未熔合、咬边、下塌等，在进一步的研究工作中，应深入地探讨这些焊接缺陷产生的原因及防止措施。

3. 中厚度镁合金激光焊

由于镁合金具有易氧化、线胀系数及热导率大等特点，导致镁合金在焊接过程中易出现氧化燃烧、裂纹以及晶粒粗大等问题，并且这些问题随着焊接板厚的增加，变得更加严重。中国兵器科学研究院谭兵等采用CO_2，激光焊对厚度为10mm的AZ31镁合金进行焊接，研究了中厚度镁合金CO_2激光深熔焊接特性。

（1）焊接材料及焊接工艺。AZ31镁合金板材尺寸为200mm × 100mm × 10mm，经过固溶处理。焊接采用的激光焊机为德国Rofin-SinarTRO50的CO_2轴流激光器，最大焊接功率为5kW，激光头光路经4块平面反射镜后反射聚焦，焦距为280mm，光斑直径为0.6mm。焊接接头不开坡口，采用对接方式固定在工装夹具上，两板之间不留间隙，背部采用带半圆形槽的钢质撑板，采用He气作为保护气体。焊接工

艺参数为：激光功率为3.5kW；焊接速度为1.67cm/s；离焦量为0；保护气体流量为25L/min。

（2）焊缝形貌及微观组织。焊缝形貌观察表明该焊接工艺能保证厚度为10mm的AZ31镁合金板全部焊透，并且焊缝背部成形均匀、良好。而焊缝表面纹理均匀性较差，并存在少量的圆形凹坑，这是由于：

①焊缝金属流到焊缝根部和两板之间存在一定间隙造成焊缝金属量不足。

②镁合金表面张力小，在高功率密度脉冲电流的冲击过程中，易造成气化物和熔化物的抛出。

③由于镁合金挥发点低，焊接过程中焊缝金属气化，一部分金属会挥发掉。

焊接形成的焊缝截面深宽比约为5∶1，焊缝截面的上部约为4mm，中部和下部宽度约为2mm，为典型的激光深熔焊的焊缝截面形貌。

由于激光焊的能量密度大，且镁合金的热导率大，焊缝在快速冷却过程中，使焊缝晶粒尺寸低于母材组织，而焊缝上部为激光与等离子体热量同时集中作用的区域，因此焊缝宽度、熔池温度也是该区域最高，从而冷却速度也最慢，导致该区域晶粒尺寸大于焊缝其他区域。热影响区宽度为0.6～0.7mm，与母材组织对比，热影响区的晶粒有一定的长大，并且从焊缝到母材，晶粒长大越来越不明显。

（3）焊缝区元素及物相分析。焊缝中Mg元素的质量分数减小，Al的质量分数增大，Zn的质量分数没有明显变化。这是因为Mg的沸点低于Al的沸点，所以Mg更易于挥发到空气中。

焊缝物相检测表明焊缝中主要物相是a-Mg，未检测出Al-Mg低熔点相。这主要是因为激光焊接速度快、热输入小，焊缝中的Al来不及向晶界扩散就已凝固，因而在焊缝晶界很难形成富集的能与Mg反应的Al元素。

（4）焊接接头力学性能。焊缝中心区硬度最高，为52.7HV，热影响区硬度最低为47.2HV。一方面由于焊缝的晶粒较细而有利于提高焊缝的硬度；另一方面由于Mg元素的烧失，铝元素的相对含量增加，有利于提高焊缝的硬度。热影响区受焊缝热作用出现晶粒长大造成组织软化，但由于焊接速度和导热速度快，因此热影响区软化现象并不太严重。

镁合金激光焊的焊缝强度平均值和断后伸长率都小于母材。在镁合金激光深熔焊过程中会形成小孔，小孔的形成会造成镁元素的蒸发，容易产生气孔。虽然中厚板镁合金激光焊缝组织优于母材，但由于激光深熔焊过程中存在较多的微气孔，从而造成接头的强度低于母材强度。

(三) 镁合金的电子束焊

可以采用电子束焊进行焊接的镁合金一般与弧焊相同，焊接过程中焊前、焊后的处理方法基本相同，采用电子束焊接可获得良好接头的镁合金有 AZ91、AZ80 系列等。电子束焊接时，在电子束下镁蒸气会立即产生，熔化的金属流入所产生的孔中。由于镁金属的蒸气压力高，因而所生成的孔通常比其他金属大，焊缝根部会产生气孔。同时电子束焊接镁合金还易引起起弧及焊缝下塌等现象，起弧易导致焊接过程中断，因此须严格控制操作工艺以防止气孔、起弧及焊缝下塌现象产生。

电子束焊通常采用真空焊接，但由于镁金属气体的挥发对真空室的污染很大，研究发现非真空电子束非常适合镁合金的焊接。焊接时电子束的圆形摆动和采用稍微散焦的电子束，有利于获得优质焊缝。在焊缝周围用过量的金属或同样金属的整体式以及紧密贴合的衬垫能够尽可能减少气孔。但目前采用填充金属的方法对减少产生气孔的效果不是很理想，因此通常采用通过合理调节焊接工艺参数使气体在焊缝金属凝固前完全逸出，以避免形成气孔，其中电子束功率尤其是电子束流大小须严格控制。

第三节　镁及镁合金焊接实例

一、AZ31B 镁合金的钨极氩弧焊

(一) AZ31B 镁合金薄板的 TIG 焊

手工钨极氩弧焊的焊接接头主要包括 T 形、对接和角接接头。

1. T 形接头

厚度为 1.6mm 和 3mm 的 AZ31B 镁合金薄板 T 形接头单道焊 (角焊缝长 203mm，焊脚为 3mm)。采用手工 TIG 焊时，调整焊机、气体流量和焊接速度，以获得优质、外形美观和熔透率合适的焊缝。焊后，从立板未焊一侧打断焊接接头，显露焊缝根部，然后从断口检查熔透深度，有无气孔、未熔合和其他缺陷。

2. 对接接头和角接接头

将 25mm × 25mm × 4.8mm 的 AZ31B 镁合金板挤压角形结构的斜边焊接起来，用于制造框架结构。

三种焊接接头都采用可连续工作的 300A 交 / 直流焊接电源，备有轻型水冷焊

炬。焊前所有焊件经铬酸 - 硫酸溶液清洗，不预热焊。

焊前工序包括加工斜边角、开坡口、清理及装夹。横向和垂直对接接头坡口角均为90° ，钝边为1mm。将焊接接头酸洗后，在夹具中装配，横向对接接头采用扁平衬条，垂直角接接头采用角形衬条。然后采用手工TIG焊进行焊接，采用高频稳定的交流电源、EWP型钨电极以及ERAZ61A型填充焊丝。焊接时外侧角接头采用向上立焊的单道焊；对接接头采用单道平焊。

（二）航空航天用镁合金气密门自动TIG焊

航空航天用气密门的框架结构带有目风凹槽，采用AZ31B-H24镁合金薄板与AZ31B镁合金挤压件焊接而成，属于小批量生产，但要求的质量较高。

焊接时，接头A、B相当于带衬垫板单V形坡口对接，反面搭接接头不进行焊接。焊前采用铬酸—硫酸对接头焊接部位进行清洗，不需要进行预热。焊接位置为平焊，填充金属为直径1.6mm的ERAZ61A镁合金焊丝。

TIG焊设备中采用水冷焊枪、高频交流电源以及EWP型钨电极。将焊枪安置在切割机自动行走架上实现TIG自动焊。焊后接头需进行177℃ ×1.5h的焊后消应力处理。

二、电子控制柜镁合金组合件TIG焊

由矩形箱组成的镁合金电子控制柜组合件，由两个高度为50mm、宽度为50mm、长度为101mm的矩形箱组成。为了减少其小批量生产时的工艺装备费用，对其某些零部件采用了定位焊。

厚度为1.27mm的AZ31B-H24镁合金薄板，采用直径为4mm的ER AZ61A填充丝手工TIG焊（氦气保护）。

为使其定位于合适的位置，定位焊缝长度为3mm，中间间隔（在每一角部开始）50mm。定位焊时采用工具板和套钳固定组合件，但定位焊不能用于有角度的组合件。组合件采用直径为1.6mm的ER AZ61填充焊丝。采用长度为50mm的连续焊接角接头；组合件顶部法兰与侧板的焊接，采用长度为25mm的角焊缝。角钢与控制箱端部的焊接采用长度约为25mm的角焊缝。

由于组合件采用手工装配，所有焊缝均采用平焊或横焊位置焊接，采用装有高频稳弧装置的标准交流电源，选择He气作为保护气体。与Ar气相比，He气可以产生更大的热量和更稳定的电弧。焊前不需要预热，但焊后要进行177℃ ×3.5h的消应力处理，以防止应力腐蚀裂纹的产生，最后进行宏观焊缝检查。

三、AZ31B/AZ61A 异种镁合金的搅拌摩擦焊

异种镁合金的搅拌摩擦焊具有广泛性和实用价值，但各种镁合金性能差异较大，焊接过程中需要注意一些问题。

挤压变形镁合金 AZ31B 与 AZ61A 经机械加工后制成尺寸为 200mm × 80mm × 5mm 的板件，然后进行搅拌摩擦焊，采用凹面圆台形搅拌头。试验设备为 FSW-3LM-015 型搅拌摩擦焊机，焊接速度为 10 ~ 2000mm/min，转速为 250 ~ 2500r/mm，该设备对铝合金最大焊接厚度为 14mm，可满足对镁合金的焊接要求。通过改变摩擦头形式，调整旋转速度和焊接速度，可获得成形良好、无表面缺陷的接头。

(一) 材质差异和搅拌头形状对 FSW 焊缝成形的影响

变形镁合金 AZ61A 与 AZ31B 相比，AZ61A 的 Al 含量（质量分数）约为 6%，表现在性能上即为材料的强度和硬度的提高，而塑性变形能力却明显下降。这使得在它们之间进行搅拌摩擦焊要比在同种材料之间进行搅拌摩擦焊困难。试验结果表明，当 AZ31B 置于后退侧、AZ61A 置于前进侧施焊时易得到外观成形良好、无宏观缺陷的接头，所用的工艺参数范围也比较宽。反之，很难得到成形完好的 FSW 焊缝，总产生表面沟槽或焊缝内部隧道型缺陷。这主要是由于与 AZ31B 相比，AZ61A 的塑性变形能力差、母材晶粒更粗大、晶界上二次相 MgzAl2 和杂质也更多。

采用 2 种不同搅拌针的搅拌头进行焊接，结果表明，圆柱形搅拌头施焊时接头表面成形差，容易出现表面沟槽或在焊缝内部出现孔洞及隧道型缺陷。圆台内凹形搅拌头易得到外观成形良好、无宏观缺陷的接头。

(二) 焊接参数对接头力学性能的影响

调节旋转速度为 750 ~ 1300r/min、焊接速度为 30 ~ 50mm/min 时，能获得成形良好、无宏观缺陷的接头。

在一定的焊接速度下，FSW 接头的抗拉强度随着旋转速度的增加而增大，但当过大时抗拉强度反而降低。随着旋转速度的增大，接头薄弱区的性能得到明显改善。这是因为旋转速度增加使搅拌区的摩擦搅拌充分，施焊区上表面及端面的表面氧化膜得到去除，端面的氧化物和夹杂物被打碎，经搅拌混合扩散到焊核与热机影响的过渡区。同时热输入量随之增加、温度升高，为塑性流变提供有利条件，热机影响区变宽，粗大组织在机械搅拌作用下被拉长、破碎和再结晶，细小组织回复，使接头整体性能得到改善。

但随着旋转速度的进一步增大，热输入量过大，焊缝表面过热氧化，热机影响

区与热影响区晶粒严重长大，反而使该区域力学性能下降。当焊接速度 v=35mm/min、旋转速度 o=1000r/min 时，接头的抗拉强度达到最大值 210MPa，为母材 AZ31B 抗拉强度的 90.5%。对拉伸试样断裂位置分析发现，所有的断裂都发生在 AZ61A 侧（前进侧）热机影响区附近。断口与受力方向成 45° 解理断裂，塑性断口很少，近似脆性断裂，尤其在抗拉强度较低时表现得更明显。

（三）接头的显微硬度

对接头抗拉强度最高和最低的试样 A、B 进行显微硬度分析，工艺参数分别为焊接速度 v=35mm/min、旋转速度 w=1000r/min 和焊接速度 v=45mm/min、旋转速度 w=800r/min。试样 A 显微硬度分布曲线比较平缓，焊核区显微硬度略高于 AZ31B 母材硬度。

AZ31B 镁合金侧热机影响区的显微硬度高于焊核区，在热影响区略有下降。AZ61A 镁合金侧热机影响区显微硬度与焊核区相当，热影响区硬度由低至高过渡到母材。试样 B 显微硬度分布与试样 A 在焊核区、热影响区基本相当，而在热机影响区的显微硬度远高于试样 A。这是由于在热机影响区出现大量呈层状分布的氧化物和夹杂物富集带，这些富集带类似于经过了加工硬化，硬度很高，而且在该处形成的残余应力集中也更大。另外，A、B 两组试样在 AZ31B 母材区的显微硬度并不一致，这与母材组织不均匀有关。

第十一章　金属间化合物的焊接

第一节　金属间化合物的发展及特性

一、金属间化合物的发展

金属间化合物的成分可以在一定范围内偏离化学计量而仍保持其结构的稳定性，在合金相图上表现为有序固溶体。金属间化合物的长程有序的超点阵结构保持很强的金属键及共价键结合，使其具有许多特殊的物理、化学性能和力学性能，如特殊的电学性能、磁学性能和高温性能等，是一种很有发展前景的新型高温结构材料。

目前用于结构材料的金属间化合物主要集中于 Ni-A1、Ti-Al 和 Fe-Al 三大合金系。Ni-Al 和 Ti-Al 系金属间化合物高温性能优异，但价格昂贵，主要用于航空、航天等领域。与 Ni-Al 和 Ti-Al 系金属间化合物相比，Fe-Al 系金属间化合物除具有高强度、耐腐蚀等优点外，还具有成本低和密度小等优势，具有广阔的应用前景。

钢铁材料加热后会逐渐变红、变软（直至熔化成钢液）。金属在高温下会失去原有的强度，变得“不堪一击”。金属间化合物却不存在这样的问题。在 700℃以上的高温下，大多数金属间化合物会更硬，强度甚至会升高。

金属间化合物具有这种特殊的性能与其内部原子结构有关。所谓金属间化合物，是指金属和金属之间、类金属和金属原子之间以共价键形式结合生成的化合物，其原子的排列具有高度有序化的规律。当它以微小颗粒形式存在于金属合金的组织中时，会使金属合金的整体强度得到提高，特别是在一定温度范围内，合金的强度随温度升高而增强，这就使金属间化合物高温结构应用方面具有极大的潜在优势。

但是，伴随着金属间化合物的高温强度而来的，是其较大的室温脆性。因此，许多人预言，金属间化合物作为一种大块材料是没有实用价值的。

近 30 年来，人们开始重视对金属间化合物的开发应用，这是材料领域的一个重要转变，也是今后材料发展的重要方向之一。金属间化合物由于它的特殊晶体结构，使其具有其他固溶体材料所没有的性能。特别是固溶体材料通常随着温度的升高而强度降低，但某些金属间化合物的强度在一定范围内反而随着温度的上升而升高，这就使它有可能作为新型高温结构材料的基础。另外，金属间化合物还有一些性能

是固溶体材料的数倍乃至数十倍。

目前，除了作为高温结构材料，金属间化合物的其他功能也被相继开发，稀土化合物永磁材料、储氢材料、超磁致伸缩材料、功能敏感材料等相继问世。金属间化合物的应用极大地促进了高新技术的进步与发展，促进了结构与元器件的微小型化、轻量化、集成化与智能化，导致新一代元器件的不断出现。

金属间化合物这一“高温材料”最大的用武之地是在航空航天领域，例如，密度小、熔点高、高温性能好的钛铝金属间化合物等具有极诱人的应用前景。

二、金属间化合物的基本特点

金属间化合物是指金属与金属或类金属之间形成的化合物相，属金属键结合，具有长程有序的超点阵晶体结构，原子结合力强，高温下弹性模量高，抗氧化性好，因此形成一系列新型结构材料，如具有应用前景的钛、镍、铁的铝化物材料。

金属间化合物不遵循传统的化合价规律，具有金属的特性，但晶体结构与组成它的两个金属组元的结构不同，两个组元的原子各占据一定的点阵位置，呈有序排列。典型的长程有序结构主要形成于金属的面心立方、体心立方和密排六方三种主要晶体结构。例如 Ni_3Al 为面心立方有序超点阵结构，Ti_3Al 为密排六方有序超点阵结构，Fe_3Al 为体心立方有序超点阵结构。许多金属间化合物可以在一定范围内保持结构的稳定性，在相图上表现为有序固溶体。

决定金属间化合物相结构的主要因素有电负性、尺寸因素和电子浓度。金属间化合物的晶体结构虽然较复杂或有序，但从原子结合上看仍具有金属特性，有金属光泽、导电性及导热性等。然而其电子云分布并非完全均匀，存在一定的方向性，具有某种程度的共价键特征，导致熔点升高及原子间键出现方向性。

金属间化合物可以分为结构用和功能用两类，前者是作为承力结构使用的材料，具有良好的室温和高温力学性能，如高温有序金属间化合物 Ni_3Al、NiAl、Fe_3Al、FeAl、Ti_3Al、TiAl 等。后者具有某种特殊的物理或化学性能，如磁性材料 YCo_5、形状记忆合金 NiTi、超导材料 Nb_3Sn、储氢材料 Mg_2Ni 等。

与无序合金相比，金属间化合物的长程有序超点阵结构保持很强的金属键结合，具有许多特殊的物理、化学性能，如电学性能、磁学性能和高温力学性能等。含 Al、Si 的金属间化合物还具有很高的抗氧化性和耐蚀性。由轻金属组成的金属间化合物密度小，比强度高，适合于航空航天工业的应用要求。

金属间化合物的研究和开发应用一直很受重视。在 A_3B 型金属间化合物中，Ti_3Al、Ni_3Al 和 Fe_3Al 基合金的研究已经成熟，脆性问题已解决，正进入工业应用。在 AB 型合金中，TiAl 基合金的室温脆性已有改善，铸造 TiAl 合金初步进入工业应用，变形 TiAl 合金正在深入研究。由于 NiAl 合金的室温脆性问题仍有待解决，在 500℃以上的强度也偏低，还需开展大量的研究工作。FeAl 合金的研究已日趋深入，正在探索工业应用。

第二节 Ti-Al 金属间化合物的焊接

一、TiAl 金属间化合物的电弧焊

TiAl 金属间化合物可以进行熔焊，但是 TiAl 金属间化合物的熔焊接头容易产生结晶裂纹，淬硬倾向较大，所以力学性能普遍较差。

TiAl 金属间化合物的电弧焊成本低、生产率高，在工程修复中有应用，主要是避免产生裂纹。采用 TIG 的方法焊接 Ti-Al48-Cr2-Nb2(摩尔分数，%) 时，接头的显微组织为柱状和等轴状组织所组成，还有少量 y 相。采用大电流焊接时，一般不会产生裂纹；但是采用小电流焊接时，就会产生裂纹。焊缝金属的硬度比母材高，其室温塑性和强度比母材低。采用预热（800℃）就可以避免产生裂纹。不进行预热，在相同的焊接工艺条件下就会产生大量裂纹。

采用 TIG 的方法焊接铸态 T-A48-Cr2-Nb2 和挤压 Ti-Al48-Cr2-Nb2-0.9Mo（摩尔分数，%）时，通过调节焊接电流的大小来调节接头的冷却速度，焊缝中的裂纹就可以随着焊接电流的增大而减少，在 75A 的焊接电流条件下裂纹消失。大电流焊缝金属的组织也更加理想，α_2 脆性组织减少和枝晶之间的偏析减少。

二、激光焊

激光焊的能量集中，加热时间短，热影响区小，却很容易产生裂纹。其焊缝的显微组织随着冷却速度的增大，会发生如下变化：大块 γ+ 大块 α_2+ 层片状（$\gamma+\alpha_2$）→大块 γ+ 大块 $\alpha_2 \rightarrow \alpha_2$。焊缝的硬度也随着冷却速度的增大而增大，单相 α_2 组织的硬度为 500HV。焊接速度低于 50.0mm/s 并且预热 300℃时，可以得到无裂纹的接头。在 600～800℃、平均冷却速度低于 30.0mm/s 的条件下，焊缝的硬度小于 400HV，此时可以避免产生裂纹，拉伸试样断裂在母材。

三、电子束焊

（一）电子束焊焊接接头的裂纹倾向

1. 电子束焊焊接接头的裂纹特征

电子束焊相对于激光焊具有熔深大、氛围好的特点，但是同样在冷却速度较快时容易产生裂纹。对以 TiB_2（体积分数为 6.5%）颗粒强化的 Ti-Al45-Nb2-Mn2（摩尔分数，%）+0.8（体积分数，%）的合金进行电子束焊，发现冷却速度较大（387～857℃）/s 时都会产生裂纹；但是当冷却速度小到 307℃ /s 时就不会产生裂纹。这是因为冷却速度较大时的 $\alpha \rightarrow \gamma$ 相变被完全抑制，得到单一的 α_2 相，而 α_2 相很脆。要想得到无裂纹的焊接接头必须促进 $\alpha_2 \rightarrow \gamma$ 相变。电子束焊时发生 $\alpha \rightarrow \gamma$ 相变的极限冷却速度是 600℃ /s。

通过 10mm 厚的 Ti-Al48-Cr2-Nb2（摩尔分数，%）的金属间化合物采用电子束焊所得到的焊缝的显微组织，可以看出，不预热、快冷，得到的是块状组织，焊缝几乎肯定会产生裂纹；预热、慢冷，得到的是片状组织，可以预防裂纹的产生。因此，为了防止裂纹的产生，必须控制焊接热过程。这种材料也同样存在氢脆问题，采用低氢方法焊接，就不会存在氢脆问题。

为了得到没有裂纹的焊接接头，与合适的焊接参数所对应的平均冷却速度（800～1400℃，下同）是很重要的。以 TiB_2（体积分数为 6.5%）颗粒强化的 Ti-Al48（摩尔分数，%）的金属间化合物（其组织为层片状的 $\gamma+\alpha_2$ 的晶团、等轴 γ 和 α_2 的晶粒以及短而粗的 TiB，颗粒）采用电子束焊的方法进行焊接。

2. 焊接接头的应力分布

焊接接头的应力沿焊缝方向的应力最大，最大可以达到 390MPa，因此容易产生横向裂纹。

（二）电子束焊焊接接头的组织转变规律

TiAl 金属间化合物电子束焊焊接接头的组织与焊接条件（冷却速度）有着很重要的相关性。

冷却速度较慢时，将按照 Ti-Al 二元合金相图发生转变：高温时首先发生 $\beta \rightarrow \alpha$ 的转变，然后从 α 相中析出 γ 相，形成层状组织，最后得到 $\alpha_2+\gamma$ 的层状和等轴 γ 相的双态组织。

冷却速度较快时，就会转变为粒状的 γ 组织。粒状转变是从 α 相转变为成分相同而晶体结构不同的 γ 相，这种粒状的 γm 组织形状不规则。

冷却速度极快时，熔池中结晶的大部分 β 相会保留下来，转变成有序的 B_2 相保留到室温。B_2 相中光镜下以浅色为主，这是由于冷却速度太快，使杂质和低熔共晶来不及向晶界迁移，因此晶界不明显。

只有焊接热输入足够大时接头抗拉强度才好，这与其所得到的组织有关。

（三）TiAl 金属间化合物的真空电子束焊实践

1. 焊缝成形

采用原子分数（%）Ti-43Al-9V-0.3Y[质量分数（%）Ti-26.5Al-12.4V-0.63Y] 的 TiAl 金属间化合物，焊接热输入为 1150 ~ 2480J/cm。典型的 TiAl 金属间化合物的真空电子束焊熔透焊缝的宏观形貌显示，焊缝表面熔宽均匀一致，弧纹均匀细腻，焊缝略微下塌，局部存在宏观横向裂纹，焊缝宽度随着电子束流的增大而增大，随着焊接速度的增大而减小。弧坑容易出现裂纹。

2. 接头力学性能

焊接接头的硬度分布和焊接热输入对接头强度的影响：当加速电压为 55kV、电子束流为 24mA、焊接速度为 400mm/min 时，(焊接热输入 1980J/cm）接头强度最高，为 221.2MPa，达到母材强度的（438.1MPa）50.5%。

在熔池中金属结晶出的主要是 β 组织，然后转变为 B_2 组织和含有塑韧性良好的 $\alpha_2+\gamma$ 组织。焊接热输入对焊缝金属组织有着明显的影响，因此也对接头强度产生影响。在焊接热输入减小时，这个转变不足，因此塑韧性不好，接头强度不高；随着焊接热输入的提高，冷却速度下降，β 相转变为粒状 γ_m 组织和 $\alpha_2+\gamma$ 双相层状组织，强度提高；随着焊接热输入的进一步提高，由于熔池温度提高，合金元素烧损和挥发严重，造成组织粗大、焊缝下塌过大、强度下降。

3. 接头的断裂路径

断裂都是起于焊缝表面，然后向焊缝和热影响区扩展。焊缝表面容易出现微裂纹，加上焊缝下陷形成了应力集中，因此，接头强度不高。

接头断口为近似于垂直拉应力方向的正断，断口表面具有金属光泽，断裂处无收缩，断后伸长率几乎为 0。

四、钎焊

TiAl 金属间化合物的熔焊要想得到优良的焊接接头是很难的，因为它不可能存在不在 1130 ~ 1375℃的温度范围内的高温区域，这就不可避免地会发生 γ 转变为 α 相的现象，也就不可避免地会使焊接接头硬脆化。因此即使把冷却速度控制在不形成裂纹的范围内，其接头性能也会大大恶化。

但是，如果采用固相焊接的方法，使焊接温度保持在发生 γ 转变为 α 相的温度（1130～1375℃的温度范围内）以下，就可以避免发生 γ 转变为 α 相，从而就可以避免焊接接头硬脆化和产生裂纹。

TiAl 金属间化合物的固相焊接，由于可以很好地控制冷却速度，因此能改善焊接接头质量。TiAl 金属间化合物的固相焊接方法主要有钎焊、扩散焊、自蔓延高温合成和摩擦焊。

由于钎焊的温度较低，对母材的影响较小；且由于钎料的阻隔，避免了空气与母材的直接作用，又可以降低接头的残余应力。因此钎焊适于 TiAl 金属间化合物的焊接。

（一）钎焊 TiAl 金属间化合物所采用的钎料

钎焊 TiAl 金属间化合物所采用的钎料分为三类：即 Ag 基、Ti 基和 Al 基。Ti 基钎料用来钎焊 TiAl 金属间化合物，可以得到较强的焊接接头；Ag 基钎料用来钎焊 TiAl 金属间化合物，也可以得到较强的焊接接头；Al 基钎料用来钎焊 TiAl 金属间化合物时，相对于 Ti 基钎料和 Ag 基钎料，其焊接接头较弱。

1. 用钛合金作钎料

采用熔点为 932℃的 Ti-Cu15-Ni15（质量分数，%）作为钎料，在 1150℃的条件下对 Ti-Al33.3-Nb4.8-Cr2（质量分数，%）的金属间化合物在通氩的红外炉中进行钎焊。在红外炉中进行钎焊是为了减少或消除加热时间长对材料的不利影响。试验表明，Ti-Cu15-Nil5 对 TiAL 金属间化合物的润湿性很好，接头处无气孔存在。接头的中部有一个 Ni 和 Cr 含量高的白亮区，其宽度随着加热时间的增加而减少。但是，加热时间由 5s 增加到 40s，白亮区的减少并不明显，经 900℃、保温时间 120min 的退火后有所减少，但不能消除。采用 Ti 基钎料得到的钎焊接头抗拉强度为 295MPa，剪切强度为 322MPa。

2. 用 Al 合金作钎料

用 Al 合金作钎料可以成功地焊接 TiAl 金属间化合物。所用的母材为具有 $\gamma+\alpha_2$ 的两相层片状组织的 Ti-34Al（质量分数，%）金属间化合物的铸造材料，钎焊温度为 900℃。在这个温度下熔化的 Al 与母材反应形成 TiAl，和 TiAl，两种金属间化合物，然后在 1200℃的温度下进行均匀化处理，使钎缝金属转变为单一的 y 相。所得到的接头几乎有与母材相同的室温和 600℃下的高温强度（220MPa）。

3. 用 Ag 合金作钎料

用 Ag 合金作钎料可以焊接 TiAl 金属间化合物以及 TiAl 金属间化合物和其他材料的接头，且能够获得较高的力学性能。采用 Ag-Cu 共晶钎料和 Ag，钎料钎焊 TiAl 金属间化合物与 TiAl 金属间化合物得到的接头剪切强度分别为 343MPa 和 383MPa。

(二) 钎焊参数对接头性能的影响

在选定钎料之后，接头性能主要受到钎焊参数的影响。合适的钎焊参数可以获得最佳的钎焊接头力学性能。当钎焊温度一定时，随着保温时间在一定范围内的增加，接头的抗剪强度增大，而后又减小；但是，当保温时间一定，随着钎焊温度在一定范围内的增加，接头的抗剪强度也是先增大，后降低；接头强度的分散度随着钎焊温度的增加或者保温时间的缩短而增大。这是由于接头组织随着钎焊温度和保温时间的变化而变化的结果。

钎缝间隙和预紧力在较大范围内变化时，对接头抗剪强度影响不是很大，接头抗剪强度可以稳定在 200MPa 以上。对接头抗剪强度影响大的还是钎焊温度和保温时间。

(三) 钎焊接头界面的组织结构

在选定钎料之后，接头性能受到钎焊参数的影响，归根结底还是对钎焊接头界面组织结构的影响。

在采用 Ti-15Cu-15Ni 钎料（这是钎焊 TiAl 金属间化合物用得较多的钎料）时，就会发生 Ti、Al 从 TiAl 金属间化合物母材向钎缝的溶解和扩散，这是形成界面结构的主要控制因素。钎缝金属在冷却过程中形成了由多个反应层组成的界面结构。采用其他钎料也有类似的情况。

(四) TiAl 金属间化合物的高温钎焊

TiAl 金属间化合物具有高弹性模量、高比强度、良好的抗蠕变性能和抗氧化性能，可以在 800℃温度下长期工作。加上密度较低，是一种很好的轻质耐高温结构材料。可以用来制造发动机高温部件、高速飞行器起动推进器零件、汽车排气阀等。但是，这些制品避免不了需要与其他零件连接。较好的连接方法是钎焊，但是，采用的钎料多为 Ag 系或者 T 系，前者的钎焊温度约为 800℃，后者的钎焊温度约为 900℃，达不到 TiAl 金属间化合物的工作温度，这就限制了这种材料的发挥。应当提高其接头的工作温度，这就要求提高钎焊接头的工作温度，需要开发高温钎料。

1. 材料

TiAl 金属间化合物的化学成分为（原子分数）Ti-48Al-2Cr-2Nb，采用两种新的 CoFe 基和 Fe 基钎料，前者加入一定量的 Cr、Ni，还加入了 Si、B 以降低熔点；后

者加入一定量的Cr、Co，也加入了少量Si、B以降低熔点。还采用了Bni82CrSiB牌号的Ni基钎料进行比较。

2. 钎焊工艺

加热1200℃、保温10min进行CoFe基和Fe基钎料的润湿性试验，加热1150℃、保温10min进行Ni基钎料的润湿性试验。钎焊参数为加热1180℃，保温10min，都是在真空中进行，真空度5×10^{-3}Pa。

3. 试验结果

CoFe基、Fe基（相同配方的粉状物）对TiAl金属间化合物的润湿角分别为30.32°和34.28°，润湿性相当不错。CoFe基、Fe基（相同配方的粉状物）和Ni基钎料（薄片）对TiAl金属间化合物的熔蚀深度（反应层厚度）分别为0.20mm、0.12mm和0.25mm，可见，三种钎料对TiAl金属间化合物的激烈程度以Ni基钎料最激烈，Fe基钎料最弱。

五、扩散焊

（一）真空直接扩散焊

扩散焊是一种有效的焊接TiAl金属间化合物的方法。但是由于TiAl金属间化合物的扩散激活能较高，塑性变形的流变应力较大，因此扩散焊所需的温度高、时间长。

1. Ti-Al38（摩尔分数，%）的金属间化合物的真空扩散焊

在焊接温度为1200℃，保温时间为64min、加压15MPa和26MPa的条件下对Ti-Al38（摩尔分数，%）金属间化合物的铸造材料进行真空扩散焊，得到了没有界面显微空洞和界面氧化良好的焊接接头。接头的室温抗拉强度为225MPa，断于母材；但是，在800℃和1000℃的温度下进行拉伸时，接头断于结合面，其抗拉强度比母材低约40MPa。其原因在于界面扩散迁移较少，断面平坦。为了促进界面扩散迁移，以改善1000℃的高温抗拉强度，可以对接头进行再结晶热处理。将上述真空扩散焊得到的焊接接头在温度为1300℃、保温时间为120min和1.3MPa真空度的条件下进行再结晶热处理后，其晶粒直径由焊态的65μm提高到130μm，这时：1000℃的接头抗拉强度为210MPa，断于母材。真空扩散焊时真空度对1000℃的接头抗拉强度也有影响，提高焊接时的真空度有利于改善接头的高温强度。

2. Ti-Al48（摩尔分数，%）金属间化合物的真空扩散焊

TiAl金属间化合物的熔点为1450℃，真空扩散焊温度一般由经验公式$T_{焊}=0.53\sim0.88T_{熔}$来选择。而焊接压力应该能够达到实现微观变形和增加接触面积

的目的。要达到此目的，所加压力应当大于或者等于焊接温度下材料的显微屈服强度，根据有关经验选用。保温时间的作用主要是应该保证接头形成连续的反应层，在接触面上产生再结晶过程。保温时间太短，这个过程不完全；保温时间太长，母材晶粒长大。但是焊接温度、保温时间和焊接压力三者必须密切配合，才能获得具有最佳性能的焊接接头。

(二) 采用中间层的扩散焊

采用中间层可以改善表面接触、促进塑性流动和扩散过程。中间层的化学成分、添加方式和厚度对于接头性能都有重要影响。

采用（质量分数，%）Ti-18Al 合金及 Ti-45Al 合金作为中间层，在扩散焊接过程中，将发生元素的扩散，但是，接头强度不高。若在焊后进行 1150 ~ 1350℃的热处理，进行充分的扩散，连接界面的组织与母材趋于一致，接头的强度和塑性都得到改善，达到母材的水平。

采用较低熔点的 Ti-15Cu-15Ni 合金作为中间层进行液相扩散焊，还可以进行超塑性扩散焊接。

(三) TiAl 金属间化合物之间的直接超塑性扩散焊接

1. 材料

采用全 γ-TiAl 合金 [质量分数（%）Ti-33Al-Cr]，母材采用水冷铜真空感应熔炼后，铸锭经过 1400℃ × 48h 氩气保护进行扩散退火和在 1250℃ × 4h × 175MPa 的热等静压处理，以消除化学成分偏析和疏松。切割出试样，在真空条件下进行直接超塑性扩散焊接。焊接参数为 1250℃ × 1h × 30MPa。母材组织有三种状态：铸态为粗大全层片状组织，平均晶粒尺寸为 1500μm；经过包套锻复合热机械处理得到的细小双状组织，平均尺寸为 7μm；细小近层片状组织，平均尺寸为 10μm。经过包套锻复合热机械处理得到的细小组织具有超塑性，在 1075℃、3×10^{-5}/s 的拉伸条件下，断后伸长率可达 333%。

2. 试验方法

焊接参数为 1250℃ × 1h × 30MPa。采用三种组织试样：铸态粗大全层片状组织（CL，Coarse full-thickness lamellar），其平均晶粒尺寸为 1500μm；包套锻复合热机械处理获得的细小双状组织（FD，Fine diploid），其平均晶粒尺寸为 7μm；细小近层片状组织（FNL，Fine near-layer lamellar），其平均晶粒尺寸为 10μm。细小晶粒组织具有良好的超塑性，以细小双状组织（FD）为例，在 1075℃、3×10^{-5}/s 的拉伸速度下，其应变速率敏感系数高达 0.55，可以得到 333% 的断后伸长率。

3. 接头组织和性能

（1）CL/CL 焊接偶。焊接参数为 1250℃ ×1h×30MPa 时，接头的抗拉强度为（315～401）/360MPa，断后伸长率为（0.2～0.5）/0.28。其结合面达到 95%，拉伸试样有 50% 是断在焊接界面上。

（2）FD/FD 焊接偶。焊接参数为 1250℃ ×1h×30MPa 时，接头的抗拉强度为（496～514）/504.5MPa，断后伸长率为（0.8～1.1）/0.92。其结合良好，拉伸试样全部断在非焊接界面上。

(3)FNL/FNL 焊接偶。焊接参数为 1250℃ ×1h×30MPa 时，得到了完全的结合，不存在残余空隙，其显微组织与母材没有差别。接头的抗拉强度为（503～559）/513.5MPa，断后伸长率为（1.7～2.1）/1.87。其结合良好，拉伸试样全部断在非焊接界面上。

（4）CL/FD 焊接偶。CL/FD 焊接偶，其细小晶粒一侧可以发生超塑性变形，也可以得到较好的焊接界面。

六、自蔓延高温合成（SHS）

自蔓延高温合成（SHS，Self–propagation High–temperature Synthesis）用于 TiAl 金属间化合物的焊接，可以采用梯度材料，加入增强相，以缓解异种材料接头的残余应力；具有快速热循环的特点，对母材影响小；节约能源，生产率高。

用 Al 和 Ti 的混合粉末压成的薄片（比如 1mm）作为中间层对 TiAl 金属间化合物进行 SHS 焊接。中间层经过焊接过程得到的组织为 Ti、α_2 相和 TiAl，组成的混合组织，在经过 1200℃热处理之后，其显微组织与母材无异，其室温和高温为 800℃，抗拉性能都与母材相当，达到 400MPa 以上。

自蔓延高温合成（SHS）还可以用于 TiAl 金属间化合物与陶瓷的焊接。

（1）中间层的选择，首先要能够发生自蔓延高温合成反应，发生自蔓延高温合成反应需要有高放热反应的组元。根据化学反应热力学的要求，反应体系中应该含有活泼金属和小原子非金属，同时还要有能够降低反应引燃温度的组元。常用的活泼元素一般有 Ti、Zn 和 Ni，小原子非金属元素一般为 C、N 和 B。选用中间层元素时还需要考虑反应产物与母材的相容性，因为母材是 TiAl 金属间化合物，还应该有低熔点组元，以降低反应温度，Al 能够满足这一要求，而且 Ti 和 Al 的反应产物与母材的相容性极好，当然选用 Ti 和 Al；而小原子非金属元素的 N 是气体，不能用；B 虽然反应的放热量也很高，但是与 TiAl 金属间化合物的相容性太差；而 C 不仅反应的放热量很高，而且与 TiAl 金属间化合物的相容性也很好。于是选择 Ti-Al-C 作为自蔓延高温合成焊接的中间层材料。

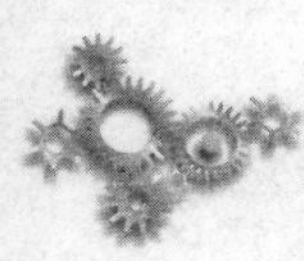

(2) TiAl金属间化合物的自蔓延高温合成焊接工艺选用Ti-Al-C作为自蔓延高温合成焊接的中间层材料，经过试验，结果最佳配比(质量分数)为Ti：Al：C=5：4：1。采用纯度大于99.5%的粉末，经过混合后以500MPa的压力压制成为致密度60%~70%的坯料。在高频感应设备中进行自蔓延高温合成焊接，焊接过程中，保持40MPa的轴向压力。

七、摩擦焊

摩擦焊用于TiAl金属间化合物的焊接，可以节约能源。摩擦焊基本上可以保持母材的性能。但是，母材形状和接头形式受到限制。

TiAl金属间化合物的同种材料摩擦焊焊接接头的组织性能，不仅决定于冷却速度，而且还受到加压过程中塑性变形的影响。良好的摩擦焊接头的显微组织主要为片状，其硬度有明显提高，中心部位可以达到380HV。

TiAl金属间化合物也可以进行异种材料(比如与钢)的摩擦焊。可以不采用中间层，也可以采用中间层。不采用中间层时，在钢侧会形成TiC层，还会形成FeAl和Fe_2Ti金属间化合物。冷却速度加快时，还会在交界面上形成马氏体，产生较大的残余应力。这样，会产生裂纹；接头强度还会降低，最大只有120MPa。而采用中间层，比如采用纯Cu作为中间层时，会形成$TiAl/AlCu_2Ti/Al\text{-}Cu_2Ti/TiCu_4/$钢的层状组织，不会产生裂纹。接头的抗拉强度还随着中间层厚度的减小而增大。当中间层厚度在0.2~0.3mm时，接头的抗拉强度可以达到345~375MPa，在TiAl母材处断裂。

采用摩擦焊并使其加热温度低于发生γ转变为α相的温度(1130~1375℃的温度范围内)，就可以避免焊接接头硬脆化和产生裂纹。

第三节　Ni-Al金属间化合物的焊接

一、Ni_3Al金属间化合物的焊接

(一) Ni_3Al金属间化合物的焊接性

Ni3Al金属间化合物除了塑性不利于焊接，还由于其Al含量较高，易在表面形成连续的Al，03保护层而使焊接性更差，常用的焊接方法，如熔焊或摩擦焊等都不适于焊接Ni3Al金属间化合物，采用扩散和钎焊来焊接Ni3Al金属间化合物是较为合适的。

Ni_3Al 金属间化合物具有独特的高温性能，但是，由于其多晶体的室温塑性很低而无法加工使用。在发现加入微量 B 能够显著改善其室温塑性后，又在含有微量 B 的 Ni_3Al 金属间化合物中加入 Fe、Mn、Cr、Ti、V 等合金元素，形成了一系列室温塑性好和高温强度高的 Ni_3Al 金属间化合物。这种 Ni_3Al 金属间化合物的焊接性的主要问题是焊接裂纹。

在采用电子束焊对热量进行精确控制时，在一定的条件下可以得到无裂纹的焊接接头，这主要与焊接速度和 Ni_3Al 金属间化合物中的 B 含量有关。随着焊接速度的增大，裂纹率随着增加。B 含量对 Ni_3Al 金属间化合物的热裂纹倾向的影响存在一个最佳值，这个最佳值约为质量分数的 0.02%。含 B 的 Ni_3Al 金属间化合物电子束焊焊接热影响区的热裂纹倾向比焊缝还大。这可能是因为过高的 B 含量一方面容易在晶界形成脆性化合物，而且还可能是低熔点的，因此，会导致热影响区的局部熔化和热塑性降低，从而引起热影响区的热裂纹。但是，在含 B 的 Ni_3Al 金属间化合物电子束焊焊接热影响区的热裂纹表面并没有发现局部熔化现象。因此，适当地降低 B 含量，虽然其室温塑性会有一定降低，但是，对于改善 Ni_3Al 金属间化合物电子束焊的焊接性是非常有利的。

（二）Ni_3Al（IC6）的钎焊

1. Ni_3Al（IC6）的修补（大间隙）钎焊

IC6 合金是一种我国自行研究开发的、具有优异综合性能、可以用于燃气涡轮发动机导向叶片的新型 Ni_3Al 基定向凝固高温合金，可用于 1100℃的材料。其特点是成分简单，资源位于国内，不含稀贵元素 H、Ta、Re、Co 等，成本低。从室温到 1200℃，都具有较高的屈服强度和较好的塑性，在 760 ~ 1100℃范围内，具有较高的蠕变强度，在 1100℃100h 的蠕变强度为 100MPa。但有时会出现铸造裂纹，若能进行焊补，则可提高经济效益。但难以用熔焊的方法进行焊补，打磨后可采用预填 Rene’95 高温合金粉，再将钎料置于高温合金粉上进行焊补，不用熔化母材。

（1）材料。IC6 合金母材的名义成分（质量分数，%）为 Ni-12 ~ 14Mo-7 ~ 9Al-<0.1B。

（2）钎焊工艺。钎焊在真空炉中进行，真空度为 5×10^{-3}Pa。

2. Ni_3Al（IC6）的真空钎焊

（1）材料。采用三种钴基钎料：Co45CrNiWBSi、Co45CrNiWB 和 N30OE，其中的 Co45CrNiWBSi 类似于美国的 N300，后两种是在 Co45CrNiWBSi 基础上去除了 Si 经过调整而得到的。它们的熔化温度依次为 1040 ~ 1120℃、1148 ~ 1216℃和 1120 ~ 1169℃。三种钎料都是使用 150 目的粉末。

（2）钎焊工艺。Co45CrNiWBSi 和 N300E 的钎焊温度都是 1180℃，Co45CrNiWB

的钎焊温度是1220℃，保温时间4h，真空度优于2×10^{-2}Pa。

(3) 接头组织。采用上述三种钎料真空钎焊IC6的接头性能良好，可以得到完整致密的接头。Co45CrNiWBSi接头中化合物相最多。

N300E钎料的钎焊接头与Co45CrNiWBSi接头相比，钎缝中化合物相减少很多。与Co45CrNiWBSi钎料一样，经过1180℃ ×4h的钎焊过程，钎料与母材也发生了激烈的反应，钎缝基体也从钴基变为镍－钴基。由于N300E钎料中的硼含量比Co45CrNiWBSi少(前者约为后者的60%)，因此近缝区的针状硼化物相大幅减少。

Co45CrNiWB作为钎料钎焊接头中的化合物数量比前两者都少，少量白色块状化合物断断续续分布在钎缝中心。能谱分析表明钎缝中白色块状相为富W的M，B3硼化物相。近缝区的针状硼化物相与N30OE钎料的钎焊接头相当，这是因为两种钎料中的B含量相当。

总之，三种钎料的钎焊接头的显微组织都是含有少量y相的镍－钴基固溶体上分布着不同数量的化合物相，近缝区母材有针状硼化物相。其中Co45CrNiWBSi接头中化合物相最多，Co45CrNiWB作为钎料钎焊接头中的化合物数量最少。

(4) 钎焊接头的持久性能：Co45CrNiWBSi的寿命最短，Co45CrNiWB的寿命最长，N300E的寿命居中。

(三) Ni_3Al金属间化合物的自蔓延高温合成(SHS)焊接

自蔓延高温合成(SHS)技术是一种非常适合金属间化合物焊接的方法，这种工艺实质上是古老的铝热焊的又一个应用。其特点是通过材料内部化学反应产生的化学能来达到形成接头所需要的高温以及由原位燃烧合成来得到所需要的填充材料。其优点是由于反应是在焊接区内进行的，因此，加热直接，加热区集中，加热效率高，且限制了母材的热损伤，同时，还可以根据需要来通过反应物的合理配比原位合成与母材成分和性能相适应的接头。

1. 自蔓延高温合成(SHS)焊接铸造Ni_3Al金属间化合物工艺

用自蔓延高温合成(SHS)焊接铸造Ni_3Al金属间化合物IC-221M，其质量分数为Ni81.14%、Al7.98%、Cr7.74%、Zr1.7%、B0.008%、Mo1.43%；焊接用的填充材料为加微量B的富镍Ni_3Al金属间化合物，其名义成分：质量分数为Ni87.2%、Al2.7%、B0.1%。所用的Ni粉纯度的质量分数为大于99%，颗粒直径小于45μm；Al粉纯度的质量分数为大于99%，颗粒直径为10～15μm。取0.5g混合粉末冷压成φ10mm的薄圆片。将这个薄圆片夹在两块铸造Ni_3Al金属间化合物IC-221M之间，直接在Gleeble-1500热—力模拟试验机上，在真空度6.7×10^{-2}Pa下进行自蔓延高温合成。将压制成形后的粉末体置于被焊材料之间，利用粉末体内化学反应产生的热

量加热合成产物作为填充材料在压力下实现被焊材料的焊接。

采用热爆模式在真空度 6.7×10^{-2}Pa 下进行自蔓延高温合。在 400℃保温 30min 是为了保证试样温度的均匀及排除粉末颗粒之间的气体。

2. 自蔓延高温合成（SHS）焊接条件对焊接质量的影响

（1）加热速度的影响。采用不大于 45μmNi 粉与 10～15μmAl 粉压制成质量分数为 Ni85%～87%+Al15%～13% 的坯料，经过 960℃（加热温度）×30min（保温时间）×85MPa（压力）的 SHS 焊接，即可得到加热速度分别为 2℃/s 和 20℃/s 的 SHS 焊接后的接头组织。

焊缝中存在黑、白、灰三种不同的相，电子探针分析表明，组织中占主体的灰色相为 Ni_3Al，黑色相为 Ni_5Al_3，少量白色相为反应残留的 Al 在 Ni 中的固溶体。

由此可知，在 SHS 焊接过程中，Ni 和 Al 并不是直接反应而成为 Ni_3Al。由于在 SHS 焊接温度下，Al 是处于熔化状态，易于发生液态 Al 向固态 Ni 的缝隙扩散，及 Ni 向液态 Al 中扩散，从而发生反应生成 Ni 和 Al 之间的化合物。

随着加热速度的提高，焊缝中的黑色相 Ni_5Al_3 和白色相（反应残留的 Al 在 Ni 中的固溶体）明显减少。这是由于加热速度的提高，使其迅速形成液态相以及加快液态的流动，使得化合反应加快，反应生成的中间相减少。

（2）焊接温度的影响。45μmNi 粉与 15μmAl 粉压制成质量分数为 Ni85%+Al15% 的坯料，经过分别加热 700℃、960℃和 1100℃（焊接温度）×30min（保温时间）×85MPa（压力）的 SHS 焊接。结果表明，700℃的焊接温度时，尽管坯料内发生了部分合成反应，但是，并没有与母材焊上。当焊接温度提高到 960℃时，接头组织由 Ni_3Al、Ni_5Al_3 和反应残留的 Al 在 Ni 中的固溶体组成。当焊接温度提高到 1100℃时，接头组织由单相 Ni_3Al 组成，这时焊缝组织为等轴晶，但是晶粒大小很不均匀，焊缝中心晶粒较粗，与母材交界处晶粒较细。这是焊缝中心温度较高，而交界处由于母材导热而使温度相对较低的缘故。由上述结果可以看出，随着焊接温度的提高，其合成反应进行得比较彻底，与母材的结合也更好。

（3）压力的影响。通过温度为 960℃（焊接温度）×30min（保温时间）时，焊接压力分别为 35MPa 和 85MPa 的 SHS 焊接焊缝组织的照片。可以看到随着焊接压力的增大，焊缝中的孔隙减少，焊缝组织也较均匀。但是，焊接压力也不能太大，否则，造成母材变形太大，还容易出现裂纹。

（4）保温时间的影响。在 SHS 焊接过程中，在相同焊接温度下进行适当时间的保温，有利于焊缝中原子之间的扩散，以利于得到单相 Ni_3Al 组织，并使之均匀化。

在 SHS 焊接条件下，仅单靠高温下的化学反应是难以将反应进行到底的，更不要说得到均匀的单相组织。这说明这一化学反应本身是需要一个过程的，而组织均匀化也需要一定的过程，因此，SHS 焊接必须有一定的保温时间。以 Ni 粉和 Al 粉的烧结坯为填充材料进行 Ni_3Al 的 SHS 焊接时，采用 1100℃（焊接温度）× 60min（保温时间）× 35MPa（压力）的规范可以得到质量较好的焊接接头。

（5）粉末粒度的影响。在 SHS 焊接中，反应物的粒度对反应过程影响极大。在用 SHS 法形成 Ni_3Al 的过程中，应当使 Ni 及 Al 的颗粒充分接触。若 Al 的颗粒过大，不能形成对 Ni 颗粒的充分包围，致使反应不充分，造成孔隙率较大。但是，Al 的颗粒也不能过小，这是因为 Al 是极易氧化的元素，在 Al 的颗粒表面往往包围一层氧化膜，虽然在焊接加热过程中，氧化膜会破坏，但是，由于破碎的氧化膜的存在，阻碍了 Ni 和 Al 的充分接触反应，因而降低了 SHS 反应的程度。试验表明 Ni 及 Al 的颗粒度比保持在 3：1 较为合适。

3. 自蔓延高温合成（SHS）焊接接头力学性能

在 50MPa 的压力下，加热速度为 20℃ /s、温度为 1100℃、保温时间为 30min 时，就可以实现 Ni_3Al 的焊接，得到单相等轴的 Ni_3Al 焊缝组织；若将保温时间延长到 60min 时，焊缝晶粒尺寸有所增大。这两种条件下所得到的显微硬度分布都很均匀，且变化不大。

（四）Ni_3Al（IC10）的焊接

1. Ni_3Al（IC10）的 TLP 扩散焊

Ni_3Al 基高温合金 IC10 是我国研制的定向凝固的多元复合强化性高温合金，主要用于航空发动机的导向叶片，其制造过程需要焊接连接。

（1）母材的化学成分和组织。母材为 Ni_3Al 基合金 IC10。采用定向凝固方法铸造，组织为 $\gamma+\gamma'$，γ' 呈块状分布，γ 在 γ' 周围呈网状分布。经过（1260 ± 10）℃、保温 4h、然后油冷，或者空冷处理后的组织均匀化处理之后，仍然是 γ 在 γ' 周围的网状组织。γ 相为 20% ~ 30%，γ' 为 65% ~ 75%，还有少量的硼化物和碳化物。

（2）采用不同中间层材料：

①采用 KNi-3 作为中间层。

焊接工艺：焊接温度（1240 ± 10）℃，保温 4h 和 10h。

接头组织：从加热 1240℃，分别保温 4h 和 10h 的显微组织，可以看到，在保温 4h 时，接头由 γ 相基体、大块 γ' 相、块状硼化物和少量碳化物组成；而保温 10h 的接头则是大块 γ' 相、块状硼化物和少量变得细小的碳化物，均匀地分布在 γ 相基体中，接头组织与母材基本相似，连接良好。

接头力学性能：室温接头强度为（705 ~ 894）/772MPa；980℃的接头强度为（530 ~ 584）/561MPa，断后伸长率（1.2% ~ 2.8%）/2.23%。980℃、100h 的高温持久

强度为 120MPa，达到母材的 80%。

②采用 YL 合金作为中间层材料。YL 合金作为 IC10 的 TLP 扩散焊专用中间层材料，其化学成分与 IC10 相近，去除了 Hf、C，加入了 B，加入 B 是为了降低其熔点。

A. 焊接工艺。焊接温度为 1270℃（母材的固溶温度），分别保温 5min、2h、8h、24h。

B. 接头组织特征。

a. 焊接过程中接头组织的变化。在保温很短的条件下，就可以形成良好的焊接接头，焊缝明显变宽，在与 IC10 母材两侧的界面上形成了花团状 γ+γ' 共晶（焊缝中央的黑色组织），还有鱼骨状化合物 1（硼化物）和大块网状组织 2（Ni-Hf 共晶）。保温 2h 后，除了在 γ+γ' 共晶边缘还有一些硼化物，焊缝组织已经基本与母材一致，焊缝宽度也变窄。保温 8h 之后，焊缝宽度进一步变窄。保温 24h 之后，接头组织已经均匀化，看不出焊缝与母材的交界。

这个 TLP 扩散焊接头的形成过程大致如下：首先中间层合金熔化，由于中间层合金中含有 Al、Ta 等 γ' 相形成元素，而且 H、B 等降低熔点的元素能够促进共晶的形成，所以在中间层与母材靠近的两侧界面上形成了大量连续的花絮状 γ+γ' 共晶，从而排出 Cr、Mo、W 等元素，在共晶的周围形成了 Cr、Ta 的硼化物。这个过程的时间很短，焊缝宽度已经超过中间层厚度，说明已有部分母材溶解。同时，中间层与母材之间发生元素的相互扩散，中间层中的硼向母材扩散，使得母材的熔点降低而熔化，冷却过程中形成大量硼化物。随着保温时间的增加，由于 B 原子的直径小，容易扩散，因此，近缝区的 B 含量逐渐减少，组织逐渐趋于均匀化。

b. γ' 形态的变化。在保温时间较短时 γ' 相形貌近似为球形；而保温时间增加之后，则逐渐变为四方形，还有一些田字形，而且，晶粒也会长大。这是因为 γ' 相的析出受到界面能和共格变形能的控制，保温时间短，还来不及长大，因此，呈现为球状；随着保温时间的延长，γ' 相长大，会破坏共格，而形成部分共格界面，形状趋于方形以减少共格弹性能。

在镍基高温合金中，Al、Ti、Nb、Ta、V、Zr、Hf 等是 y' 形成元素，而 Co、Cr、Mo 是 γ 形成元素，W 大致分配在 γ' 相和 γ 相中，所以，可以用（Al+Ti+Nb+Ta+V+Zr+Hf+1/2W）的质量分数作为 γ' 的形成因子，γ' 的形成因子越大，γ' 相就越多。由于中间层中去除了 Hf，所以 y' 的形成因子只有 Al、Ta、W，因此，γ' 的形成因子不大。在保温 5min 时，在焊缝形成大量硼化物，母材中的 Hf 扩散进入焊缝，形成 Ni-Hf 共晶，所以焊缝中 γ' 的形成因子较小，γ' 含量较少，尺寸也小，容易成为球形；在保温时间增加之后，焊缝成分趋于均匀，基本与母材一致，γ' 的形成因子增大，γ’含量也增加，尺寸变大，成为四方形。

2. Ni_3Al（IC10）的电子束焊

Ni_3Al（IC10）的电子束焊焊接接头具有比较大的裂纹倾向。

（1）电子束焊焊接接头形貌特征引起的应力。电子束焊焊接接头的光镜照片呈现钉子头形状，这说明在深度方向上存在较大的温度梯度。在焊缝截面突变的钉帽的颈部和顶尖部，温度梯度更加严重，能够产生较大的残余应力。从而为在热影响区产生微小的冷裂纹提供了可能性。

（2）电子束焊焊接固有的热冲击特性对焊缝组织的损伤。高能电子束瞬时的高温引起热扰动，而其他部位的温度分布明显滞后于这种热扰动，这样对工件产生强烈的热冲击效应。IC10 是一种对热很敏感的材料，晶界结合力和形变协调能力差，因此，在受到热冲击的部位容易形成裂纹源。电子束焊焊接的这种热冲击效应会进一步加速和恶化，使得微裂纹扩展为宏观裂纹。

（3）焊接接头的元素偏析。IC10 是一种复合型强化铸造合金，其组织主要由γ相基体、γ’强化相、γ+γ’共晶和碳化物组成。合金中 Al 含量较高，增大了合金的热裂纹倾向；合金中还含有体积分数小于 1% 的低熔点物质 NH_5Hf 分布在 γ+γ’共晶边缘。由于电子束焊的冷却速度很快，在焊缝中心会引起严重偏析，大量低熔点物质及硼化物集聚在焊缝中心，两侧的柱状晶也在这里交会，导致焊缝中心成为焊接接头的薄弱环节，容易在这里产生热裂纹。

因此，Ni_3Al（IC10）的电子束焊仍然需要进一步研究，以消除热裂纹的产生，提高焊接接头质量。

二、Ni_3Al 金属间化合物与镍基合金的钎焊

(一) 材料

由于 Ni_3Al 金属间化合物 IC10 是铸造生产，表面不平，因此，需要将其大间隙填平，这就需要采用 Rene’95 高温合金粉末。钎料采用 Co50CrNiWB。

(二) 钎焊工艺

Ni_3Al 金属间化合物与镍基合金的钎焊工艺为：间隙 0.1mm，真空度 5×10^{-2}Pa，加热温度 1180℃，保温时间 30min。

（三）钎焊接头组织

1. 窄间隙钎焊

钎缝的固溶体基体与 GH3039 母材之间已经没有明显的界线，在钎缝的固溶体基体上连续分布着骨骼状硼化物。呈连续分布的骨骼状灰色相为富 Gr 的硼化物相，黑色块状相可能是 TiN。

2. 大间隙钎焊

钎缝与 GH3039 母材之间已经看不到界线。Rene’95 高温合金粉之间的钎缝为固溶体，基体上分布着大量的骨骼状硼化物相，这种骨骼状硼化物相分为白色骨骼状硼化物相和灰色骨骼状硼化物相，白色骨骼状硼化物相为富钨的硼化物相，灰色骨骼状硼化物相为富铬的硼化物相。灰色相与灰色骨骼状硼化物相一样为富铬的硼化物相。Rene’95 高温合金粉之间的钎缝为镍－铬固溶体基体。Ni_3Al 金属间化合物 IC10 与镍基合金 GH3039 大间隙钎焊接头的组织更为复杂。

三、Ni_3Al 金属间化合物与钢的焊接

（一）Ni_3Al 金属间化合物与碳钢的焊接

碳钢中合金元素含量小，可以与 Ni_3Al 金属间化合物直接进行真空扩散焊，而不需要加中间层。

Ni_3Al 金属间化合物与碳钢之间的润湿性和相容性很好，在扩散界面上母材之间能够紧密结合，形成的扩散层厚度为 20 ~ 40 μm。

Ni_3Al 金属间化合物的硬度为 400HV。越接近 Ni_3Al 与碳钢的扩散界面，由于扩散显微空洞的存在以及扩散元素含量的不同，导致 Ni_3Al 金属间化合物的晶体结构发生无序转变，显微硬度降低到 230HV。而在 Ni_3Al 与碳钢的扩散接头的中间部位，由于扩散焊时经过焊接热循环而使组织细化，显微硬度升高到 500HV。随后显微硬度又下降到焊后碳钢母材的显微硬度 200HV。

Ni_3Al 金属间化合物与碳钢的扩散焊焊接接头的使用性能，主要决定于各种合金元素在界面附近的分布情况。

（二）Ni_3Al 金属间化合物与不锈钢的焊接

Ni_3Al 金属间化合物有比不锈钢更高的耐高温和耐腐蚀性能，因此，在对零部件要求耐高温腐蚀性能较高的条件下，就要求进行 Ni_3Al 金属间化合物与不锈钢的焊接。

在焊接温度1380℃保温30min与焊接温度1200℃保温60min条件下，Ni_3Al金属间化合物与不锈钢扩散焊焊接接头的显微硬度升高到450HV，在靠近不锈钢一侧，显微硬度逐渐降低到不锈钢母材的水平220HV。

第四节 Fe–Al金属间化合物的焊接

一、Fe_3Al金属间化合物的焊接

(一) Fe_3Al金属间化合物的焊接接头的裂纹倾向

1. Fe_3Al金属间化合物的焊接接头的冷裂纹倾向

(1) Fe_3Al金属间化合物的焊接接头产生冷裂纹的敏感性。Fe_3Al金属间化合物的焊接接头产生冷裂纹的条件也遵循一般的三原则：材料的脆化、接头的应力状态、氢引起的脆化。Fe_3Al金属间化合物的焊接接头对于这三个方面的性能都是不利的。

① Fe_3Al金属间化合物的焊接接头的脆性。在焊后冷却的条件下，在转变温度T(约550℃)时，将发生B2向DO3的转变，DO3比B2的脆性大，是一种脆性组织。

② Fe_3Al金属间化合物的焊接接头的应力状态。Fe_3Al金属间化合物的导热系数小，热胀系数大，因此焊接接头的残余应力大。

③氢的作用。Fe_3Al金属间化合物熔体的黏度大、流动性差，不利于氢气的排出，导致焊缝中氢的含量增大。

综合上述分析，Fe_3Al金属间化合物的焊接接头产生冷裂纹的敏感性还是比较大的。

(2) 防止Fe_3Al金属间化合物的焊接接头产生冷裂纹的措施。

①采取低氢焊接。干燥焊接材料，彻底清理焊接材料(包括母材和填充材料)，加强对焊接区的保护(采用高纯度惰性气体保护，或者在真空下进行焊接)，进行预热、后热或者预热加后热。

②改善焊缝金属性能。采用合适的填充材料，改善焊缝金属组织，降低焊缝金属的脆性，提高塑性。

③降低Fe_3Al金属间化合物的焊接接头的残余应力。进行预热、后热或者预热加后热，选择合适的填充材料，以缓解焊接接头的残余应力。

综合上述分析，最有效的防止Fe_3Al金属间化合物的焊接接头产生冷裂纹的措施还是预热、后热或者预热加后热。

2. Fe_3Al 金属间化合物的焊接接头的热裂纹倾向

Fe_3Al 金属间化合物的焊接接头产生热裂纹的敏感性仍然决定于冶金因素和力学因素。对焊缝金属进行变质剂处理，如采用 B、Cr、Nb、Mn、C 等元素作为变质剂。采用变质剂的原则应该是能够避免产生低熔点共晶，增大焊缝金属的塑性和强度，以及缓解焊接接头的残余应力。

采用合适的焊接工艺，主要是采用合适的焊接速度和焊接热输入。

Fe_3Al 金属间化合物的脆性较大，在水汽环境中氢脆敏感性很高，容易产生焊接冷裂纹。采用常规的熔焊方法难以进行焊接，但是，采用真空扩散焊，选用合理的焊接参数可以成功地实现焊接；也可以采用钨极氩弧焊进行 Fe_3Al 金属间化合物的堆焊。

（二）Fe_3Al 金属间化合物的熔焊

1. 焊条电弧焊

（1）焊条直径为 2.5mm，焊接电流为 100 ~ 120A，电弧电压为 24 ~ 26V，焊接速度为 0.2 ~ 0.3cm/s，焊接热输入为 8.84 ~ 13.26kJ/cm;

（2）焊条直径为 3.2mm，焊接电流为 125 ~ 140A，电弧电压为 24 ~ 27V，焊接速度为 0.25 ~ 0.35cm/s，焊接热输入为 9.18 ~ 12.85kJ/cm。选择 E310-16 焊条。

2. Fe_3Al 金属间化合物的 TIG 焊

（1）Fe_3Al 金属间化合物的 TIG 焊的裂纹倾向。

① Fe_3Al 金属间化合物的 TIG 焊产生的裂纹。焊丝采用 Fe_3AlCr、CrMo 钢(FCM)、18-8Ti 不锈钢、Ni 基高温合金 [Ni2(主要成分是 Ni)、Ni82 和 Incone1625(成分为 80Ni-20Cr)、C-4(成分为 68Ni-16Cr-Mo）]，焊丝直径为 2.5mm。

Fe_3Al 金属间化合物的 TIG 焊既有热裂纹倾向，也有冷裂纹倾向。其中 CrMo 钢（FCM）焊丝最好，没有出现任何裂纹，也没有咬边、焊穿、未焊透等缺陷。

② Fe_3Al 金属间化合物 TIG 焊产生裂纹的影响因素。

A. 材料的影响。可以看到，对于母材来说，形成焊接裂纹的敏感性为 Fe_3Al（Cr）<Fe, Al（CrNbC）<Fe-16Al（CrMoNbYC）；对于焊丝来说，CrMo 钢（FCM）焊丝最好，其次是 Ni82 和 Incone1625。

对于焊丝来说，采用 CrMo 钢（FCM）焊丝时，由于它除含有 Fe 之外，还含有 Cr，焊丝易于与母材充分熔合，并且利于成分均匀化，母材与焊缝化学成分连续变化。焊接接头各区的化学成分相差不大，是连续变化的。

焊缝金属呈现出联生结晶的良好的熔焊形貌。而采用 Ni 基焊丝时，熔化区焊缝化学成分与母材有很大差异，组织呈现不连续的变化，造成不熔合。

B. 焊接工艺的影响。

a. 焊接电流的影响。采用CrMo钢（FCM）焊丝时，降低焊接电流（焊接线能量）可以得到良好的焊接接头。采用本体焊丝Fe_3Al（Cr）时，对焊接电流（焊接线能量）的变化比较敏感，电流较大时产生裂纹，电流较小时，就可以避免裂纹。采用小焊接电流（焊接线能量），用焊丝Fe_3Al（Cr）能够成功地焊接Fe_3Al（CrNbC），而且对Fe-16Al（CrMoNbYC）更加明显。随着焊接电流（焊接线能量）的降低，能够由无法焊接到实现对接。

减小焊接电流（焊接线能量），还能够减小角变形，减轻氧化，加强熔池流动，有利于焊缝组织的均匀化和成形，还可以细化晶粒。

b. 预热和缓冷。Fe_3Al的热导率较小而线胀系数较大，因此容易产生大的残余应力而产生裂纹。采用预热和缓冷的工艺措施，有利于减少裂纹的产生。

Fe_3Al金属间化合物也有脆性转变现象，其脆性转变温度在300℃左右。因此，也具有较大的冷裂纹敏感性，其产生冷裂纹的条件与钢相同，也是有明显的氢脆现象和延迟产生的特征。所以预热和缓冷可以有效地避免冷裂纹的产生。预热到400℃就可以有效地防止冷裂纹的产生。过高的预热温度，会导致晶粒粗大，反而会增大产生冷裂纹的敏感性。

c. 焊接参数的优化。焊前预热400℃，保温2h，焊后随炉冷却，焊接电流为50～80A，电弧电压为8～15V，焊接速度为0.5～2mm/s，氩气正、反面流量分别为20L/min和10L/min，就可以得到良好的焊接接头。

（2）Fe_3Al金属间化合物的TIG焊接。

①焊接工艺。采用Cr23-Ni13作为填充材料，焊接条件为：焊接电流100～115A，电弧电压11～12V，焊接速度0.15～0.18cm/s，氩气流量7L/min，焊接热输入5.5～6.9kJ/cm。

②Fe_3Al金属间化合物的TIG焊接接头的组织。

A. Fe_3Al金属间化合物的TIG焊缝金属的化学成分与组织。

a. Fe_3Al金属间化合物的TIG焊缝金属的化学成分。从焊缝的化学成分可以看到，其Al含量（原子分数）约为Fe_3Al金属间化合物的1/5，焊缝金属的铬当量为25.43%，镍当量为6.58%。根据舍夫勒组织图可以知道，焊缝金属的组织主要是粗大的铁素体（约为85%）。

b. Fe_3Al金属间化合物的TIG焊缝金属的组织。由于结晶过程的不平衡性，往往在粗大的铁素体树枝晶之间，存在合金元素的偏析。可以看到，这种合金元素的偏析，使得Al含量大大降低（约为焊缝平均值的1/4），Ni、Cr含量大大增加，分别增加了102%和45%。根据舍夫勒组织图，其奥氏体应该达到90%以上，从而导致在树枝晶之间形成相当的奥氏体。

B. Fe_3Al 金属间化合物的 TIG 不均匀混合区的组织。Fe_3Al 金属间化合物的 TIG 不均匀混合区的组织是以铁素体的柱状晶和等轴晶的混合组织为主，晶内存在大量细小的析出相。在部分区域存在 Fe_3Al 熔化的滞留条，Fe_3Al 熔化的滞留条之间是细小的奥氏体组织。

Fe_3Al 的熔化温度范围比较窄，随着 Al 含量的增加，结晶温度范围扩大，容易形成树枝晶。Al 被氧化形成 Al_2O_3，Al_2O_3 熔点高，呈固态；Cr 提高了 Fe_3Al 的液相线温度。这些因素都增大了黏度，降低了流动性。

3. Fe_3Al 金属间化合物的真空电子束焊接

（1）焊接参数采用如下电子束焊接参数：聚焦电流 800～1200mA，焊接电流 20～30mA，焊接速度 0.5～2m/min，真空度 1.33×10^{-2}Pa。

（2）焊缝成形 Fe_3Al（Cr）、Fe_3Al（CrNbC）和 Fe-16Al（CrMoNbYC）三种材料的真空电子束焊都没有产生裂纹，焊缝窄，只有 TIG 焊的 1/2（2mm），成形良好，无氧化皮、无皱褶、无夹杂，质量明显优于 TIG 焊。

（3）电子束焊接头组织。组织细化，无裂纹。Fe_3Al（CrNbC）的电子束焊接头的抗拉强度为 289MPa，弯曲强度为 18MPa，而且均断在母材。

参考文献

[1] 孟玲琴，王志伟机械设计基础 (第 5 版)[M]. 北京：北京理工大学出版社，2022.

[2] 李春明 . 机械设计基础 [M]. 西安：西安电子科学技术大学出版社，2021.

[3] 颜志勇，刘笑笑 . 机械设计基础 (第 2 版)[M]. 北京：北京理工大学出版社，2021.

[4] 仇岳猛，谭波，彭芳 . 机械设计技术基础 [M]. 哈尔滨：哈尔滨工程大学出版社，2022.

[5] 黄俊，王耀坤，王维军 . 飞行器设计实验教程 [M]. 北京：北京航空航天大学出版社，2021.

[6] 张国庆，贺翔，邢睿 . 无人飞行器总体方案设计及系统特性研究 [M]. 北京：北京理工大学出版社，2022.

[7] 刘想德，张毅，黄超 . 现代机械运动控制技术 [M]. 北京：机械工业出版社，2020.

[8] (美) 道格拉斯・布兰丁著；于靖军，刘辛军译《精密机械设计运动学设计原理与实践》[M]. 北京：机械工业出版社，2020.

[9] 侯永涛 .AutoCAD 绘图与三维建模 [M]. 北京：机械工业出版社，2020.

[10] 潘力，陈金山 .AutoCAD 绘图设计 [M]. 北京：北京理工大学出版社，2019.

[11] 苗现华，石彩华 .AutoCAD 机械绘图实用教程 [M]. 北京：北京理工大学出版社，2021.

[12] 卢雪红，钟立才，高峰 . 机械原理与液压传动 [M]. 徐州：中国矿业大学出版社，2021.

[13] 万宏钢，谈建平 . 机械基础与液压传动 [M]. 重庆：重庆大学出版社，2020.

[14] 刘蒙恩 . 异种金属焊接及其技术研究 [M]. 西安：西北工业大学出版社，2019.

[15] 刘晓明 . 电站金属部件焊接修复与表面强化 [M]. 北京：冶金工业出版社，2021.

[16] 姚佳，李荣雪 . 金属材料焊接工艺 (第 3 版)[M]. 北京：机械工业出版社，2021.

[17] 蒋平，耿韶宁，曹龙超 . 铝合金薄壁构件激光焊接多尺度建模与仿真 [M]. 北京：科学出版社，2023.
[18] 隋育栋 . 铝合金及其成形技术 [M]. 北京：冶金工业出版社，2020.
[19] 丁成钢，于启湛 . 镁及其合金的焊接 [M]. 北京：机械工业出版社，2021.
[20] 张英哲，伍剑明，李娟 . 焊接导论 [M]. 北京：冶金工业出版社，2019.
[21] 陈保国 . 金属材料焊接工艺 [M]. 北京：机械工业出版社，2021.
[22] 乌日根 . 金属材料焊接工艺 [M]. 北京：机械工业出版社，2019.
[23] 邱葭菲 . 金属熔焊原理及材料焊接 (第 2 版)[M]. 北京：机械工业出版社，2021.
[24] 张丽红 . 金属材料焊接 [M]. 北京：冶金工业出版社，2021.